21世纪高等学校规划教材 | 电子商务

数据库理论与应用
（第二版）

李合龙 左文明 焦青松 等 编著

清华大学出版社
北京

内 容 简 介

本书第一版被列为重点大学计算机专业系列教材。本书是在第一版的基础上做了较大的修改和补充而写成的。与第一版相比,本书在整体结构上作了适当的调整,根据电子商务数据库技术的发展增加了数据库设计工具、Java数据库连接及课程设计等新内容。本书在教材的科学性、实用性方面与第一版相比均有一定的改进。本书最大的特点是概念清晰易懂,把数据库基本理论与电子商务应用紧密结合,是数据库设计中较好的一本参考教材。

本书可作为希望学习和了解数据库理论和应用的高等院校电子商务专业、计算机专业学生教材,适合数据库的初学者及希望了解关系数据库的读者,也可作为相关专业的广大技术科研工作者的参考书。

图书在版编目(CIP)数据

数据库理论与应用/李合龙,左文明,焦青松等编著.—2版.—北京:清华大学出版社,2011.9
(21世纪高等学校规划教材·电子商务)
ISBN 978-7-302-26129-2

Ⅰ. ①数… Ⅱ. ①李… ②左… ③焦… Ⅲ. ①数据库系统-高等学校-教材 Ⅳ. ①TP311.13

中国版本图书馆 CIP 数据核字(2011)第 135316 号

责任编辑:闫红梅 薛 阳
责任校对:李建庄
责任印制:何 芊

出版发行:清华大学出版社   地   址:北京清华大学学研大厦 A 座
          http://www.tup.com.cn   邮   编:100084
          社 总 机:010-62770175   邮   购:010-62786544
          投稿与读者服务:010-62795954,jsjjc@tup.tsinghua.edu.cn
          质 量 反 馈:010-62772015,zhiliang@tup.tsinghua.edu.cn
印 刷 者:北京市人民文学印刷厂
装 订 者:三河市兴旺装订有限公司
经   销:全国新华书店
开   本:185×260 印 张:20.5 字 数:512 千字
版   次:2011 年 9 月第 2 版   印   次:2011 年 9 月第 1 次印刷
印   数:1~3000
定   价:32.00 元

产品编号:040387-01

编审委员会成员

（按地区排序）

清华大学	周立柱	教授
	覃 征	教授
	王建民	教授
	冯建华	教授
	刘 强	副教授
北京大学	杨冬青	教授
	陈 钟	教授
	陈立军	副教授
北京航空航天大学	马殿富	教授
	吴超英	副教授
	姚淑珍	教授
中国人民大学	王 珊	教授
	孟小峰	教授
	陈 红	教授
北京师范大学	周明全	教授
北京交通大学	阮秋琦	教授
	赵 宏	副教授
北京信息工程学院	孟庆昌	教授
北京科技大学	杨炳儒	教授
石油大学	陈 明	教授
天津大学	艾德才	教授
复旦大学	吴立德	教授
	吴百锋	教授
	杨卫东	副教授
同济大学	苗夺谦	教授
	徐 安	教授
华东理工大学	邵志清	教授
华东师范大学	杨宗源	教授
	应吉康	教授
东华大学	乐嘉锦	教授
	孙 莉	副教授

出 版 说 明

随着我国改革开放的进一步深化,高等教育也得到了快速发展,各地高校紧密结合地方经济建设发展需要,科学运用市场调节机制,加大了使用信息科学等现代科学技术提升、改造传统学科专业的投入力度,通过教育改革合理调整和配置了教育资源,优化了传统学科专业,积极为地方经济建设输送人才,为我国经济社会的快速、健康和可持续发展以及高等教育自身的改革发展做出了巨大贡献。但是,高等教育质量还需要进一步提高以适应经济社会发展的需要,不少高校的专业设置和结构不尽合理,教师队伍整体素质亟待提高,人才培养模式、教学内容和方法需要进一步转变,学生的实践能力和创新精神亟待加强。

教育部一直十分重视高等教育质量工作。2007 年 1 月,教育部下发了《关于实施高等学校本科教学质量与教学改革工程的意见》,计划实施"高等学校本科教学质量与教学改革工程"(简称"质量工程"),通过专业结构调整、课程教材建设、实践教学改革、教学团队建设等多项内容,进一步深化高等学校教学改革,提高人才培养的能力和水平,更好地满足经济社会发展对高素质人才的需要。在贯彻和落实教育部"质量工程"的过程中,各地高校发挥师资力量强、办学经验丰富、教学资源充裕等优势,对其特色专业及特色课程(群)加以规划、整理和总结,更新教学内容、改革课程体系,建设了一大批内容新、体系新、方法新、手段新的特色课程。在此基础上,经教育部相关教学指导委员会专家的指导和建议,清华大学出版社在多个领域精选各高校的特色课程,分别规划出版系列教材,以配合"质量工程"的实施,满足各高校教学质量和教学改革的需要。

为了深入贯彻落实教育部《关于加强高等学校本科教学工作,提高教学质量的若干意见》精神,紧密配合教育部已经启动的"高等学校教学质量与教学改革工程精品课程建设工作",在有关专家、教授的倡议和有关部门的大力支持下,我们组织并成立了"清华大学出版社教材编审委员会"(以下简称"编委会"),旨在配合教育部制定精品课程教材的出版规划,讨论并实施精品课程教材的编写与出版工作。"编委会"成员皆来自全国各类高等学校教学与科研第一线的骨干教师,其中许多教师为各校相关院、系主管教学的院长或系主任。

按照教育部的要求,"编委会"一致认为,精品课程的建设工作从开始就要坚持高标准、严要求,处于一个比较高的起点上。精品课程教材应该能够反映各高校教学改革与课程建设的需要,要有特色风格、有创新性(新体系、新内容、新手段、新思路,教材的内容体系有较高的科学创新、技术创新和理念创新的含量)、先进性(对原有的学科体系有实质性的改革和发展,顺应并符合 21 世纪教学发展的规律,代表并引领课程发展的趋势和方向)、示范性(教材所体现的课程体系具有较广泛的辐射性和示范性)和一定的前瞻性。教材由个人申报或各校推荐(通过所在高校的"编委会"成员推荐),经"编委会"认真评审,最后由清华大学出版社审定出版。

目前,针对计算机类和电子信息类相关专业成立了两个"编委会",即"清华大学出版社计算机教材编审委员会"和"清华大学出版社电子信息教材编审委员会"。推出的特色精品教材包括:

(1) 21世纪高等学校规划教材·计算机应用——高等学校各类专业,特别是非计算机专业的计算机应用类教材。

(2) 21世纪高等学校规划教材·计算机科学与技术——高等学校计算机相关专业的教材。

(3) 21世纪高等学校规划教材·电子信息——高等学校电子信息相关专业的教材。

(4) 21世纪高等学校规划教材·软件工程——高等学校软件工程相关专业的教材。

(5) 21世纪高等学校规划教材·信息管理与信息系统。

(6) 21世纪高等学校规划教材·财经管理与应用。

(7) 21世纪高等学校规划教材·电子商务。

(8) 21世纪高等学校规划教材·物联网。

清华大学出版社经过三十多年的努力,在教材尤其是计算机和电子信息类专业教材出版方面树立了权威品牌,为我国的高等教育事业做出了重要贡献。清华版教材形成了技术准确、内容严谨的独特风格,这种风格将延续并反映在特色精品教材的建设中。

清华大学出版社教材编审委员会
联系人:魏江江
E-mail:weijj@tup.tsinghua.edu.cn

前 言

1. 关于本书

随着网络经济和网络技术的发展,运用以云计算为基础的 Internet 进行电子商贸活动风靡全世界。电子商务通过互联网构建了一个信息与商业平台,在全世界也获得了蓬勃的发展,并已成为世界上不可缺少的经济活动形式。由于电子商务在未来经济生活中的地位不断升高,促使社会和教育机构急需培养既能精通电子商务实务又能熟悉计算机网络运行环境的复合型人才。同时,电子商务系统及网站的设计运行也离不开数据库系统的支持。

数据库方面的教材很多,其中不乏经典之作。但绝大部分是针对计算机专业而设计的,没有和电子商务应用紧密结合的,也没有能系统介绍基于电子商务系统的数据库应用的书。而数据库技术在电子商务中的应用前景广阔,必将成为数据库的一门支撑技术。为了实现Web 环境下的高效率的关系数据库的应用和电子商务的发展,我们在《数据库理论与应用》第一版的基础上,结合相关电子商务应用系统的要求,通过一个小型电子商务系统的课程设计实例来强化理论和实践相结合,以此编写了《数据库理论与应用》第二版。

本书是根据普通高等教育"十二五"国家级规划教材的指导精神而编写的。

数据库技术是计算机科学技术中发展最快的重要分支之一,它出现于 20 世纪 60 年代末,发展非常迅速,应用非常广泛,形成了一大批实用系统,几乎涉及所有的应用领域,目前已经成为计算机信息系统和应用系统的重要技术支柱。由于数据库技术的重要性日益突出,因此学习数据库理论和技术是迫切而且必要的。

数据库是理论与实践结合紧密的一门课程,因此本教材的教学目标不仅是让学生知道数据库的历史、掌握数据库技术的有关知识,而且也要熟知数据库技术的发展趋势及在经济、科学、法律、政治和文化方面的表现。通过本课程的学习,使学生在学科的学术方面和社会所需的职业技能方面均获得培养。因此,本书比较系统全面地介绍了数据库技术的基本原理和应用实践。

2. 本书结构

本书系统地讲述了数据库技术的基本原理和应用实践。全书共 12 章。

第 1 章是数据库基础知识。本章概括地讲述数据库技术所涉及的大部分知识,主要包括数据库的基本概念、数据模型、数据库体系结构以及数据库技术发展的 4 个阶段及各个阶段的特点。

第 2 章是数据模型。主要讲述数据模型的定义和作用,并详细介绍几种常见的数据模型。

第 3 章是关系数据模型。主要介绍层次模型、网状模型和关系模型各自的特点,关系、关系模式和关系数据库的有关基本概念以及关系代数和关系演算。

第4章是关系数据库的查询优化。主要讲述查询优化的理论及方法。

第5章是关系数据库标准语言——SQL。主要介绍了标准SQL语言的基本语法以及应用,还列举了大量的实例帮助读者理解和掌握SQL语言的使用与特点。

第6章是关系数据库规范化理论。本章内容是进行数据库设计所必需的理论基础,主要讲解函数依赖的概念,1NF、2NF、3NF和BCNF的定义及其规范化的方法等。

第7章是数据库的安全性和完整性。本章对数据库的安全性控制和完整性控制两方面进行讨论,分析两个方面的联系和区别。

第8章是数据库事务管理。主要介绍事务、并发控制、封锁和数据库恢复的概念和技术。

第9章是数据库设计。主要介绍数据库设计的6个阶段:系统需求分析、概念结构设计、逻辑结构设计、物理设计、数据库实施以及数据库运行与维护。对于每一阶段,都分别详细讨论其相应的任务、方法和步骤。

第10章是数据库设计工具。主要介绍数据库建模工具ERwin的应用。

第11章是Java数据库连接。主要介绍JDBC技术及相关知识同时还介绍了ODBC数据源的创建过程,并通过实例详细讲解了Java与数据库互联的编程技术。

第12章是数据仓库。简要介绍数据仓库的基本概念和特征、数据仓库的体系结构及建立数据仓库的方法和应用技术。

本书由李合龙副教授主编并负责统稿审定。在本书的编写过程中还得到了黄梦宇同学的帮助,在此表示感谢。

3. 本书特点

本书系统、全面地研究和借鉴了国外相关教材先进的教学方法,结合国内院校教学实际和先进的教学成果,根据教育部"十二五"国家级规划教材应用型本科教育的指导思想编写,具有实用性和可操作性,与时俱进,与当前就业市场结合得更加紧密。

本书最大的特点是概念清晰易懂,语言表达精练,理论与应用紧密结合,是一本难得的关于数据库方面的参考教材。

4. 适用对象

本书可作为希望学习和了解数据库理论和应用的高等院校计算机专业、电子商务专业、物流工程专业的学生教材,适合数据库的初学者及希望了解关系数据库的读者,也可作为相关专业的广大技术科研工作者的参考书。

由于作者水平所限,书中难免存在不足与疏漏之处,恳请读者批评指正。

编　者

2011 年 7 月

目 录

第1章　数据库基础知识 ……………………………………………………………… 1

　1.1　数据库技术的产生与发展 ……………………………………………… 1

　　1.1.1　人工管理阶段 …………………………………………………… 1

　　1.1.2　文件系统阶段 …………………………………………………… 1

　　1.1.3　数据库阶段 ……………………………………………………… 2

　　1.1.4　高级数据库阶段 ………………………………………………… 3

　1.2　数据库的基本概念 ……………………………………………………… 4

　　1.2.1　信息与数据 ……………………………………………………… 4

　　1.2.2　数据库 …………………………………………………………… 5

　　1.2.3　数据库系统 ……………………………………………………… 5

　1.3　数据模型 ………………………………………………………………… 6

　1.4　数据库体系结构 ………………………………………………………… 6

　　1.4.1　数据独立性 ……………………………………………………… 7

　　1.4.2　数据库三级模式结构和二级功能映射 ………………………… 7

　1.5　数据库的重要性及发展趋势 …………………………………………… 8

　　1.5.1　数据库的重要性 ………………………………………………… 8

　　1.5.2　数据库的发展趋势 ……………………………………………… 9

　小结 …………………………………………………………………………… 11

　综合练习一 …………………………………………………………………… 11

第2章　数据模型 …………………………………………………………………… 13

　2.1　数据模型概述 …………………………………………………………… 13

　　2.1.1　数据模型的定义 ………………………………………………… 13

　　2.1.2　数据模型中的一些基本概念 …………………………………… 14

　2.2　E-R模型 ………………………………………………………………… 15

　2.3　层次数据模型 …………………………………………………………… 16

　2.4　网状数据模型 …………………………………………………………… 17

　2.5　关系数据模型 …………………………………………………………… 18

　2.6　数据模型与数据模式 …………………………………………………… 19

　小结 …………………………………………………………………………… 20

　综合练习二 …………………………………………………………………… 20

第 3 章　关系数据模型 ··· 22

　3.1　关系模型的数据结构 ·· 22

　　3.1.1　关系 ·· 22

　　3.1.2　关系模式 ·· 25

　　3.1.3　关系数据库 ·· 25

　3.2　关系数据操作 ··· 25

　　3.2.1　关系操作的分类 ·· 25

　　3.2.2　空值处理 ·· 27

　　3.2.3　关系代数和关系演算 ······································ 27

　　3.2.4　关系数据语言 ·· 28

　3.3　关系的完整性约束 ··· 29

　　3.3.1　实体完整性 ·· 29

　　3.3.2　参照完整性 ·· 29

　　3.3.3　用户定义的完整性 ·· 30

　　3.3.4　完整性约束的作用 ·· 30

　3.4　关系代数 ·· 30

　　3.4.1　传统的集合运算 ·· 32

　　3.4.2　专门的关系运算 ·· 33

　3.5　关系演算 ·· 38

　　3.5.1　元组关系演算 ·· 39

　　3.5.2　域关系演算 ·· 41

　　3.5.3　关系代数、元组演算、域演算的等价性 ···················· 42

　小结 ··· 43

　综合练习三 ··· 43

第 4 章　关系数据库的查询优化 ··· 46

　4.1　查询优化概述 ··· 46

　4.2　查询优化的必要性 ··· 47

　4.3　关系代数表达式的等价变换 ·· 49

　4.4　查询优化的一般准则 ··· 51

　4.5　关系代数表达式的优化算法 ·· 52

　　4.5.1　语法树 ·· 52

　　4.5.2　优化算法 ·· 52

　小结 ··· 56

　综合练习四 ··· 56

第 5 章　关系数据库标准语言——SQL ··································· 58

　5.1　SQL 概述 ·· 58

5.2　数据定义 ·· 60

　5.2.1　SQL 的基本数据类型 ·· 61

　5.2.2　基本表的创建、修改和撤销 ·· 61

　5.2.3　索引的创建和撤销 ·· 64

5.3　数据查询 ·· 66

　5.3.1　SQL 的查询语句 ··· 66

　5.3.2　单表查询 ··· 67

　5.3.3　连接查询 ··· 73

　5.3.4　嵌套查询 ··· 75

　5.3.5　集合查询 ··· 79

5.4　数据更新 ·· 80

　5.4.1　插入数据 ··· 80

　5.4.2　修改数据 ··· 81

　5.4.3　删除数据 ··· 82

5.5　视图管理 ·· 82

　5.5.1　视图的创建与删除 ·· 83

　5.5.2　视图操作 ··· 85

　5.5.3　视图的优点 ·· 87

5.6　数据控制 ·· 88

　5.6.1　授予权限 ··· 88

　5.6.2　收回权限 ··· 89

5.7　嵌入式 SQL ·· 90

　5.7.1　嵌入式 SQL 的说明部分 ·· 90

　5.7.2　嵌入式 SQL 的可执行语句 ·· 92

　5.7.3　动态 SQL 简介 ··· 94

小结 ·· 95

综合练习五 ·· 95

第 6 章　关系数据库规范化理论 ·· 98

6.1　问题的提出、分析与解决 ·· 98

　6.1.1　问题的提出 ·· 98

　6.1.2　问题的分析 ·· 99

　6.1.3　问题的解决方案 ·· 99

6.2　规范化 ·· 99

　6.2.1　函数依赖 ··· 99

　6.2.2　范式 ··· 101

　6.2.3　第一范式(1NF) ··· 101

　6.2.4　第二范式(2NF) ··· 102

　6.2.5　第三范式(3NF) ··· 103

6.2.6　BC 范式(BCNF) ………………………………………… 105

6.2.7　多值依赖 ……………………………………………… 106

6.2.8　第四范式(4NF) ………………………………………… 108

6.2.9　规范化小结 …………………………………………… 109

6.3　数据依赖的公理系统 …………………………………………… 109

6.3.1　函数依赖的推理规则 …………………………………… 110

6.3.2　函数依赖的闭包 F^+ 及属性的闭包 X_F^+ ……………… 111

6.3.3　最小函数依赖集 ………………………………………… 112

6.4　模式分解 ………………………………………………………… 114

6.4.1　模式分解的定义 ………………………………………… 114

6.4.2　分解的无损连接性的判别 ……………………………… 115

6.4.3　保持函数依赖的模式分解 ……………………………… 115

小结 …………………………………………………………………… 118

综合练习六 …………………………………………………………… 119

第 7 章　数据库的安全性和完整性 …………………………………… 122

7.1　数据库的安全性 ………………………………………………… 122

7.1.1　数据库安全性问题的提出 ……………………………… 122

7.1.2　数据库安全性保护范围 ………………………………… 123

7.1.3　数据库管理系统中的安全性保护 ……………………… 124

7.1.4　SQL 中的安全性机制 …………………………………… 128

7.1.5　数据库的安全标准 ……………………………………… 130

7.2　数据库的完整性 ………………………………………………… 131

7.2.1　数据库完整性问题的提出 ……………………………… 131

7.2.2　完整性基本概念 ………………………………………… 132

7.2.3　完整性约束条件 ………………………………………… 132

7.2.4　完整性规则和完整性控制 ……………………………… 133

7.2.5　参照完整性控制 ………………………………………… 136

7.2.6　SQL 中的完整性约束机制 ……………………………… 138

7.2.7　修改约束 ………………………………………………… 139

7.2.8　触发器 …………………………………………………… 139

小结 …………………………………………………………………… 142

综合练习七 …………………………………………………………… 142

第 8 章　数据库事务管理 ……………………………………………… 144

8.1　事务的基本概念 ………………………………………………… 144

8.1.1　事务 ……………………………………………………… 144

8.1.2　事务基本操作与活动状态 ……………………………… 145

8.1.3　事务处理 SQL 语句 ……………………………………… 146

8.2　数据库恢复技术 ……………………………………………… 147

　　8.2.1　数据库故障分类 ………………………………………… 148

　　8.2.2　数据库恢复的主要技术 ………………………………… 150

　　8.2.3　数据库恢复策略 ………………………………………… 152

　　8.2.4　数据库的复制与镜像 …………………………………… 153

8.3　并发控制 ……………………………………………………… 154

　　8.3.1　并发的概念 ……………………………………………… 154

　　8.3.2　并发操作引发的问题 …………………………………… 155

　　8.3.3　事务的并发控制 ………………………………………… 157

　　8.3.4　封锁 ……………………………………………………… 158

　　8.3.5　封锁粒度 ………………………………………………… 160

　　8.3.6　封锁协议 ………………………………………………… 160

　　8.3.7　活锁与死锁 ……………………………………………… 164

小结 …………………………………………………………………… 165

综合练习八 …………………………………………………………… 165

第 9 章　数据库设计 ………………………………………………… 167

9.1　数据库设计概述 ……………………………………………… 167

　　9.1.1　数据库设计的任务、内容和特点 ……………………… 167

　　9.1.2　数据库系统的生命周期 ………………………………… 168

9.2　需求分析 ……………………………………………………… 169

　　9.2.1　需求分析的任务 ………………………………………… 169

　　9.2.2　需求分析的主要内容 …………………………………… 170

　　9.2.3　需求分析的步骤 ………………………………………… 171

　　9.2.4　需求分析说明书 ………………………………………… 171

9.3　概念设计 ……………………………………………………… 172

　　9.3.1　概念结构设计概述 ……………………………………… 172

　　9.3.2　数据抽象与局部概念设计 ……………………………… 173

　　9.3.3　全局概念设计 …………………………………………… 175

9.4　逻辑设计 ……………………………………………………… 178

　　9.4.1　E-R 图向关系模型的转换 ……………………………… 178

　　9.4.2　关系模型向 RDBMS 支持的数据模型转换 …………… 181

　　9.4.3　数据模型的优化 ………………………………………… 181

　　9.4.4　设计用户子模式 ………………………………………… 182

9.5　数据库的物理设计 …………………………………………… 182

　　9.5.1　集簇设计 ………………………………………………… 183

　　9.5.2　索引设计 ………………………………………………… 183

　　9.5.3　分区设计 ………………………………………………… 184

　　9.5.4　评价物理设计 …………………………………………… 184

9.6 数据库的实施 ……………………………………………………………… 185

9.7 数据库的维护 ……………………………………………………………… 186

小结 …………………………………………………………………………… 187

综合练习九 …………………………………………………………………… 188

第 10 章 数据库设计工具 ………………………………………………………… 190

10.1 ERwin 概述 ……………………………………………………………… 190

10.2 ERwin 的工作空间 ……………………………………………………… 191

10.3 基本概念 ………………………………………………………………… 193

10.4 建立 ERwin 数据模型 …………………………………………………… 194

10.5 正向工程 ………………………………………………………………… 199

10.6 逆向工程 ………………………………………………………………… 200

小结 …………………………………………………………………………… 202

综合练习十 …………………………………………………………………… 202

第 11 章 Java 数据库连接 ……………………………………………………… 203

11.1 JDBC 概述 ……………………………………………………………… 203

11.2 JDBC 结构 ……………………………………………………………… 204

11.3 JDBC 驱动程序 ………………………………………………………… 205

11.4 JDBC 访问数据库 ……………………………………………………… 206

11.5 常用的 JDBC 接口类和对象 …………………………………………… 207

11.6 ODBC 数据源 …………………………………………………………… 211

11.7 Java 连接数据库编程实例 ……………………………………………… 213

小结 …………………………………………………………………………… 216

综合练习十一 ………………………………………………………………… 216

第 12 章 数据仓库 ……………………………………………………………… 218

12.1 数据仓库的概念 ………………………………………………………… 218

12.1.1 数据仓库的特征 ……………………………………………… 219

12.1.2 操作数据库系统与数据仓库的区别 ………………………… 220

12.1.3 数据仓库的类型 ……………………………………………… 221

12.2 数据仓库组织与体系结构 ……………………………………………… 221

12.2.1 数据仓库体系结构 …………………………………………… 222

12.2.2 数据仓库的数据组织 ………………………………………… 222

12.2.3 粒度与分割 …………………………………………………… 223

12.2.4 数据仓库的元数据 …………………………………………… 224

12.3 如何建立数据仓库 ……………………………………………………… 224

12.3.1 数据仓库的开发流程 ………………………………………… 225

12.3.2 数据仓库设计 ………………………………………………… 225

12.3.3　数据抽取模块 ················· 227

12.3.4　数据维护模块 ················· 227

12.4　数据仓库应用 ······················ 227

12.5　数据挖掘 ··························· 229

12.5.1　数据挖掘的定义 ··············· 229

12.5.2　数据挖掘技术分类 ············· 229

12.5.3　数据挖掘的基本过程 ··········· 230

小结 ··································· 231

综合练习十二 ··························· 231

附录A　实验 ······························· 232

预备知识：SQL Server 简介 ············· 232

实验1　创建数据库与表 ················ 242

实验2　SQL Server 2000 查询分析器 ····· 248

实验3　数据查询 ····················· 253

实验4　数据完整性 ··················· 253

实验5　SQL Server 的安全管理 ········· 254

实验6　数据库备份和恢复 ············· 256

实验7　视图、存储过程和触发器的使用 ··· 257

实验8　Java 连接数据库实验 ··········· 258

附录B　课程设计——网上购物系统数据库设计 ··· 260

附录C　参考答案 ·························· 279

参考文献 ································· 311

第 1 章

数据库基础知识

数据库技术产生于 20 世纪 60 年代中期,是当时进行数据管理的最新技术,是计算机科学的重要分支,它的出现极大地促进了计算机应用向各行各业的渗透。

本章概括地讲述了数据库技术所涉及的基础知识,目的是使读者对数据库有一个整体的认识,为今后的学习打下基础;本章还介绍了数据库的重要性以及发展趋势,使读者能认识到学习数据库知识的必要性。

1.1 数据库技术的产生与发展

数据库技术并不是在计算机产生的同时就出现的,而是随着计算机技术的不断发展,由于图书馆、政府、商业和医疗机构等领域的需要而出现的产物。数据库技术的核心是数据处理。所谓数据处理是指对数据进行分析和加工的技术过程,包括对各种原始数据的分析、整理、计算、编辑等的加工和处理。数据处理可分为数据计算和数据管理,其中,数据管理是指对数据进行分类、组织、编码、存储、检索和维护,它是数据处理的主要内容和核心部分。数据管理的发展过程中,经历了人工管理阶段、文件系统阶段、数据库阶段和高级数据库阶段。

1.1.1 人工管理阶段

在人工管理阶段(20 世纪 50 年代中期以前),计算机主要用于科学计算,其他工作还没有展开。从硬件看,外部存储器只有磁带、卡片和纸带等,还没有磁盘等字节存取存储设备;从软件看,只有汇编语言,尚无数据管理方面的软件。数据处理的方式基本上是批处理。

这一阶段的数据管理有下列特点:

(1) 数据不保存在计算机内。

(2) 没有专用的软件对数据进行管理。

(3) 只有程序(program)的概念,没有文件(file)的概念。数据的组织方式必须由程序员自行设计与安排。

(4) 数据面向程序,即一组数据对应一个程序。

1.1.2 文件系统阶段

在文件系统阶段(20 世纪 50 年代后期至 20 世纪 60 年代中期),计算机不仅用于科学计算,还用于信息管理。随着数据量的增加,数据的存储、检索和维护问题成为紧迫的需要,数据结构和数据管理技术迅速发展起来。此时,从硬件看,外部存储器已有磁盘、磁鼓等直接存取存储设备;从软件看,出现了高级语言、操作系统以及包含于其中的文件管理系统。操作系统中的文件管理系统是专门管理外存的数据管理软件。数据处理的方式有批处理,也有联机实时处理。

这一阶段的数据管理有以下特点:

(1) 数据以文件形式可长期保存在外部存储器的磁盘上。

(2) 数据的逻辑结构与物理结构有了区别,但比较简单。

(3) 文件组织已多样化。有索引文件、链接文件和直接存取文件等。

(4) 数据面向应用,即数据不再属于某个特定的程序,可以重复使用。

(5) 对数据的操作以记录为单位。

但是这样的数据存放方式无法对数据进行有效的统一管理。具体表现在以下几个方面:

(1) 程序员编写应用程序非常不方便。应用程序的设计者需要对程序所使用的文件的逻辑结构和物理结构都了解得非常清楚。计算机操作系统只提供将文件打开、关闭、保存等非常低级的操作,而对数据的修改、查询操作等则需要应用程序来解决。如果程序所需要的数据存放在不同的文件里,而且这些文件的存储格式又迥然不同,这就给应用程序的开发带来了巨大的麻烦,程序员要为程序中所用到的每一个文件都写好相应的接口,而且不同的文件格式相差很大,这样就大大地增加了编程的工作量,从而使得在文件级别上开发应用程序的效率非常低下,严重影响应用软件的发展。

(2) 文件结构的每一处修改都将导致应用程序的修改,从而使得应用程序的维护工作量特别大。编过程序的人都有这种体会,就是每当自己开发完的程序需要修改的时候,又不得不将源程序重新修改、编译、链接。其麻烦程度可想而知。

(3) 计算机操作系统中的文件系统一般不支持对文件的并发访问。在现代计算机系统中,为了充分发挥计算机系统的资源使用效率,一般都允许多个程序"同时"运行,即并发性。对数据库系统同样有并发性的要求,现在比较大型的数据库都有非常强的并发访问机制,这样可以充分利用数据库服务器的软硬件资源,避免浪费。

(4) 由于基于文件系统的数据管理缺乏整体性、统一性,在数据的结构、编码、表示格式等诸多方面不能做到标准化、规范化,不同的操作系统有风格迥异的表示方式,因此在一定程度上造成了数据管理的混乱。另外,基于文件系统的数据管理在数据的安全性和保密性方面难以采取有效的措施,在一些对安全性要求比较高的场合,这种安全上的缺陷是完全不允许的。

1.1.3　数据库阶段

进入了 20 世纪 60 年代后期、20 世纪 70 年代初,随着计算机性能的提高和价格的下降,用于管理的费用超过了用于科学计算的费用,为了降低管理的费用,人们针对文件系统的缺点,逐步发展了以统一管理数据和共享数据为主要特征的系统,这就是数据库系统。

1964 年,美国通用电气公司成功开发出了世界上的第一个数据库系统——IDS(integrated data store)。IDS 奠定了网状数据库的基础,并且得到了广泛的应用,成为数据库系统发展史上的一座丰碑。1969 年,美国国际商用机器公司(IBM)也推出世界上第一个层次数据库系统 IMS(information management system),同样在数据库系统发展史上占有重要的地位。

20 世纪 70 年代初,E. F. Codd 在总结前面的层次、网状数据库优缺点的基础上,提出了关系数据模型的概念。而且他提出了关系代数和关系演算的概念。在整个 70 年代,关系数据库系统无论从理论上还是实践上都取得了丰硕的成果。在理论上,确立了完整的关系模型理论、数据依赖理论和关系数据库的设计理论(在后面将重点讲述这些关系数据库的基本理论);在实践上,出现了很多著名的关系数据库系统,如 System R、INGRES、ORACLE 等。

和文件系统相比,数据库系统有一系列的优点,主要表现在以下几个方面:

(1) 数据库系统向用户提供高级接口。在文件系统中,用户要访问数据,必须了解文件的存储格式、记录的结构等。而在数据库系统中,这一切都不需要。数据库系统为用户处理了这些具体的细节,向用户提供非过程化的数据库语言(即 SQL 语言),用户只要提出需要什么数据,而不必关心如何获得这些数据。对数据的管理完全由数据库管理系统(DBMS)来实现。

(2) 查询的处理和优化。查询通常指用户向数据库系统提交的一些对数据操作的请求。由于数据库系统向用户提供了非过程化的数据操纵语言,因此对于用户的查询请求就由 DBMS 来完成,查询的优化处理就成了 DBMS 的重要任务。

(3) 并发控制。前面曾经提到,文件系统一般不支持并发操作,这样大大地限制了系统资源的有效利用。在数据库系统中,情况就不一样了。现代的数据库系统都有很强的并发操作机制,多个用户可以同时访问数据库,甚至可以同时访问同一个表中的不同记录。这样极大地提高了计算机系统资源的使用效率。

(4) 数据的完整性约束。凡是数据都要遵守一定的约束,最简单的一个例子就是数据类型,例如定义成“整型”的数据就不能是浮点数。由于数据库中的数据是持久的和共享的,因此对于使用这些数据的单位来说,数据的正确性就显得非常重要。

1.1.4　高级数据库阶段

从 20 世纪 80 年代末开始,关系系统逐步取代层次系统和网状系统,成为主流产品。计算机硬件技术的飞速发展以及计算机理论的日益成熟促使计算机应用不断深入,产生了许多新的应用领域,例如计算机辅助设计、计算机辅助制造、计算机辅助教学、办公自动化、智能信息处理、决策支持等。

这些新的领域对数据库系统提出了新的要求。但是由于应用的多元化,不能设计出一个统一的数据模型来表示这些新型的数据及其相互关系,因而出现了百家争鸣的局面,产生了演绎数据库、面向对象数据库、分布式数据库、工程数据库、时态数据库、模糊数据库等新型数据库的研究和应用。后面将重点介绍面向对象数据库、分布式数据库以及数据仓库。

不过到目前为止,在世界范围内得到主流应用的还是经典的关系数据库系统,比较知名的如 Sybase、Oracle、Informix、SQL Server、DB2 等。

1.2　数据库的基本概念

当前世界经济的发展从工业经济转向了信息经济、知识经济、网络经济和 Internet 经济,经济增长模式从工业经济的数量累积型转变成信息经济下的效率增长型。信息和知识成为社会发展的动力,信息成为除了材料和能源之外的又一重要资源,信息资源是决定人类未来发展前途的宝藏,成为人类社会的又一重要支柱,信息处理的能力是社会发展的尺度。对信息的有效利用已成为推动经济和社会发展的积极因素,成为人类进步的重要标志。信息社会的最主要特征是知识剧增、信息爆炸,数据库是处理信息最先进的工具,信息无所不在,数据库也无所不在。

信息技术的发展和应用,对人们具体计算的要求降低了,但对数据的采集、分析、归纳然后作出解释并提取出有用信息的要求提高了;随着计算机人工智能的发展和应用,对解决问题过程中逻辑推演的要求降低了,但对根据实际问题构造模型,然后利用计算机处理这个模型,解决实际问题的要求提高了。数据库技术为人们采集数据、存储数据、方便快捷地提取数据、分析处理数据提供了有力的技术支持。

1.2.1　信息与数据

随着社会的发展和科学技术的进步,人们对信息这个名词越来越不陌生了,然而对于信息的定义,从各个角度有着各种各样的解释。一般认为,信息是人们进行各种活动所需要的知识,是现实世界各种状态的反映。

信息和物质与能量一样,也是一种宝贵的资源,合理利用信息可增加人们的知识,提高人们对事物的认识能力。现代的人类已进入信息时代,不论是生产、科学研究和社会活动,还是个人的生活都离不开信息。仅知识形态的信息,每年都以指数规律增长着,这种情况常用"信息爆炸"来形容。计算机科学与现代通信技术的飞速发展和普及,为人们提供了先进的手段,只有利用计算机才能帮助人们处理大量信息,以实现信息管理工作的科学化和现代化。

数据是描述信息的符号,是数据库系统研究和处理的对象。数据的形式各种各样,在使用中常分为 3 大类:一类是用以表示事物数量的数值化数据,一类是用以表示事物名称或文本内容的非数值性字符数据(字符串),还有一类是用以表示"是"或者"非","成立"或者"不成立"的逻辑性数据。

数据是信息的具体表现形式,信息是数据有意义的表现,它们有联系也有一定的区别,但一般场合对它们不加区别,如信息处理和数据处理,往往指同一回事。

数据处理是指从某些已知的数据出发,推导加工出一些新的数据,这些新的数据又表示了新的信息。

数据管理是指数据的收集、整理、组织、存储、维护、检索、传送等操作,这部分操作是数据处理业务的基本环节,而且是任何数据处理业务中必不可少的共有部分。

数据处理是与数据管理相联系的,数据管理技术的优劣将直接影响数据处理的效率。

1.2.2 数据库

下面先来看一个数据库的例子。现在,几乎所有的单位都从银行发工资,几乎所有的人都在银行有存款,越来越多的人在银行贷款。当个人存取钱时,输入密码和账号,出纳员在计算机上操作,完成存取账目修改,再收或给现金。这项工作用到了数据库技术,银行的数据库中详细地记录着储户个人的姓名、账号、密码、金额、住址等信息,存取钱的过程,实际是查询数据库、修改数据库数据的过程。如今,大部分年轻人都有网上购物的经历,其中部分人应该都曾经在淘宝网上网购过东西。从客户下订单(包括选择物品名称、物品颜色、物品尺寸、物品数量等)到网上支付,再到查询物流配送进程、确认收货等,其实都运用到了数据库技术。客户下订单、网上支付和确认收货实际上是数据更新(插入数据、修改数据、删除数据)的过程,查询物流配送进程实际上是数据查询的过程。

那么什么是数据库呢?

数据库(database,DB)是指长期保存在计算机的存储设备上,并按照某种模型组织起来的、可以被各种用户或应用共享的数据的集合。数据库技术是为了使数据便于人们访问、操作和更新而产生的一种数据存储组织技术。简单地讲,数据库数据具有永久存储、有组织和可共享3个基本特点。

一般来说,数据库应该具有如下性质:

(1) 用综合的方法组织数据,具有较小的数据冗余。

(2) 可供多个用户共享,具有较高的数据独立性。

(3) 具有安全控制机制,能够保证数据的安全、可靠。

(4) 允许并发地使用数据库。

(5) 能有效、及时地处理数据。

(6) 保证数据的一致性和完整性。

(7) 具有较强的易扩展性。

目前,最流行的数据库是关系数据库,其中的数据以表格的形式组织,用户能使用不同的方式识别和访问这些数据。这将在后面章节中重点介绍。

1.2.3 数据库系统

数据库系统(database system,DBS)是指计算机以一定的方式组织存储信息的系统。数据库系统主要由数据库管理系统(database management system,DBMS)、数据库应用程序以及数据库三大部分组成,并且数据库系统必须要有自己的数据库管理员(database administer,DBA)。

因此,一个完整的DBS可以由以下式子表示:DBS=DBMS+DB+DBA+AP。

其中数据库管理系统是整个数据库系统的核心,它是位于用户与操作系统之间的一层数据管理软件,其主要功能包括数据定义、数据操纵、数据库的运行管理、数据库的建立和维护等。数据的插入、修改和检索均要通过数据库管理系统进行。平常人们说ORACLE是一个数据库,其实这是不准确的。数据库是数据的汇集,而ORACLE提供的是各种管理数据库的功能。应该说,ORACLE是一个DBMS。

数据库应用程序使人们能够获取、显示和更新由 DBMS 存储的数据。一般来说，DBMS 和数据库应用程序都驻留在同一台计算机上并在同一台计算机上运行，很多情况下两者甚至结合在同一个程序中，以前使用的大多数数据库系统都是用这种方法设计的。但是随着 DBMS 技术的发展，目前的数据库系统正向客户机/服务器模式发展。客户机/服务器数据库将 DBMS 和数据库应用程序分开，从而提高了数据库系统的处理能力。数据库应用程序运行在一个或多个用户工作站(客户机)上，并且通过网络与运行在其他计算机(服务器)上的一个或多个 DBMS 进行通信。

数据库管理员负责创建、监控和维护整个数据库，使数据能被任何有权使用的人有效使用。它需要根据企业的数据情况和要求，指定数据库建设和维护的策略，并对这些策略的执行提供技术支持，是在全局层次上对技术层进行控制。数据库管理员对系统保持最佳状态和提高效率起着很重要的作用，因此数据库管理员一般是由业务水平较高、资历较深的人员担任。

数据库应用程序、数据库管理系统、数据库以及数据库管理员之间的对应关系可用图 1-1 来表示。

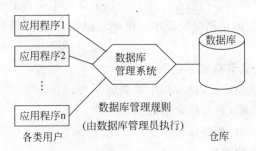

图 1-1   数据库系统阶段应用程序与数据之间的对应关系

1.3   数据模型

数据模型是在数据库设计过程中产生的一种概念，它研究的问题是如何逻辑地和物理地安排和识别数据。在数据库中用数据模型这个工具来抽象、表示和处理现实世界中的数据和信息。通俗地讲，数据模型就是对现实世界的模拟。但是，数据模型除了真实地模拟现实世界之外，还需要能够方便计算机对数据进行处理。因为数据模型是为了把现实世界的具体事务转换成计算机能处理的数据，所以数据模型其实是起着联系"现实世界"与"机器世界"的桥梁作用。数据模型由数据结构、数据操作和完整性约束 3 个要素组成。

从应用的角度看，数据模型可分成概念模型和数据模型两个不同的层次。

数据模型的引入使得读者能够对客观事物及其联系进行有效的描述与刻画。第 2 章将对数据模型进行更详细的讲述，并且介绍几种常见的数据模型。

1.4   数据库体系结构

本节主要介绍数据的独立性以及数据库的三级模式结构和二级功能映射。

1.4.1 数据独立性

数据独立是数据库的关键性要求。数据独立性(data independence)是指应用程序和数据库的数据结构之间相互独立,不受影响,即应用程序不因数据性质的改变而改变,而数据的性质也不因应用程序的改变而改变。它分成物理数据独立性和逻辑数据独立性两个级别。数据独立性是由 DBMS 实现的两级映射关系来完成的。

数据的物理独立性是指数据的物理结构变化不影响数据的逻辑结构,即用户和用户程序不依赖于数据库的物理结构。

数据的逻辑独立性是指当数据库重构时,如增加新的关系或对原有关系增加新的字段等,用户和用户程序不会受影响。逻辑独立性意味着数据库的逻辑结构的改变不影响应用程序,但是逻辑结构的改变必然影响到数据的物理结构。层次数据库和网状数据库一般能较好地支持数据的物理独立性,而对于逻辑独立性则不能完全地支持。目前,数据逻辑独立还没有能完全实现。

1.4.2 数据库三级模式结构和二级功能映射

数据库是一个复杂的系统。数据库的基本结构可以分成 3 个层次:物理级、概念级和用户级。因此,数据模式也相应地分为 3 种。

(1) 内模式(internal schema):数据库最内的一层,一个概念模式只有一个内模式,它是数据库在物理存储方面的描述,定义所有内部记录类型、索引和文件的组织方式,以及数据控制方面的细节。它将全局逻辑结构中所定义的数据结构及其联系按照一定的物理存储策略进行组织,以达到较好的时间与空间效率。

(2) 概念模式(conceptional schema):数据库的逻辑表示,包括每个数据的逻辑定义以及数据间的逻辑联系。它是数据库中全部数据的整体逻辑结构的描述,是所有用户的公共数据视图,综合了所有用户的需求。它处于数据库系统模式结构的中间层,与数据的物理存储细节和硬件环境无关,也与具体的应用程序、开发工具及高级程序设计语言无关。

(3) 外模式(external schema):用户所使用的数据库,是一个或几个特定用户所使用的数据集合(外部模型),是用户与数据库系统的接口,是概念模型的逻辑子集,也就是数据库用户能够看见和使用的局部数据的逻辑结构和特征的描述。一个概念模式可以有多个外模式,这是因为外模式是不同用户的数据视图,不同用户所期望的需求不同,这就造成了外模式的不同。外模式面向具体的应用程序,定义在逻辑模式之上,但独立于存储模式和存储设备。设计外模式时应充分考虑到应用的扩充性。当应用需求发生较大变化,相应外模式不能满足其视图要求时,该外模式就得做相应改动。

由上面的定义可知,只有存储数据库是物理上真正存在的,概念数据库是存储数据库的抽象,而外部数据库是概念数据库的部分抽取。

数据库系统体系结构三级模式实质上是对数据的 3 个级别抽象,它的基本意义在于将DBS 中数据的具体物理实现留给物理模式,使得用户与全局设计者不必关心数据库的具体实现与物理背景。为了能够保证在数据库系统内部实现这 3 个抽象层次的联系和转换,还必须在这 3 个模式之间提供两级映射,这就是概念模式/内模式映射和外模式/概念模式映射。

1. 概念模式/内模式映像

概念模式/内模式映像存在于概念级和物理级之间,用于定义概念模式和内模式之间的对应性。例如,说明逻辑记录和字段在内部是如何表示的。数据库中概念模式/内模式映像是唯一的,该映像定义通常包含在模式描述中。为了保证数据的物理独立性,当数据库的存储结构改变了(例如选用了另一种存储结构),数据库管理员必须修改概念模式/内模式映像,使概念模式保持不变,从而应用程序不受影响,保证了数据与程序的物理独立性。

2. 外模式/概念模式映像

外模式/概念模式映像存在于用户级和概念级之间,用于定义外模式和概念模式之间的对应性。为了保证数据的逻辑独立性,当概念模式改变时,数据库管理员必须修改有关的外模式/概念模式映像,使外模式保持不变。应用程序是依据数据的外模式编写的,从而应用程序不必修改,保证了数据与程序的逻辑独立性。

三级模式与二级映射如图 1-2 所示。

综上所述,数据库的二级映射保证了数据库外模式的稳定性,从而从底层保证了应用程序的稳定性,除非应用需求本身发生变化,否则应用程序一般不需要修改。这样,数据与程序之间的独立性使得数据的定义和描述可以从应用程序中分离出去。

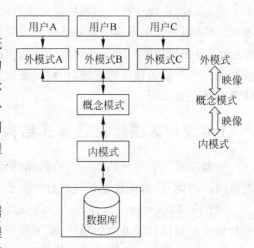

图 1-2　三级模式与二级映射

1.5　数据库的重要性及发展趋势

1.5.1　数据库的重要性

数据库研究跨越于计算机应用、系统软件和理论 3 个领域,其中应用促进新系统的研制开发,新系统带来新的理论研究,而理论研究又对前两个领域起着指导作用。数据库系统的出现是计算机应用的一个里程碑,它使得计算机应用从以科学计算为主转向以数据处理为主,从而使计算机得以在各行各业乃至家庭中普遍使用。在它之前的文件系统虽然也能处理持久数据,但是文件系统不提供对任意部分数据的快速访问,而这对数据量不断增大的应用来说是至关重要的。

为了实现对任意部分数据的快速访问,就要研究许多优化技术。这些优化技术往往很复杂,是普通用户难以实现的,所以就由系统软件(数据库管理系统)来完成,而提供给用户的是简单易用的数据库语言。由于对数据库的操作都由数据库管理系统完成,所以数据库就可以独立于具体的应用程序而存在,从而数据库又可以为多个用户所共享。因此,数据的独立性和共享性是数据库系统的重要特征。数据共享节省了大量的人力物力,为数据库系统的广泛应用奠定了基础。

数据库系统的出现使得普通用户能够方便地将日常数据存入计算机并在需要的时候快速访问它们,从而使计算机走出科研机构进入各行各业、进入家庭。

数据库是信息资源开发利用的基础,各行各业均需应用信息系统,而数据是信息系统的核心。国际互联网络的信息系统都离不开数据库的支持,信息化建设是三分技术,七分设备,十二分的数据库建设;信息高速公路就像铺路架桥,而缺乏数据库的网络和系统则相当于有路没有车,有车没有货。也就是说,没有数据库,不可能充分发挥网络应有的作用。

几乎所有从事商业的人,都能从数据库中受益,传统数据库是解决商业事物处理而发展起来的。几乎所有的商业活动都利用数据库技术,尤其是电子商务。数据库是电子商务的基础,电子商务数据库也已经逐渐成为了很多高校电子商务专业学生的必修课之一。在完整的电子商务运行平台支持下,数据库承担着对商务信息的存储、管理、查询、结算和处理等功能,在 Internet 上发挥作用。当数据库添加了 Web 访问能力后,就可以在 Internet 上发挥作用。例如,在 Web 站点发布产品信息时,用不着制作上百个网页,只需要准备一个模版页,然后与后台数据库连接,就可以使客户方便地浏览所需的产品信息。用于电子商务 Web 站点的数据库需要与一个庞大的顾客或存货清单数据库互动,还要与一个独立的包含销售信息、广告宣传册和宣传画等的数据库互动。网站的后台数据库技术是网站建设的重要技术,没有一个电子商务网站可以离开后台的数据库而独立存在。网站的后台数据库性能的好坏关系到整个网站的性能。

数据库是其他很多系统的核心或重要组成部分,如:

MIS(management information system,管理信息系统)。

DSS(decision support system,决策支持系统)。

ICAI(intelligent computer assisted instruction,智能计算机辅助教学)。

CBI(computer-based instruction,计算机辅助教学)。

ITS(intelligent transportation system,智能运输系统)。

ES(expert system,专家系统)。

CAD(computer assisted design,计算机辅助设计)。

高技术、高资金密集的行业和部门正在建立、开发全行业性的大型数据库,并逐步实现本行业或部门的综合信息系统,把巨额的投资变成有用的信息资源,使数据库给生产、管理和经营带来巨大的经济效益。

现在,凡是计算机领域里的高新技术在数据库中都有应用,如面向对象技术与数据库的结合产生了面向对象的数据库,多媒体技术与数据库的结合出现了多媒体数据库,还有与并行处理技术、分布处理技术和人工智能相结合的并行数据库、分布数据库、智能数据库等。

由此可见,数据库确实具有巨大的重要性。

1.5.2 数据库的发展趋势

数据、计算机硬件和数据库应用,这三者推动着数据库技术与系统的发展。数据库要管理的数据的复杂度和数据量都在迅速增长;计算机硬件平台的发展仍然遵循着摩尔定律;数据库应用迅速向深度、广度扩展。尤其是互联网的出现,极大地改变了数据库的应用环境,向数据库领域提出了前所未有的技术挑战。这些因素的变化推动着数据库技术的进步,出现了一批新的数据库技术,如 Web 数据库技术、并行数据库技术、数据仓库与联机分析技术、数据挖掘与商务智能技术、内容管理技术、海量数据管理技术等。限于篇幅,本小节不可能逐一展开来阐述这些方面的变化,只是从这些变化中归纳出数据库技术发展呈现出的突出特点。

1. 四高

即 DBMS 要求具有高可靠性、高性能、高可伸缩性和高安全性的特点。数据库是企业信息系统的核心和基础,其可靠性和性能是企业领导人非常关心的问题。因为,一旦数据库系统崩溃就会给企业造成巨大的经济损失,甚至会引起法律的纠纷。最典型的例子就是证券交易系统,如果在一个行情来临的时候,由于交易量的猛增,造成数据库系统的处理能力不足,导致数据库系统崩溃,将会给证券公司和股民造成巨大的损失。

事实上,数据库系统的稳定和高效也是技术上长久不衰的追求。此外,从企业信息系统发展的角度来看,一个系统的可扩展能力也是非常重要的。由于业务的扩大,当原来的系统规模和能力已经不再适应新的要求的时候,不是重新更换更高档次的机器,而是在原有的基础上增加新的设备,如处理器、存储器等,从而达到分散负载的目的。数据的安全性是另一个重要的课题,普通的基于授权的机制已经不能满足许多应用的要求,新的基于角色的授权机制以及一些安全功能要素,如存储隐通道分析、标记、加密、推理控制等,在一些应用中成为切切实实的需要。

2. 互联

即数据库系统要支持互联网环境下的应用,要支持信息系统间"互联互访",要实现不同数据库间的数据交换和共享,要处理以 XML 类型的数据为代表的网上数据,甚至要考虑无线通信发展带来的革命性的变化。与传统的数据库相比,互联网环境下的数据库系统要具备处理更大量的数据以及为更多的用户提供服务的能力,要提供对长事务的有效支持,要提供对 XML 类型数据的快速存取的有效支持。

3. 协同

即面向行业应用领域要求,在 DBMS 核心基础上,开发丰富的数据库套件及应用构件,通过与制造业信息化、电子商务、电子政务等领域的应用套件捆绑,形成以 DBMS 为核心的面向行业的应用软件产品家族。满足应用需求,协同发展数据库套件与应用构件,已成为当今数据库技术与产品发展的新趋势。

4. 更深更广

传统数据库应用主要是针对企业级(On-Line transaction processing,联机事务处理)OLTP 领域,当数据量积累到一定程度之后,用户要想从浩瀚如海的历史数据中分析和挖掘出对企业决策、客户关系、未来发展有用的信息,就要利用到数据仓库、OLAP 和数据挖掘技术,这表明了数据库正在朝向深度发展,今天很多的商业智能(business intelligence)实际上就是数据仓库应用的更好表现形式。另一方面,数据库已经不再是企业级专用产品,从笔记本电脑到 PDA、手机甚至汽车中都可能会装有数据库,也就是数据库的应用越来越广,从高端到低端的设备都可以装有数据库软件,IBM 将其称之为"普及计算"。

小结

　　数据管理技术经历了人工管理、文件系统、数据库和高级数据库技术 4 个阶段。数据库系统是在文件系统的基础上发展而成的,同时又克服了文件系统的 3 个缺陷:数据的冗余、不一致性和联系性差。

　　数据模型是对现实世界进行抽象的工具,用于描述现实世界的数据、数据联系、数据语义和数据约束等方面内容。

　　数据库是存储在一起集中管理的相关数据的集合。数据库的体系结构是对数据的 3 个抽象级别。它把数据的具体组织留给 DBMS 去做,用户只需抽象地处理逻辑数据,而不必关心数据在计算机中的存储,减轻了用户使用系统的负担。由于三级结构之间往往差别很大,存在着两级映射,因此使 DBS 具有较高的数据独立性:物理数据独立性和逻辑数据独立性。

　　数据库技术对社会的正常运作起着很重要的作用,因此学习数据库知识是必要而且迫切的。

综合练习一

一、填空题

1. 数据管理的发展主要分为＿＿＿＿＿、＿＿＿＿＿、＿＿＿＿＿和高级数据库阶段。

2. 数据库是指长期保存在计算机的存储设备上、并按照某种＿＿＿＿组织起来的、可以被各种用户或应用共享的＿＿＿＿的集合。

3. 数据独立性是指＿＿＿＿和＿＿＿＿之间相互独立,不受影响。

4. 数据库系统主要由＿＿＿＿、＿＿＿＿、＿＿＿＿和数据库管理员组成。

5. 数据模式分为＿＿＿＿、＿＿＿＿和＿＿＿＿ 3 种。

二、选择题

1. 数据库技术处于人工管理阶段是在( )。
   A. 20 世纪 60 年代中期以前　　　　B. 20 世纪 50 年代中期以前
   C. 从 20 世纪 70 年代到 90 年代　　D. 一直是

2. 数据库技术处于文件系统阶段是在( )。
   A. 一直是　　　　　　　　　　　　B. 20 世纪 50 年代中期以前
   C. 20 世纪 50 年代后期到 60 年代中期　　D. 20 世纪 80 年代以后

3. 数据库技术处于数据库系统阶段的时间段是( )。
   A. 20 世纪 60 年代后期到现在　　　B. 20 世纪 60 年代到 80 年代中期
   C. 20 世纪 80 年代以前　　　　　　D. 20 世纪 70 年代以前

4. 数据模型是( )。
   A. 现实世界数据内容的抽象　　　　B. 现实世界数据特征的抽象

C. 现实世界数据库结构的抽象　　　　　D. 现实世界数据库物理存储的抽象

5. 实际的数据库管理系统产品在体系结构上通常具有的相同的特征是(　　)。

A. 树型结构和网状结构的并用

B. 有多种接口,提供树型结构到网状结构的映射功能

C. 采用三级模式结构并提供两级映射功能

D. 采用关系模型

6. 以下不属于数据模式的有(　　)。

A. 设计模式　　　　B. 概念模式　　　　C. 逻辑模式

D. 固定模式　　　　E. 内模式

7. 数据操作包含(　　)内容。

A. 操作　　　　　　　　　　　　B. 关于操作的函数

C. 有关的操作规则　　　　　　　D. 规则映射

E. 规则的函数表象

8. 数据库管理系统是为了进行(　　)操作而配置的。

A. 数据库的建立　　B. 数据库的映射　　C. 数据库的连接

D. 数据库的使用　　E. 数据库的维护

三、问答题

1. 数据和信息之间的关系是什么?

2. 什么是数据库? 它具有什么性质?

四、实践题

1. 调研你所在的单位(企业或学校)内部所用的数据库,说明其重要性。

2. 浏览国内的 B2C 电子商务网站,了解数据库在电子商务中的应用。

3. 你存在人工管理数据的麻烦吗? 如果有,你会如何应用数据库技术去帮助你完成呢?

第 2 章　数据模型

如第 1 章所述,数据模型是用来描述数据的一组概念和定义,是对一个单位的数据的模拟。数据模型是实现 DBMS 的基础,它对系统的复杂性和性能影响很大。一方面,人们寻求接近计算机数据的物理表示的数据模型,以提高系统性能;另一方面,人们又希望数据模型具有很强的描述能力,能够接近现实,简易地描述事物。

本章内容讲述了数据模型的定义和作用,并详细介绍几种常见的数据模型。

2.1　数据模型概述

数据建模是建立用户数据视图模型的过程,是开发有效的数据库应用的最重要的任务。如果数据模型能够正确地表示管理对象的数据视图,则开发出的数据库是完整有效的,在数据库及其应用开发中,数据建模是随后工作的基础。数据建模的过程,实际也是筛选和抽取信息、表达信息的过程。通过对管理对象进行数学建模的训练,可以提高解决实际问题的能力。数据建模包括了构建概念模型和计算机数据模型。

从人们对现实生活中事物特性的感官认识到计算机数据库里的具体表示要经历 3 个领域,即现实世界——信息世界——机器世界。现实世界指存在于人脑之外的客观世界,是客观存在的。信息世界指现实世界在人们头脑中的反映,是对客观事物及其联系的一种抽象描述。机器世界指对信息世界中人们头脑中的信息经过加工编码后形成的数据。从应用的角度来看,数据模型可以分为两个大类,第一类是概念模型,它是按照用户的观点对数据和信息建模,是现实世界到机器世界的一个中间层次,是数据库设计人员和用户之间进行交流的语言,主要用于数据库的设计,信息世界对应的模型是概念模型;第二类是计算机数据模型,主要包括网状模型、层次模型、关系模型、对象模型等,它是按照计算机系统的观点对数据建模,主要用于 DBMS 的实现,机器世界对应的是 DBMS 支持的数据模型。因此,数据建模包括了构建概念模型和计算机数据模型。

2.1.1　数据模型的定义

数据模型是在数据库设计过程中产生的一种概念,它研究的问题是如何以逻辑和物理方式安排和识别数据。(在数据库中用数据模型这个工具来抽象、表示和处理现实世界中的数据和信息。)数据库存储的是数据,这些数据反映了现实世界中有意义、有价值的信息,数据库不仅反映数据本身的内容,而且也反映数据之间的联系。数据模型就是用来抽象、表示、处理现实世界的数据和信息的工具,它是数据库中用于提供信息表示和操作手段的形式框架,也是我们将现实世界转换为数据世界的桥梁。通俗地讲,数据模型就是对现实世界的模拟。数据模型由数据结构、数据操作和完整性约束 3 个要素组成:

(1) 数据结构:研究对象类型的集合,用于精确地描述系统的静态特性。数据结构描述的内容可以分为两类,一类是与对象的类型、内容、性质有关的,如关系模型中的域、属性、关系等;另一类是与对象之间联系有关的,如网状模型中的系型。

(2) 数据操作:对数据库中对象(型)的实例(值)允许执行的操作和操作规则的集合。用于描述系统的动态特性,如数据库的检索和更新,关系的交、差、并,操作的优先级等。

(3) 数据的约束条件:保证数据正确、有效和相容的完整性规则的集合。如年龄必须大于零,关系必须满足实体完整性和参照完整性等。

从应用的角度看,数据模型可分成两个不同的层次:

(1) 概念模型:也称信息模型,它是按用户的观点来对数据和信息建模,是现实世界到机器世界的一个中间层次,是数据库设计人员和用户之间进行交流的语言。

(2) 数据模型:主要包括网状模型、层次模型、关系模型等,它是按计算机系统的观点对数据建模。

数据模型的引入使得读者能够对客观事物及其联系进行有效的描述与刻画。一个数据模型将说明什么信息要被包含在数据库中,这些信息将被如何使用,以及数据库中的各个组成实体之间是如何联系的。例如,一个数据模型将指出用名称和信用卡账号代表一个顾客;产品代码和价钱代表一个商品,如此顾客和商品之间是一个一对多的关系。当一个数据库被设计好并插入数据后,其规划将难以被改变。因此一个设计良好的数据模型应该尽量减少修改数据库规划的需要。数据模块化可以加强应用程序的可维护性和模块重用性,这些都有利于减低开发的成本。一种数据模块化语言是一种公式化的语言,它用符号来描绘数据结构和一组操作符来处理和确认数据。数据模型设计是数据库设计的核心问题之一,它的好坏将在很大程度上决定一个数据库设计的质量。一个好的数据模型应该既能真实地模拟现实世界,又容易被人所理解,并且便于在计算机上实现。

目前最被广泛应用的数据模块化方法是实体-联系模型(entity-relationship model,E-R 模型);关系数据模型是最为广泛应用的数据模型。

2.1.2　数据模型中的一些基本概念

1. 实体(entity)

客观存在并可相互区别的事物称为实体,可以是具体的人、事、物或抽象的概念。

2. 属性(attribute)

实体所具有的某一特性称为属性,一个实体可以由若干个属性来刻画。

3. 关键字(key)

实体概念的关键之处在于一个实体能够与别的实体相互区别,因此每个实体都有本身的关键字(也称为标志符或关键码)。实体的关键字是唯一能标志实体的属性的集合。

4. 域(domain)

属性的取值范围称为该属性的域。

5. 实体型(entity type)

用实体名及其属性名集合来抽象和刻画的某一类实体称为实体型。

6. 实体集(entity set)

同型实体的集合称为实体集。

7. 联系(relationship)

现实世界中事物内部以及事物之间的联系在信息世界中反映为实体内部的联系和实体之间的联系。分为一对一联系(1∶1)、一对多联系(1∶n)、多对多联系(m∶n)。

1) 一对一联系

如果对于实体集 A 中的每一个实体,实体集 B 中至多有一个实体与之联系,反之亦然,则称实体集 A 与实体集 B 具有一对一联系,记为 1∶1。

2) 一对多联系

如果对于实体集 A 中的每一个实体,实体集 B 中有 n 个实体(n≥0)与之联系,反之,对于实体集 B 中的每一个实体,实体集 A 中至多只有一个实体与之联系,则称实体集 A 与实体集 B 有一对多联系,记为 1∶n。

3) 多对多联系

如果对于实体集 A 中的每一个实体,实体集 B 中有 n 个实体(n≥0)与之联系,反之,对于实体集 B 中的每一个实体,实体集 A 中也有 m 个实体(m≥0)与之联系,则称实体集 A 与实体 B 具有多对多联系,记为 m∶n。

2.2 E-R 模型

P. P. S. Chen 在 1976 年提出了实体-联系模型(entity-relationship model),简称 E-R 模型,他用 E-R 图来抽象表示现实世界的数据特征,是一种表达能力强、易于掌握的概念数据模型。

1. 实体(型)的表示

E-R 模型用矩形来表示实体(型),矩形框内写明实体名,如图 2-1 所示。

2. 属性的表示

E-R 模型用椭圆形来表示属性,并用无向边将其与相应的实体连接起来,如图 2-2 所示。

学生　　　　教室

图 2-1　实体的表示

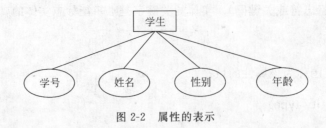

图 2-2　属性的表示

3. 联系的表示

联系本身：用菱形表示，菱形框内写明联系名，并用无向边分别与有关实体连接起来，同时在无向边旁标上联系的类型(1∶1、1∶n 或 m∶n)。

联系的属性：联系本身也是一种实体型，也可以有属性。如果一个联系具有属性，则这些属性也要用无向边与该联系连接起来，如图 2-3 所示。

现在举一个设计 E-R 模型的具体例子。

【例 2-1】　库存业务的管理模式语义如下：

在一个仓库可以存放多种器件，一种器件也可以存放在多个仓库中。

一个仓库有多个职工，而一个职工只能在一个仓库工作。

一个职工可以保管一个仓库中的多种器件，由于一种器件可以存放在多个仓库中，当然可以由多名职工保管。

从上面的语义可以知道：

在仓库和器件之间存在一个多对多的联系——库存。

在仓库和职工之间存在一个一对多的联系——工作。

在职工和器件之间存在一个多对多的联系——保管。

于是可以得到 E-R 图，如图 2-4 所示。

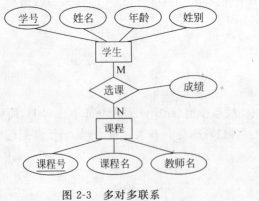

图 2-3　多对多联系

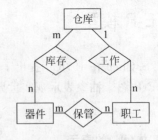

图 2-4　库存业务 E-R 图

2.3　层次数据模型

层次模型是数据处理中发展较早、技术上也比较成熟的一种数据模型。它的特点是将数据组织成有向有序的树结构。层次模型由处于不同层次的各个结点组成。除根结点外，其余各结点有且仅有一个上一层结点作为其"双亲",而位于其下的较低一层的若干个结点作为其"子女"。结构中结点代表数据记录,连线描述位于不同结点数据间的从属关系(限定为一对多的关系)。对于如图 2-5 所示的地图 M 用层次模型表示为如图 2-6 所示的层次结构。

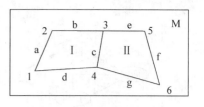

图 2-5 原始地图 M

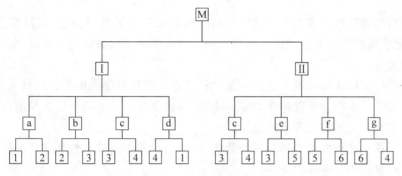

图 2-6 层次数据模型

层次模型的特点是记录之间的联系通过指针来实现,查询效率较高。与文件系统的数据管理方式相比,层次模型是一个飞跃,用户和设计者面对的是逻辑数据而不是物理数据,因此用户不必花费大量的精力考虑数据的物理细节。逻辑数据与物理数据之间的转换由DBMS 完成。

层次模型反映了现实世界中实体间的层次关系,层次结构是众多空间对象的自然表达形式,并在一定程度上支持数据的重构。但其应用时存在以下问题:

(1) 由于层次结构的严格限制,对任何对象的查询必须始于其所在层次结构的根,使得低层次对象的处理效率较低,并难以进行反向查询。数据的更新涉及许多指针,插入和删除操作也比较复杂。根结点的删除意味着其下属所有子结点均被删除,必须慎用删除操作。

(2) 层次命令具有过程式性质,它要求用户了解数据的物理结构,并在数据操纵命令中显式地给出存取途径。

(3) 模拟多对多联系时导致物理存储上的冗余。

(4) 数据独立性较差。

综上所述,层次模型主要适用于对具有一对多联系的实体进行描述。

2.4 网状数据模型

网状数据模型是数据模型的另一种重要结构,它是用网络结构来表示实体之间联系的数据模型,反映着现实世界中实体间更为复杂的联系。其基本特征是,结点数据间没有明确的从属关系,一个结点可与其他多个结点建立联系。如图 2-7 所示的 4 个城市的交通联系,不仅是双向的而且是多对多的。如图 2-8 所示,学生甲、乙、丙、丁选修课程,其中的联系也属于网状模型。

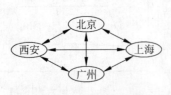

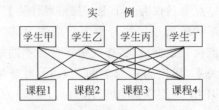

图 2-7　交通网状模型　　　　　图 2-8　选修课程网状模型

网状模型用连接指令或指针来确定数据间的显式连接关系,是具有多对多类型的数据组织方式,网状模型将数据组织成有向图结构。结构中结点代表数据记录,连线描述不同结点数据间的关系。

有向图结构比层次结构具有更大的灵活性和更强的数据建模能力。网状模型的优点是可以描述现实生活中极为常见的多对多的关系,其数据存储效率高于层次模型,但其结构的复杂性限制了它在空间数据库中的应用。

网状模型在一定程度上支持数据的重构,具有一定的数据独立性和共享特性,并且运行效率较高。但它应用时存在以下问题:

(1) 网状结构的复杂,增加了用户查询和定位的困难。它要求用户熟悉数据的逻辑结构,知道自身所处的位置。

(2) 网状数据操作命令具有过程式性质。

(3) 不直接支持对于层次结构的表达。

2.5　关系数据模型

在层次与网状模型中,实体间的联系主要是通过指针来实现的,即把有联系的实体用指针连接起来。而关系模型则采用完全不同的方法。

关系模型是根据数学概念建立的,它把数据的逻辑结构归结为满足一定条件的二维表形式。此处,实体本身的信息以及实体之间的联系均表现为二维表,这种表就称为关系。一个实体由若干个关系组成,而关系表的集合就构成为关系模型。

关系模型要求关系必须是规范化的,即要求关系必须满足一定的规范条件,这些规范条件中最基本的一条就是,关系的每一个分量必须是一个不可分割的数据项。通俗地讲,就是不允许表中还有表。

关系模型不是人为地设置指针,而是由数据本身自然地建立它们之间的联系,并且用关系代数和关系演算来操纵数据,这就是关系模型的本质。

在生活中表示实体间联系的最自然的途径就是二维表格。表格是同类实体的各种属性的集合,在数学上把这种二维表格叫做关系。二维表的表头,即表格的格式是关系内容的框架,这种框架叫做模式,关系由许多同类的实体所组成,每个实体对应于表中的一行,叫做一个元组。表中的每一列称为一个属性,属性的取值范围叫做域。

对于图 2-5 的地图,用关系数据模型则表示为如图 2-9 所示。

关系数据模型是应用最广泛的一种数据模型,它具有以下优点:

(1) 能够以简单、灵活的方式表达现实世界中各种实体及其相互间关系,使用与维护也很方便。关系模型通过规范化的关系为用户提供一种简单的用户逻辑结构。所谓规范化,实质上就是使概念单一化,一个关系只描述一个概念,如果多于一个概念,就要将其分开。

（2）关系模型具有严密的数学基础和操作代数基础——如关系代数、关系演算等,可将关系分开,或将两个关系合并,使数据的操纵具有高度的灵活性。

（3）在关系数据模型中,数据间的关系具有对称性,因此,关系之间的寻找在正反两个方向上难度是一样的,而在其他模型如层次模型中从根结点出发寻找叶子的过程容易解决,相反的过程则很困难。

目前,绝大多数数据库系统采用关系模型。但它的应用也存在着如下问题:

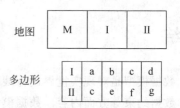

图 2-9　关系数据模型示意图

（1）实现效率不够高。由于概念模式和存储模式的相互独立性,按照给定的关系模式重新构造数据的操作相当费时。另外,实现关系之间的联系需要执行系统开销较大的连接操作。

（2）描述对象语义的能力较弱。现实世界中包含的数据种类和数量繁多,许多对象本身具有复杂的结构和含义,为了用规范化的关系描述这些对象,则需对对象进行不自然的分解,从而在存储模式、查询途径及其操作等方面均显得语义不甚合理。

（3）不直接支持层次结构,因此不直接支持对于概括、分类和聚合的模拟,即不适合于管理复杂对象的要求,它不允许嵌套元组和嵌套关系存在。

（4）模型的可扩充性较差。新关系模式的定义与原有的关系模式相互独立,并未借助已有的模式支持系统的扩充。关系模型只支持元组的集合这一种数据结构,并要求元组的属性值为不可再分的简单数据（如整数、实数和字符串等）,它不支持抽象数据类型,因而不具备管理多种类型数据对象的能力。

（5）模拟和操纵复杂对象的能力较弱。关系模型表示复杂关系时比其他数据模型困难,因为它无法用递归和嵌套的方式来描述复杂关系的层次和网状结构,只能借助于关系的规范化分解来实现。过多的不自然分解必然导致模拟和操纵的困难和复杂化。

2.6　数据模型与数据模式

第 1 章中提及到数据模式的概念,这里有必要再强调数据模型与数据模式的区别。

数据模型是描述数据的手段,而数据模式是用给定数据模型对具体数据的描述。两者不应混淆,正如不应把程序设计语言和用程序设计语言所写的一段程序混为一谈。

同时,数据模式也要和数据实例相互区别。数据模式是相对稳定的,而实例是变动的。数据模式反映的是一个单位的各种事物的结构、属性、联系和约束,实质上是用数据模型对一个单位的模拟。而实例反映数据库的某一时刻的状态。

小结

数据模型是对现实世界进行抽象的工具,用于描述现实世界的数据、数据联系、数据语义和数据约束等方面内容。数据模型分成概念模型和数据模型两大类。前者的代表是实体联系模型,后者的代表是层次、网状、关系和面向对象模型。关系模型是当今的主流模型,面向对象模型是今后发展的方向。

综合练习二

一、填空题

1. 数据模型由_____、_____和_____ 3 个要素组成。

2. 数据建模包括构建概念模型和_____。

3. 3 大经典数据模型包括_____、_____以及_____。

4. 客观存在并可相互区别的事物称为_____。

5. 网状数据模型是用_____来表示实体之间联系的数据模型。

二、选择题

1. 实体内部的联系和实体之间的联系不包括( )。

    A. 一对一　　　　　　B. 一对多　　　　　　C. 多对多　　　　　　D. 零对多

2. E-R 模型中,用( )表示实体,用( )表示属性。

    A. 星形　　　　　　　B. 矩形　　　　　　　C. 椭圆　　　　　　　D. 三角形

3. 在关系数据模型中,数据间的关系具有( )。

    A. 对称性　　　　　　B. 非对称性　　　　　C. 抽象性　　　　　　D. 周期性

4. 以下属于非关系数据模型的有( )。

    A. 层次模型　　　　　B. 网状模型　　　　　C. 关系模型

    D. 面向对象数据模型　　　　　　　　　　　E. 概念模型

5. 数据模型概念中包含的内容有( )。

    A. 数据的静态特征　　　　　　　　　　　B. 数据的动态特征

    C. 数据的物理特征　　　　　　　　　　　D. 数据的完整性特征

    E. 数据的存储特征

6. 以下属于关系模型与层次模型的区别的是( )。

    A. 关系模型没有指针　　　　　　　　　　B. 关系模型表示简单而且统一

    C. 关系模型需要连接　　　　　　　　　　D. 关系模型不存在缺陷

    E. 关系模型不存在数据冗余

7. 数据操作包含( )内容。

    A. 操作　　　　　　　　　　　　　　　　B. 关于操作的函数

    C. 有关的操作规则　　　　　　　　　　　D. 规则映射

    E. 规则的函数表象

三、问答题

1. 数据库领域采用的数据模型有哪些？它们各自的特点是什么？

2. 关系模型的优点有哪些？

3. 区别数据模型与数据模式。

四、实践题

续第1章的实践题目，现在尝试描述你所在系的组织结构并建立概念模型和关系数据模型。

第3章

关系数据模型

第2章介绍了数据模型。数据模型多种多样,在传统的3大数据模型中,层次、网状数据模型由于其不可克服的缺陷,已经很少应用了。而关系数据模型是其中应用最广泛的一种数据模型,因此有必要对其进行深入的学习。

本章主要介绍关系数据模型(简称关系模型)。关系模型是建立在集合代数的基础上的,是由数据结构、关系操作集合、关系的完整性约束3部分构成的一个整体:

(1) 数据结构。数据库中全部数据及其相互联系都被组织成"关系"(二维表格)的形式。关系模型基本的数据结构是关系。

(2) 关系操作集合。关系模型提供一组完备的高级关系运算,以支持对数据库的各种操作。关系运算分成关系代数和关系演算两类。

(3) 数据完整性规则。数据库中数据必须满足实体完整性、参照完整性和用户定义的完整性等3类完整性规则。

下面将分别从这3个方面去讨论,接着再探讨实现关系运算的两种方式:关系代数和关系演算。

3.1 关系模型的数据结构

关系模型的数据结构就是指关系,讨论关系模型的数据结构就是要定义关系。为了更好地学习和理解,下面分别从数学上和形式上介绍关系的概念。

3.1.1 关系

1. 关系的数学描述

1) 域(domain)

定义:域(domain)是具有相同数据类型的值的集合。

例如:整数、实数、有理数、无理数、{'男','女'}、长度为4字节的字符串的集合、大于0小于100的自然数等都可以是域。

2) 笛卡儿积(cartesian product)

定义:

给定一组域$D_1,D_2,\cdots,D_n$,这些域中可以有相同的。$D_1,D_2,\cdots,D_n$的笛卡儿积为:

$D_1 \times D_2 \times \cdots \times D_n = \{(d_1,d_2,\cdots,d_n) \mid d_i \in D_i, i=1,2,\cdots,n\}$,关于笛卡儿积还有以下几

个概念值得注意。

元组：笛卡儿积中每一个元素 $(d_1,d_2,\cdots,d_n)$ 称为一个 n 元组（n-tuple）或简称元组（tuple）。

分量：笛卡儿积元素 $(d_1,d_2,\cdots,d_n)$ 中的每一个值 d_i 称为一个分量（component）。

基数：若 $D_i(i=1,2,\cdots,n)$ 为有限集，其基数为 $m_i(i=1,2,\cdots,n)$，则 $D_1\times D_2\times\cdots\times D_n$ 的基数 M 为 $M=\prod\limits_{i=1}^{n}m_i$

例如：

D_1＝商品管理模块＝商品名称，商品产地，商品品牌，商品库存量

D_2＝用户管理模块＝用户账号，用户密码，访问次数

D_3＝订单信息模块＝顾客名，Email，支付信息

D_1 的基数是 4，D_2 的基数是 3，D_3 的基数是 3，则 $D_1\times D_2\times D_3$ 的基数为 $4\times3\times3=36$，该笛卡儿积的基数为 36，即 $D_1\times D_2\times D_3$ 共有 36 个元组，这 36 个元组可以列成一张二维表。有了域和笛卡儿积的概念作为基础，下面来定义一下关系。

3）关系（relation）

$D_1\times D_2\times\cdots\times D_n$ 的子集称为在域 $D_1,D_2,\cdots,D_n$ 上的关系，表示为：

$$R(D_1,D_2,\cdots,D_n)$$

其中，R 表示该关系的名称，n 称为关系 R 的元数（度数），关系中的每个元素是关系中的元组，通常用 t 表示。

由于有一些笛卡儿积是没有意义的，譬如说 D_3 中的顾客名不可能和 D_2 中不同的用户密码所对应，D_3 中的 Email 不可能和 D_2 中不同的用户密码所对应等，所以只有笛卡儿积中的某个子集才有实际意义。关系表述的正是笛卡儿积的有限子集，所以关系也是一个二维表。

2．关系的形式描述

关系从形式上可以看作一张满足特定规范性要求的二维表格（table），其行（row）称为元组（tuple），其列（column）表示属性。表 3-1 就是一个关系。

表 3-1　二维表格

商 品 名 称	商 品 产 地	商 品 品 牌	商品库存量
台灯	广州	飞利浦	500
风扇	深圳	美的	300
饮水机	广州	安吉尔	300

虽然关系从形式上看是一张二维表格，但是严格地说，关系是一种规范化了的二维表格，在关系数据模型中，对关系做了如下规范性限制：

（1）元组分量原子性。关系中的每一个属性值都是不可分解的，不允许出现组合数据，更不允许表中有表。

（2）元组个数有限性。关系中元组的个数总是有限的。

（3）元组的无序性。关系中不考虑元组之间的顺序，元组在关系中应是无序的，即没有

行序。因为关系是元组的集合,按集合的定义,集合中的元素无序。

(4) 元组唯一性。关系中不允许出现完全相同的元组。

(5) 属性名唯一性。关系中属性名不允许相同。

(6) 分量值域同一性。关系中属性列中分量具有与该属性相同的值域。

(7) 属性的无序性。关系中属性也是无序的(但是这只是理论上的无序,在使用时按习惯考虑列的顺序)。

由上面的规范性限制可知关系中不允许出现相同的元组,所以关系中的元组是互不相同的,但是这并不要求不同元组的每一项属性值都应该不同,而只是要求不同元组所有的属性值不能都相同,但可以有部分属性值相同。例如表 3-1 中,"商品产地"这一属性值就有很多元组是相同的,但由于各个元组并不是所有属性值都相同,所以各个元组还是互不相同的。当然,并不是任何属性值都可以相同,例如表 3-1 中,若"商品名称"这一属性值相同,则是不允许的,因为每个商品应该有不同的名称。也就是说"商品名称"可以唯一地标识不同的商品,"商品名称"属性值相同的表示同一个商品,而"商品产地"、"商品品牌"、"商品库存量"属性值相同的则不一定是同一个商品。基于数据处理等的原因,需要识别关系中的元组,因此需要考虑能够起标识作用的属性子集,于是引入了"键"的概念。

可以唯一地决定其他所有属性的值(也即唯一地标识元组)的属性集称为键,键由一个或几个属性组成。实际应用中主要有下列几种键:

(1) 超键(super key)。能唯一地标识元组的属性集合。例如表 3-1 中,"商品名称"+"商品产地"+"商品品牌"+"商品库存量"、"商品名称"+"商品产地"+"商品品牌"、"商品名称"+"商品产地"、"商品名称"+"商品库存量"等都是超键。

(2) 候选键(candidate key)。能唯一地标识元组的属性或属性组,而其任何真子集无此性质,则该属性或属性组称为候选键,有时也称作键。可见,候选键就是不含多余属性的超键。候选键可以有一个或多个,例如表 3-1 中,"商品名称"即为候选键。

(3) 主键(primary key)。若一个关系有多个候选键,则选定其中一个为主键(primary key)。

一个关系只能有一个主键。

在关系模式中,常在主键下加下划线标出,包含在任一候选键中的属性称为主属性(prime attribute)。

不包含在任何候选键中的属性称为非键属性(non-key attribute)。

(4) 全键(all key)。在有些关系中,主键不是关系中的一个或部分属性集,而是由所有属性组成,这时主键也称为全键。

(5) 外键(foreign key)。如果某个关系 R 中的属性或属性组 K 是另一关系 S 的主键,但不是本身的键,则称这个属性或属性组 K 为此关系 R 的外键。例如,有以下 3 个关系:

订单信息(订单编号,支付宝交易号,成交时间,付款时间,确认时间)
物流信息(运单号,收货地址,运送方式,物流公司)
购物车信息(订单编号,运单号,顾客姓名,联系方式,物品名称)

其中下划线表示主键。在关系"购物车信息"中,属性"订单编号"是引用了关系"订单信息"的主键,属性"运单号"是引用了关系"物流信息"的主键,但都不是本身的键,故这两个属性是外键。

3.1.2　关系模式

在数据库中需要区别"型"和"值"。在关系数据库中,关系模型可以认为是属性的有限集合,因而是型,关系是值。关系模式就是对关系的描述,也只能通过对关系的描述来理解。关系模式是从以下 3 个方面进行描述从而显现关系的本质特征:

(1) 关系是元组的集合,关系模式需要描述元组的结构,即元组由哪些属性构成,这些属性来自哪些域,属性与域有怎样的映射关系。

(2) 同样由于关系是元组的集合,所以关系的确定取决于关系模式赋予元组的语义。

(3) 关系是会随着时间流逝而变化的,但现实世界中许多已有事实实际上限定了关系可能的变化范围,这就是所谓的完整性约束条件。关系模式应当刻画出这些条件。

按照这样的要求,可以给出关系模式的形式化定义如下:

关系的描述称为关系模式(relation schema)。它应当是一个五元组,可以形式化地表示为:

$$R(U, D, DOM, F)$$

其中,R——关系名。

U——为组成该关系的属性名集合。

D——属性组 U 中属性所来自的域。

DOM——属性向域的映像集合。

F——属性间数据的依赖关系集合。

说明:关系模式通常可以简记为 R(U) 或 $R(A_1, A_2, \cdots, A_n)$,其中,R 为关系名,A_1,A_2,$\cdots$,A_n 为属性名。

3.1.3　关系数据库

定义:在一个给定的应用领域中,所有实体及实体之间的联系的关系的集合构成一个关系数据库。

说明:

(1) 在关系数据库中,实体以及实体间的联系都是用关系来表示的。

(2) 关系数据库也有型和值之分。关系数据库的型也称为关系数据库模式,是对关系数据库的描述,是关系模式的集合。关系数据库的值也称为关系数据库,是关系的集合。关系数据库模式与关系数据库的值通常统称为关系数据库。

(3) 这种数据库中存放的只有表结构。

3.2　关系数据操作

3.2.1　关系操作的分类

关系模型中的数据操作也称为关系操作。关系操作建立在关系基础之上,一般分为数据查询和数据更新两大类。数据查询操作是对数据库进行各种检索；数据更新是对数据库进行插入、删除和修改等操作。

1. 数据查询(data query)

(1) 用户可以查询关系数据库中的数据，它包括一个关系内的查询和多个关系的查询。

(2) 关系查询的基本单位是元组分量，查询的前提是关系中的检索或者定位。

(3) 关系查询的表达能力很强，是关系操作中最主要的部分，包括选择、投影、连接、除、并、差、交、笛卡儿积等。其中选择、投影、并、差、笛卡儿积是 5 种基本操作，别的操作可以在这 5 种基本操作的基础上导出。

(4) 关系数据查询(定位过程)分解为以下 3 种基本操作：

① 关系属性指定。指定一个关系内的某些属性，用它确定关系这个二维表中的列。

② 关系元组选择。用一个逻辑表达式给出关系中满足此表达式的元组，用它以确定关系这个表的行。

用上述两种操作即可确定一张二维表内满足一定行、一定列要求的数据。

③ 两个关系合并。这主要用于多个关系之间的查询，其基本步骤是先将两个关系合并为一个关系，由此将多个关系相继合并为一个关系。

将多个关系合并为一个关系之后，再对合并后关系进行上述的两个定位操作。

关系检索或定位完成之后，就可以在一个或者多个关系间进行查询，查询的结果也是关系。

综上所述，数据查询的基本操作就是：

① 一个关系内的属性指定。

② 一个关系内的元组选择。

③ 两个关系的合并。

2. 数据更新(data change)

数据更新可分为数据删除、数据插入和数据修改 3 种基本操作，下面分别加以讨论。

1) 数据删除(data delete)

(1) 数据删除的基本单位为元组，其功能为将指定关系内的指定元组删除。

(2) 数据删除是两个基本操作的组合：一个关系内的元组选择(横向定位)，关系中元组删除操作。

2) 数据插入(data insert)

(1) 数据插入是针对一个关系而言，即在指定关系中插入一个或多个元组。

(2) 数据插入中不需要定位，仅需要对关系中的元组进行插入操作，即是说，插入只有一个基本动作：关系元组插入操作。

3) 数据修改(data update)

(1) 数据修改是在一个关系中修改指定的元组与属性值。

(2) 数据修改可以分解为两个更为基本的操作：先删除需要修改的元组，再插入修改后的元组即可。

3.2.2 空值处理

在关系操作中还有一个重要问题——空值处理。

在关系元组的分量中允许出现空值(null value)以表示信息的空缺。空值通常具有以下两个含义:

(1) 未知的值。

(2) 不可能出现的值。

在出现空值的元组分量中一般可用 NULL 表示。目前一般关系数据库系统中都支持空值处理,但是它们都具有以下两个限制:

(1) 主键中不允许出现空值。

关系中主键不能为空值,主要是因为主键是关系元组的标识,如果主键为空值则失去了其标识的作用。详细的论述见下文的完整性约束。

(2) 定义有关空值的运算。

在算术运算中如出现空值则结果也为空值,在比较运算中如出现空值则其结果为 F(假);此外在作统计时,如 SUM、AVG、MAX、MIN 中有空值输入时结果也为空值,而在作COUNT 时如有空值则其值为 0。

3.2.3 关系代数和关系演算

在关系操作中如果以集合方法作为关系运算的基础,则数据操作语言称为关系代数语言,相应的运算就是关系代数运算。如果将关系的基本组成成分作为变元,以其作为基本运算单位,并且以数理逻辑中的谓词演算作为相应的关系演算的理论基础,就是关系演算。

可知从代数方式和逻辑方式来看,关系运算可以分为两个部分:关系代数和关系演算。

关系代数使用关系运算来表达查询要求;关系演算是用谓词来表示查询要求。

关系演算中,如果谓词中的变元是关系中的元组,则称之为元组关系演算;如果谓词变元是关系中的域,则称之为域关系演算。

关系代数、元组关系演算和域关系演算的理论基础是相同的,3 类关系运算可以相互转换,它们对数据操作的表达能力也是等价的,如图 3-1 所示。

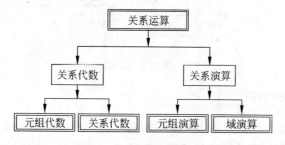

图 3-1 关系代数和关系演算

3.2.4　关系数据语言

1. 关系数据语言

关系代数、元组关系演算和域关系演算实质上都是抽象的关系操作语言,简称为关系数据语言,主要分成 3 类,如表 3-2 所示。

表 3-2　关系数据语言分类

关系数据语言	关系代数语言		如 ISBL
	关系演算语言	元组关系演算语言	如 ALPHA
		域关系演算语言	如 QBE
	具有关系代数与关系演算双重特点的语言		如 SQL

(1) 关系代数:用对关系的运算来表达查询要求的方式。

(2) 关系演算:用谓词来表达查询要求的方式。关系演算又可按谓词变元的基本对象是元组变量还是域变量分为元组关系演算和域关系演算。

(3) 结构化查询语言(structured query language,SQL):不仅具有丰富的查询功能,而且具有数据定义和数据控制功能,是集查询(query)、数据定义语言(DDL)、数据管理语言(DML)和数据控制语言(DCL)于一体的关系数据语言。由于 SQL 充分体现了关系数据语言的优点与长处,现在已经成为关系数据库的标准语言。

说明:

① 关系代数、元组关系演算和域关系演算 3 种语言在表达能力上是完全等价的。

② 关系代数、元组关系演算和域关系演算均是抽象的查询语言,这些抽象的语言与具体的 DBMS 中实现的实际语言并不完全一样。但它们能用作评估实际系统中查询语言能力的标准或基础。

这里可以用如图 3-2 所示来表示关系数据语言的分类与关系。

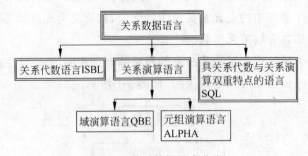

图 3-2　关系数据语言分类

2. 关系数据语言的特征

(1) 关系数据语言与具体的 RDBMS 中实现的实际语言并不完全相同,但它们能够作为评价实际系统中查询语言的标准和基础。

(2) 实用中的查询语言除了提供关系代数和关系演算的功能外,还提供了许多附加功能,例如聚集函数、关系赋值、算术运算等。

（3）关系数据语言是高度非过程化语言,由于存取路径的选择由 DBMS 通过优化完成,所以用户不必请求 DBA 为其建立特殊的存取路径,同时用户也不必求助于循环结构就可以完成数据操作。

3.3　关系的完整性约束

在数据库中数据的完整性约束是指保证数据正确的特性。它主要包括两方面的内容：

（1）与现实世界中应用需求的数据的相容性和正确性。

（2）数据库内数据之间的相容性和正确性。

在关系数据模型中一般将数据完整性约束分为 3 类：

（1）实体完整性。

（2）参照完整性。

（3）用户定义完整性。

其中,实体完整性和参照完整性是关系模型必须满足的完整性约束条件,被称为是关系的两个不变性,应该由关系系统自动支持。用户定义的完整性是应用领域需要遵循的约束条件,体现了具体领域中的语义约束。

下面分别对这 3 类完整性约束及其作用进行简要论述。

3.3.1　实体完整性

实体完整性是要保证关系中的每个元组都是可识别和唯一的。其规则为：若属性 A 是基本关系 R 的主属性,则属性 A 不能取空值。实体完整性是关系模型必须满足的完整性约束条件,也称作是关系的不变性,关系数据库管理系统可以用主关键字实现实体完整性,这是由关系系统自动支持的。

关于实体完整性约束的几点说明：

（1）实体完整性是针对基本表而言的,一个基本表通常对应现实世界的一个实体集。如考生关系对应于考生的集合。

（2）现实世界中的实体是可以区分的,即它们应具有唯一性标识。相应地,关系数据模型中以主键作为唯一的标识。

（3）主键中的属性（即主属性）不能取空值,不仅是主键整体,而是所有主属性均不能为空。反过来,若主属性为空值,则意味着该实体不完整,即违背了实体完整性。

3.3.2　参照完整性

现实世界中的实体之间存在着某种联系,而在关系数据模型中实体是用关系来描述的、实体之间的联系也是用关系描述,这样就自然存在着关系和关系之间的参照或者引用。

参照完整性定义为：若属性（或属性组）F 是基本关系 R 的外键,它与基本关系 S 的主键 Ks 相对应（基本关系 R 和 S 不一定是不同的关系）,则对于 R 中每个元组在 F 上的值必须为：

（1）或者取空值（F 的每个属性值均为空值）。

（2）或者等于 S 中某个元组的主码值。

参照完整性也是关系模型必须满足的完整性约束条件，是关系的另一个不变性。

3.3.3　用户定义的完整性

实体完整性和参照性适用于任何关系数据库系统。此外，往往还需要一些特殊的约束条件，用户定义的完整性就是针对某一具体关系数据库的约束条件，它反映某一具体应用所涉及的数据必须满足的语义要求。

关系模型应提供定义和检验这类完整性的机制，以便用统一的系统的方法处理它们，而不要由应用程序承担这一功能。

在用户定义完整性中最常见的是限定属性的取值范围，即对值域的约束，所以在用户定义完整性中最常见的是域完整性约束。

【例 3-1】　一个完整性约束的例子。

物流信息(<u>运单号</u>,收货地址,运送方式,物流公司)

（1）"非主属性""收货地址"也不能取空值。

（2）"运送方式"必须取唯一值。

（3）"物流公司"只能取值{申通快递,中通快递,圆通快递,中国邮政}。

后面这 3 点就是用户定义的完整性约束条件。

3.3.4　完整性约束的作用

（1）执行插入操作时检查完整性。

执行插入操作时需要分别检查实体完整性规则、参照完整性规则和用户定义完整性规则。

（2）执行删除操作时检查完整性。

执行删除操作时一般只需检查参照完整性规则。

（3）执行更新操作时检查完整性。

执行更新操作可以看做是先删除旧的元组，然后再插入新的元组。所以执行更新操作时的完整性检查综合运用了上述两种情况。

3.4　关系代数

关系代数是一种抽象的查询语言，是关系数据操纵语言的一种传统表达方式，它是用对关系的运算来表达查询的。与一般的运算一样，运算对象、运算符和运算结果也是关系代数的 3 个要素。关系代数的运算对象是关系，关系代数的运算结果也是关系，关系代数用到的运算符包括 4 类：集合运算符、专门的关系运算符、算术比较符和逻辑运算符，如表 3-3 所示。

表 3-3 关系代数的运算符

运 算 符		含 义
集合运算符	∪	并
	－	差
	∩	交
	×	广义笛卡儿积
专门的关系运算符	σ	选择
	Π	投影
	⋈	连接
	÷	除
比较运算符	>	大于
	≥	大于等于
	<	小于
	≤	小于等于
	=	等于
	≠	不等于
逻辑运算符	¬	非
	∧	与
	∨	或

集合运算将关系看成元组的集合,其运算是从关系的"水平"方向角度来进行的。

专门的关系运算不仅涉及行而且涉及列。而比较运算符和逻辑运算符都是用来辅助专门的关系运算符进行操作的。

关系代数的运算可以分为两大类,即:

(1) 传统的关系运算(集合运算):交、差、并。

(2) 专门的关系运算:广义笛卡儿积、选择、投影、连接、除。

在讨论之前先对下文出现的一些记号加以解释:

① $R(A_1, A_2, \cdots, A_n)$:表示关系模式。

$t \in R$: t 是 R 的一个元组,元组 t 属于关系 R。

$t[A_i]$ 或 t. A_i:元组 t 中相应于属性 A_i 的一个分量。

② 若 $A = \{A_{i1}, A_{i2}, \cdots, A_{ik}\}$,其中 $A_{i1}, A_{i2}, \cdots, A_{ik}$ 是 $A_1, A_2, \cdots, A_n$ 中的一部分,则 A 称为属性列或域列。$t[A] = (t[A_{i1}], t[A_{i2}], \cdots, t[A_{ik}])$ 表示元组 t 在属性列 A 上诸分量的集合。

(3) R 为 n 目关系,S 为 m 目关系。$t_r \in R, t_s \in S, \widehat{t_r t_s}$ 称为元组的连接(concatenation)。它是一个(n+m)列的元组,前 n 个分量为 R 中的一个 n 元组,后 m 个分量为 S 中的一个 m 元组。

(4) $Z_x = \{t[Z] \mid t \in R \wedge t[X] = x\}$ 给定关系 R(X, Z)。当 $t[X] = x$ 时,x 在 R 中的象集,表示 R 中属性组 X 上值为 x 的诸元组在 Z 上分量的集合。

下面将分别对传统关系的运算和专门的关系运算加以讨论。

3.4.1 传统的集合运算

传统的集合运算是二目运算,包括 4 种运算:并、差、交和广义笛卡儿积。

1. 并(union)

定义:设关系 R 和关系 S 具有相同的目 n(即两个关系都有 n 个属性),且相应的属性取自同一个域,则关系 R 与关系 S 的并由属于 R 或属于 S 的元组组成。其结果关系仍为 n 目关系。记作:

$$R \cup S = \{t | t \in R \vee t \in S\}$$

理解:首先选择 R 中的所有元组,然后选择 S 中不属于 R 的元组。

【例 3-2】　关系 R 与 S 的并运算。

关系R

A	B	C
a_1	b_1	c_1
a_2	b_2	c_2
a_3	b_3	c_3

关系S

A	B	C
a_1	b_1	c_1
a_2	b_2	c_2
a_3	b_3	c_3

关系RUS

A	B	C
a_1	b_1	c_1
a_2	b_2	c_2
a_3	b_3	c_3
a_1	b_3	c_3

2. 差(difference)

定义:设关系 R 和关系 S 具有相同的目 n,且相应的属性取自同一个域,则关系 R 与关系 S 的差由属于 R 而不属于 S 的所有元组组成。其结果关系仍为 n 目关系。记作:

$$R - S = \{t | t \in R \wedge \neg t \in S\}$$

【例 3-3】　关系 R 与 S 的差运算。

关系 R−S

A	B	C
a_3	b_3	c_3

3. 交(intersection)

定义:设关系 R 和关系 S 具有相同的目 n,且相应的属性取自同一个域,则关系 R 与关系 S 的交由既属于 R 又属于 S 的元组组成。其结果关系仍为 n 目关系。记作:

$$R \cap S = \{t | t \in R \wedge t \in S\}$$

【例 3-4】　关系 R 与 S 的交运算。

关系 R∩S

A	B	C
a_1	b_1	c_1
a_2	b_2	c_2

4. 广义笛卡儿积(extended cartesian product)

定义:两个分别为 n 目和 m 目的关系 R 和 S 的广义笛卡儿积是一个(n+m)列的元组的集合。元组的前 n 列是关系 R 的一个元组,后 m 列是关系 S 的一个元组。若 R 有 k_1 个元组，S 有 k_2 个元组，则关系 R 和关系 S 的广义笛卡儿积有 $k_1 \times k_2$ 个元组。记作：

$$R \times S = \{\widehat{t_r t_s} \mid t_r \in R \wedge t_r \in S\}$$

【例 3-5】　关系 R 与 S 的笛卡儿积。

关系R		
A	B	C
a_1	b_1	c_1
a_2	b_2	c_2

关系S	
D	E
d_1	e_1
d_2	e_2

笛卡儿积关系R×S				
A	B	C	D	E
a_1	b_1	c_1	d_1	e_1
a_2	b_2	c_2	d_1	e_1
a_1	b_1	c_1	d_2	e_2
a_2	b_2	c_2	d_2	e_2

3.4.2　专门的关系运算

专门的关系运算包括：选择、投影、连接、除等。

1. 选择（selection）

（1）选择又称为限制（restriction）。

（2）选择运算是从指定的关系中选择某些元组形成一个新的关系，被选择的元组是用满足某个逻辑条件来指定的。

选择运算表示为：

$$\sigma_F(R) = \{t \mid t \in R \wedge F(t) = \text{'True'}\}$$

其中 F 表示选择条件，它是一个逻辑表达式，取逻辑值 'True' 或 'False'。

注意：逻辑表达式 F 的基本形式为：$X_1 \theta Y_1 [\o X_2 \theta Y_2]$。

θ 表示比较运算符，它可以是 >、⩾、<、⩽、= 或 ≠。X_1、Y_1 等是属性名或常量或简单函数。属性名也可以用它的序号来代替。$\o$ 表示逻辑运算符，它可以是 ¬、∧ 或 ∨。[ ] 表示任选项，即[ ]中的部分可以要也可以不要。因此选择运算实际上是从关系 R 中选取使逻辑表达式 F 为真的元组。这是从行的角度进行的运算。

（3）举例说明。

【例 3-6】　选取关系 Order 中所有成交时间（Btime）为 2011-01-25 的元组。

关系　订单信息 Order

订单编号 Ono	支付宝编号 Pno	成交时间 Btime	付款时间 Ptime	确认时间 Atime
3059241	30619435	2011-01-25	2011-01-26	2011-01-30
5829143	69240681	2011-01-20	2011-01-21	2011-01-25
6914012	69241052	2011-02-12	2011-02-13	2011-02-15
4028501	50148296	2011-01-25	2011-01-25	2011-01-29
6927418	79105275	2011-01-30	2011-01-30	2011-02-03

在关系订单信息 Order 中选取所有"Btime"为 2011-01-25 的元组，其运算表达式为

$$\sigma_{Btime = \text{'2011-01-25'}}(Order)$$

选择结果关系如下：

$\sigma_{Btime = \ '2011\text{-}01\text{-}25\ '}$ (Order) 选择结果关系

订单编号 Ono	支付宝编号 Pno	成交时间 Btime	付款时间 Ptime	确认时间 Atime
3059241	30619435	2011-01-25	2011-01-26	2011-01-30
4028501	50148296	2011-01-25	2011-01-25	2011-01-29

2. 投影(projection)

(1) **定义**：关系 R 上的投影是从 R 中选择出若干属性列组成新的关系。记作：

$$\Pi_A(R) = \{t[A] \mid t \in R\}$$

其中 A 为 R 的属性列。

(2) 投影操作主要是从列的角度进行运算：

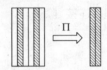

(3) 举例说明。

【**例 3-7**】   选取 Order 关系中所有的 Ono，Pno，Ptime。

关系运算表达式为：

$$\Pi_{Ono,Pno,Ptime}(Order) \ 或者 \ \Pi_{1,2,4}(Order)$$

投影结果关系

订单编号 Ono	支付宝编号 Pno	付款时间 Ptime
3059241	30619435	2011-01-26
5829143	69240681	2011-01-21
6914012	69241052	2011-02-13
4028501	50148296	2011-01-25
6927418	79105275	2011-01-30

注意：投影之后如果产生了完全相同的行，应取消这些完全相同的行，只保留一个。

3. 连接(join)

(1) 连接也称为 θ 连接。

(2) **定义**：从两个关系的笛卡儿积中选取属性间满足一定条件的元组。记作：

$$R \underset{A\theta B}{\bowtie} S = \{\widehat{t_r t_s} \mid t_r \in R \wedge t_s \in S \wedge t_r[A] \theta t_s[B]\}$$

其中 A 和 B 分别为 R 和 S 上度数相等且可比的属性组。θ 是比较运算符。连接运算从 R 和 S 的笛卡儿积 R×S 中选取(R 关系)在 A 属性组上的值与(S 关系)在 B 属性组上值满足比较关系 θ 的元组。

(3) 两类常用连接运算。

① 等值连接(equijoin)。

θ 为"＝"的连接运算称为等值连接。它是从关系 R 与 S 的笛卡儿积中选取 A、B 属性值相等的那些元组。即等值连接为：$R \underset{A=B}{\bowtie} S = \{\widehat{t_r t_s} \mid t_r \in R \land t_s \in S \land t_r[A] = t_s[B]\}$

【例3-8】 有R和S两个关系如下：

关系R

A	B	C
a_1	b_1	5
a_1	b_2	6
a_2	b_3	8
a_2	b_4	12

关系S

B	E
b_1	3
b_2	7
b_3	10
b_3	2
b_5	2

查询关系 R 中属性 B 与关系 S 中属性 B 相等的等值连接。

$$R \underset{R.B=S.B}{\bowtie} S$$

A	R.B	C	S.B	E
a_1	b_1	5	b_1	3
a_1	b_2	6	b_2	7
a_2	b_3	8	b_3	10
a_2	b_3	8	b_3	2

② 自然连接(natural join)。

自然连接是一种特殊的等值连接,它要求两个关系中进行比较的分量必须是相同的属性组,并且要在结果中把重复的属性去掉。即若 R 和 S 具有相同的属性组 B,则自然连接可记作：

$$R \bowtie S = \{\widehat{t_r t_s} \mid t_r \in R \land t_s \in S \land t_r[B] = t_s[B]\}$$

自然连接做了三件事：

a. 计算广义笛卡儿积 R×S。

b. 选择满足条件 $r[A_i] = s[B_j]$ 的所有元组。

c. 去掉重复的属性。

【例3-9】 关系 R_1 与 R_2 的自然连接。

关系R_1

A	B	C
a_1	b_1	3
a_1	b_2	5
a_2	b_2	2
a_3	b_1	8

关系R_2

B	C	D
b_1	3	d_1
b_2	4	d_2
b_2	2	d_1
b_1	8	d_2

$R_1 \bowtie R_2$

A	B	C	D
a_1	b_1	3	d_1
a_2	b_2	2	d_1
a_3	b_1	8	d_2

4. 除(division)

(1) 定义：给定关系 R(X,Y) 和 S(Y,Z),其中 X,Y,Z 为属性组。R 中的 Y 与 S 中的 Y 可以有不同的属性名,但必须出自相同的域集。R 与 S 的除运算得到一个新的关系 P(X),P 是 R 中满足下列条件的元组在 X 属性列上的投影：元组在 X 上分量值 x 的象集 Y_x 包含 S 在 Y 上投影的集合。记作：

$$R \div S = \{t_r[X] \mid t_r \in R \land \pi_y(S) \subseteq Y_x\}$$

其中 Y_x 为 x 在 R 中的象集,$x = t_r[X]$。

（2）除操作是同时从行和列角度进行运算，如图 3-3 所示。

（3）理解除法运算。

我们用下面的例子说明除法运算的计算过程。

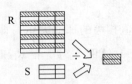

图 3-3　除操作关系

【例 3-10】　关系 T 与 R 的除法运算。

	关系T				关系R			关系P	
A	B	C	D		A	B		C	D
a_1	b_1	c_1	d_1		a_1	b_1		c_1	d_1
a_1	b_1	c_2	d_2		a_3	b_3		c_2	d_2
a_1	b_1	c_3	d_3						
a_2	b_2	c_2	d_2						
a_3	b_3	c_1	d_1						
a_3	b_3	c_2	d_2						

T 中的属性组 T(A,B) 与 R 中的属性组 R(A,B) 对应，其中 T(A) 和 R(A) 有相同的域，T(B) 和 R(B) 也有相同的域。从 T 的值可以看出，当 T(A,B) 的值为 (a_1,b_1) 或 (a_3,b_3) 时，对应的属性组 T(A,B) 就包含了 R 表，此时我们就称 $P\{(c_1,d_1),(c_2,d_2)\}$ 为 T 除以 R 的结果。由于 R×P 是表 T 的一个组成部分，表 T 的其余部分可以看做是"余数"，由此就称为"除法"运算的来源。如果有 $R×P \subseteq T$，则除法运算可以写为 $P=T÷R$。

下面给出 T÷R 的严格数学定义：

设有关系 T(X,Y) 和 R(Y)，X 和 Y 为属性组，则 $T÷R=\Pi_X(T)-\Pi_X(\Pi_X(T)×R-T)$。

由于除法采用的是逆运算，而逆运算的进行要有条件的，这里关系能被关系"除"的充分必要条件是：

（1）T 包含 R 的所有属性。

（2）T 中应有某些属性不出现在 R 中。

由上述除法的定义，如果关系 T 和 R 的度数分别为 n 和 m(n>m>0)，则除的结果 S=T÷R 是一个度数为 n−m 的满足下述性质的最大关系：S 中的每个元组 u 与 R 中每个元组 v 所组成的元组(u,v)必在关系 T 中。为叙述方便，假设 R 的属性为 T 中后 m 个属性，则 S=T÷R 的具体计算步骤为：

（1）$P=\Pi_{1,2,\cdots,n-m}(T)$（计算 T 在 $1,2,\cdots,n-m$ 列的投影）。

（2）$W=(P×R)-T$（计算在 P×R 中但不在 T 中的元组）。

（3）$V=\Pi_{1,2,\cdots,n-m}(W)$（计算 W 在 $1,2,\cdots,n-m$ 列的投影）。

（4）$T÷R=P-V$（计算在 P 中但不在 V 中的元组即得 T÷R）。

上面所涉及的关系如下：

	关系T				关系R			关系P			关系W				关系V			关系T÷R=P−V	
A	B	C	D		C	D		A	B		A	B	C	D		A	B		A	B
a_1	b_1	c_1	d_1		c_1	d_1		a_1	b_1		a_2	b_2	c_1	d_1		a_2	b_2		a_1	b_1
a_1	b_1	c_2	d_2		c_2	d_2		a_3	b_3										a_3	b_3
a_1	b_1	c_3	d_3					a_2	b_2											
a_2	b_2	c_2	d_2																	
a_3	b_3	c_1	d_1																	
a_3	b_3	c_2	d_2																	

5. 综合运用

以订单信息——物流信息——购物车信息数据库为例,给出几个综合应用多种关系代数运算进行查询的例子,如图 3-4 所示。

订单信息 Order

订单编号 Ono	支付宝编号 Pno	成交时间 Btime	付款时间 Ptime	确认时间 Atime
3059241	30619435	2011-1-25	2011-1-26	2011-1-30
5829143	69240681	2011-1-20	2011-1-21	2011-1-25
6914012	69241052	2011-2-12	2011-2-13	2011-2-15
4028501	50148296	2011-1-25	2011-1-25	2011-1-29
6927418	79105275	2011-1-30	2011-1-30	2011-2-3

物流信息 Waybill

运单号 Number	收货地址 Address	运送方式 Method	物流公司 Company
35914351	广东省广州市	EMS	中国邮政
60215412	广东省深圳市	快递	申通
63874967	福建省厦门市	快递	中通
96105432	广西省柳州市	快递	顺丰
73052709	广西省南宁市	快递	申通

购物车信息 Shopping Card

订单编号 Ono	运单号 Number	顾客姓名 Name	联系方式 Mobile	物品名称 Item
5829143	35914351	张三	15203495014	电饭煲
6914012	60215412	李四	18539206495	电磁炉
4028501	52014925	王五	19302968356	电暖器
6934102	96105432	杨六	18302953853	电磁炉
6840242	29853012	李四	18539206495	电暖器
7594821	53942015	张三	15203495014	电暖器
4882912	82914721	李四	18539206495	电饭煲

图 3-4　订单信息——物流信息——购物车信息

【例 3-11】 查询至少购买了电饭煲和电暖器的顾客姓名。

解:首先建立一个临时关系 K,然后计算 $\Pi_{\text{Name,Item}}(\text{ShoppingCard}) \div K$,如图 3-5 所示。

$\Pi_{\text{Name,Item}}(\text{ShoppingCard})$

顾客姓名 Name	物品名称 Item
张三	电饭煲
李四	电磁炉
王五	电暖器
杨六	电磁炉
李四	电暖器
张三	电暖器
李四	电饭煲

K

物品名称 Item
电饭煲
电暖器

$\Pi_{\text{Name,Item}}(\text{ShoppingCard}) \div K$

顾客姓名 Name
张三
李四

图 3-5　例 3-14 的运算过程

【例 3-12】 查询购买了电磁炉的顾客姓名。

解:为了叙述方便,我们给物品名称标上代号,其中"1"代表电饭煲,"2"代表电磁炉,"3"代表电暖器。

首先选出所有购买物品名称为"电磁炉"的顾客记录,然后投影姓名列,即 $\Pi_{\text{Name,Item}}(\sigma_{\text{Item}='2'}(\text{ShoppingCard}))$,如图 3-6 所示。

$\sigma_{Item='2'}(ShoppingCard)$

顾客姓名	物品名称
Name	Item
李四	电磁炉
杨六	电磁炉

$\Pi_{Name,Item}(\sigma_{Item='2'}(ShoppingCard))$

顾客姓名
Name
李四
杨六

图 3-6　例 3-12 的运算过程

【例 3-13】　查询选择了快递方式的顾客姓名。

解：为了叙述方便，我们给运送方式标上代号，"4"代表"EMS"，"5"代表"快递"。

$\Pi_{Number,Method}(\sigma_{Method='5'}(Waybill)) \bowtie \Pi_{Number,Name}(ShoppingCard)$，结果如图 3-7 所示。

$\Pi_{Number,Method}(\sigma_{Method='5'}(Waybill))$

运单号	运送方式
Number	Method
60215412	快递
63874967	快递
96105432	快递
73052709	快递

$\Pi_{Number,Name}(ShoppingCard)$

运单号	顾客姓名
Number	Name
35914351	张三
60215412	李四
52014925	王五
96105432	杨六
29853012	李四
53942015	张三
82914721	李四

$\Pi_{Number,Method}(\sigma_{Method='5'}(Waybill)) \bowtie \Pi_{Number,Name}(ShoppingCard)$

运单号	顾客姓名	运送方式
Number	Name	Method
60215412	李四	快递
96105432	杨六	快递

图 3-7　例 3-13 的运算过程

3.5　关系演算

关系演算是以数理逻辑中谓词演算为基础的关系数据语言。与关系代数不同，使用关系演算只需用谓词公式给出查询结果应当满足的条件即可，至于查询怎样实现是由系统自行解决的，因而是高度非过程化的语言。按谓词变元不同可分为：

(1) 元组关系演算(tuple relational calculus)：这种演算以元组变量作为谓词变元的基本对象。

元组关系演算的代表语言为 ALPHA。

(2) 域关系演算(domain relational calculus)：这种演算以域变量作为谓词变元的基本对象。

域关系演算的代表语言为 QBE。

下面将分别论述。

3.5.1 元组关系演算

元组关系演算是以元组变量作为谓词变元的基本对象的演算。

1. 关系与谓词的联系

1) 由关系 R 确定的谓词 P

在数理逻辑中,关系可用谓词表示,n 元关系可以用 n 元谓词表示。设有关系 R,它有元组 $(r_1, r_2, \cdots, r_m)$,定义 R 对应 $P(x_1, x_2, \cdots, x_n)$ 一个谓词。

当 $t = (r_1, r_2, \cdots, r_m)$ 属于 R 时,t 为 P 的成真指派,而其他不在 R 中的任意元组 t 则是 P 的成假指派。即是说,由关系 R 定义一个谓词 P 就具有如下性质:

P(t) = T(当 t 在 R 中)。

P(t) = F(当 t 不在 R 中)。

2) 由谓词 P 表示关系 R

由于关系代数中 R 是元组集合,一般而言,集合是可以用满足它的某种特殊性质来刻画与表示。如果谓词 P 表述了 R 中元组的本质特性,就可以将关系 R 写为:$R = \{t \mid P(t)\}$。这个公式就建立了关系(元组集合)的谓词表示,称之为关系演算表达式。

2. 关系演算表达式

为了得到关系演算表达式的数学定义,需要先定义"原子公式"和"关系演算公式"的概念。

1) 原子公式(atoms)

下述 3 类称为原子公式:

(1) 谓词 R(t) 是原子公式。

(2) u(i)θv(j) 是原子公式。

(3) u(i)θa 是原子公式。

其中,$t = (r_1, r_2, \cdots, r_m)$ 是 P 的成真指派,u(i) 表示元组 u 的第 i 个分量,u(i)θv(j) 表示 u 的第 i 个分量与 v 的第 j 个分量有关系 θ,a 是常量。

2) 关系演算公式

利用原子公式可以如下地递归定义关系演算公式:

(1) 每个原子是一个公式。其中的元组变量是自由变量。

(2) 如果 P_1 和 P_2 是公式,那么 $\neg P_1$、$P_1 \vee P_2$、$P_1 \wedge P_2$ 和 $P_1 \rightarrow P_2$ 也都是公式。

(3) 如果 P_1 是公式,那么 $(\exists s)(P_1)$ 和 $(\forall s)(P_1)$ 也都是公式。

(4) 公式只能由上述 4 种形式构成,除此之外构成的都不是公式。

在元组关系演算的公式中,有下列 3 个等价的转换规则:

(1) $P_1 \wedge P_2$ 等价于 $\neg(\neg P_1 \vee \neg P_2)$;

$P_1 \vee P_2$ 等价于 $\neg(\neg P_1 \wedge \neg P_2)$。

(2) $(\forall s)(P_1(s))$ 等价于 $\neg(\exists s)(\neg P_1(s))$;

$(\exists s)(P_1(s))$ 等价于 $\neg(\forall s)(\neg P_1(s))$。

（3）$P_1 \rightarrow P_2$ 等价于 $\neg P_1 \lor P_2$。

3）公式中运算的优先次序

公式中运算符的优先次序为：

（1）比较运算符：$<$、$>$、$\leqslant$、$\geqslant$、$=$、$\neq$。

（2）量词：$\exists$、$\forall$。

（3）否定词：$\neg$。

（4）合取、析取、蕴含运算符：$\land$、$\lor$、$\rightarrow$。

4）关系演算表达式

有了公式 φ 的概念，以公式 φ 作为特性就构成一个有若干元组组成的集合即关系 R，这种形式的元组集合就称其为关系演算表达式。关系演算表达式的一般形式为：$\{t \mid \varphi(t)\}$。

其中，$\varphi(t)$ 为公式，t 为 φ 中出现的自由变元。关系演算表达式也简称为关系表达式或者表达式。

5）关系演算的安全限制

在实际问题中，有可能出现无限关系的问题和无限验证的过程，例如：

（1）对于表达式 $\{t \mid \neg R(t)\}$，其语义是所有不在关系 R 中的元组集合。如果关系中某一属性的定义域是无限的，则 $\{t \mid \neg R(t)\}$ 就是一个具有无限元组的集合，此时该式所表示的关系就是一个无限关系的问题，当然要求出它的所有元组是不可能的。

（2）另外，如果要判定表达式 $(\exists t)(w(t))$ 为假，必须对 t 的所有可能取值进行验证，当且仅当其中没有一个值为真时，才可判定该表达式为假，如果 t 的取值范围是无穷的，则验证过程就是无限的。

正因为如此，需要对关系演算加以必要的限制。人们将不产生无限关系和不出现无限验证的关系演算表达式称为安全表达式，将为达到这种目的而采取的措施称为安全性限制。

对表达式进行安全性限制，通常的做法是对其中的公式 φ 进行限制。对于 φ 来说，定义一个有限的符号集 DOM(φ)，而 Φ 的符号集 DOM(φ) 由两类符号组成：

（1）φ 中的常量符号。

（2）φ 中涉及的所有关系的所有元组的各个分量。

由于 DOM(φ) 是有限集合，如果将关系演算限制在 DOM(φ) 上就是安全的，不会出现任何的无限问题。

一般认为，一个表达式 $\{t \mid \varphi(t)\}$ 要成为安全的，其中的公式 φ 就应该满足下面 3 个条件：

（1）若 t 满足公式 φ，即 t 使得 φ 为真，则 t 的每个分量必须是 DOM(φ) 中的元素。

（2）对 φ 中每一个形为 $(\exists t)(w(t))$ 的子公式，如 u 满足 W，即 u 使得 w 为真，则 u 的每一个分量一定属于 DOM(φ)。

（3）对 φ 中每一个形为 $(\forall t)(w(t))$ 的子公式，如 u 不满足 W，即 u 使得 w 为假，则 u 的每一个分量一定属于 DOM(φ)；也就是说，若 u 的某个分量不属于 DOM(φ)，则 w(u) 为真。

6）5 个基本数据操作的元组演算表示

关系操作有 5 种基本操作，它们在关系代数中分别对应 5 种基本运算，可以将这 5 种基本运算用一阶谓词演算中的公式表示。

设有关系 R、S，其谓词表示为 R(t) 和 S(t)，此时有：

(1) 并。$R \cup S = \{t \mid R(t) \vee S(t)\}$。

(2) 差。$R - S = (t \mid R(t) \wedge \neg S(t))$。

(3) 选择。$\sigma_F(R) = \{t \mid R(t) \wedge F\}$，其中 F 是一个谓词公式。

(4) 投影。$\Pi_{ui1, ui2, \cdots, uik}(R) = \{t^{(k)} \mid (\exists u)R(u)$
$$\wedge t[1] = u[i1] \wedge t[2] = u[i2] \wedge \cdots \wedge t[k] = u[ik]\}$$

其中 $t^{(k)}$ 所表示的元组有 k 个分量，而 $t[i]$ 表示 t 的第 i 个分量，$u[j]$ 表示 u 的第 j 个分量。

(5) 笛卡儿积。$R \times S = \{t^{(r+s)} \mid \exists u \exists v(R(u) \wedge S(v) \wedge t[1] = u[i1]$
$$\wedge t[2] = u[i2] \wedge \cdots \wedge t[r] = u[ir]$$
$$\wedge t[r+1] = v[j1] \wedge t[r+2] = v[j2]$$
$$\wedge \cdots \wedge t[t+s] = v[js])\}$$

【例 3-14】 图 3-8 中的 (a)、(b) 是关系 R 和 S，(c)~(g) 分别是下面 5 个元组表达式的值。

A	B	C
1	2	3
4	5	6
7	8	9

(a) 关系R

A	B	C
1	2	3
3	4	6
5	6	9

(b) 关系S

A	B	C
3	4	6
5	6	9

(c) R_1

A	B	C
4	5	6
7	8	9

(d) R_2

A	B	C
1	2	3
3	4	6

(e) R_3

A	B	C
4	5	6
7	8	9

(f) R_4

R.B	S.C	R.A
5	3	4
8	3	7
8	6	7
8	9	7

(g) R_5

图 3-8

$$R_1 = \{t \mid S(t) \wedge t[1] > 2\};$$
$$R_2 = \{t \mid R(t) \wedge \neg S(t)\};$$
$$R_3 = \{t \mid (\exists u)(S(t) \wedge R(u) \wedge t[3] < u[2])\};$$
$$R_4 = \{t \mid (\forall u)(R(t) \wedge S(u) \wedge t[3] > u[1])\};$$
$$R_5 = \{t \mid (\exists u)(\exists v)(R(u) \wedge S(v) \wedge u[1] > v[2] \wedge t[1]$$
$$= u[2] \wedge t[2] = v[3] \wedge t[3] = u[1])\}$$

3.5.2 域关系演算

域关系演算以域变量作为谓词变元的基本对象。

1. 域演算表达式

域演算表达式是形为 $\{t_1 t_2 \cdots t_k \mid \phi(t_1 t_2 \cdots t_k)\}$ 的表达式。

其中：$t_1, t_2, \cdots, t_k$ 是域变量，ϕ 是域演算公式。

2.3类原子公式

(1) $R(t_1, t_2, \cdots, t_k)$。

其中：R是关系名，$t_1, t_2, \cdots, t_k$是域变量，$R(t_1, t_2, \cdots, t_k)$表示由分量 $t_1, t_2, \cdots, t_k$ 组成的元组属于关系 R。

(2) $t_i \theta u_j$。

其中：t_i 和 u_j 是域变量，θ 是比较运算符；$t_i \theta u_j$ 表示 t_i 和 u_j 满足比较关系 θ。

(3) $t_i \theta c$ 或者 $c \theta t_i$。

其中：t_i 是域变量，c是常量，θ 是比较运算符；$t_i \theta c$ 或者 $c \theta t_i$ 表示 t_i 和 c 满足比较关系 θ。

3. 域演算举例

R	
A	B
1	2
3	4

S	
A	B
1	4
2	3

(1) $R_1 = \{\ xy \mid R(xy) \lor S(xy)\}$

A	B
1	2
3	4
1	4
2	3

(2) $R_2 = \{xy \mid (\exists u)(\exists v)(R(xy) \land S(uv) \land x=u)\}$

A	B
1	2

(3) $R_3 = \{yx \mid (\forall u)(\exists v)(R(xy) \land S(uv) \land y > u)\}$

B	A
4	3

3.5.3　关系代数、元组演算、域演算的等价性

关系代数和关系演算所依据的理论基础是相同的，因此可以进行相互间的转换。

在讨论元组关系演算时，实际上就研究了关系代数中 5 种基本运算与元组关系演算间的相互转换；在讨论域关系演算时，实际上也涉及了关系代数与域关系演算间的相互转换，由此可以知道，关系代数、元组关系演算、域演算 3 类关系运算是可以相互转换的，它们对于数据操作的表达能力是等价的。结合安全性的考虑，经过进一步的分析，人们已经证明了如下重要结论：

(1) 每一个关系代数表达式都有一个等价的安全的元组演算表达式。

(2) 每一个安全的元组演算表达式都有一个等价的安全的域演算表达式。

(3) 每一个安全的域演算表达式都有一个等价的关系代数表达式。

按照上述 3 个结论，即得到关系代数、元组关系演算和域演算的等价性。

小结

关系模型由数据结构、关系操作集合、关系的完整性约束 3 部分构成。

关系运算理论是关系数据库查询语言的理论基础。只有掌握关系运算理论,才能深刻理解查询语言的本质和熟练使用查询语言。

关系可以定义为元组的集合,因此,关系在应用中可以看做是加了某些特定要求的二维"表格"。关系模型必须遵循 3 个完整性规则,即实体完整性规则、参照完整性规则和用户定义的完整性规则。

关系查询语言建立在关系运算基础之上。关系运算主要分为关系代数和关系演算两类。关系代数以集合论中代数运算为基础;关系演算以数理逻辑中谓词演算为基础。关系代数和关系演算都是简洁的形式化语言,是理论研究和实际应用有力工具。关系代数、安全的元组关系演算、安全的域关系演算在关系的表达和操作能力上是完全等价的。由于关系代数和关系演算语言具有程度不同的非过程性质,所以关系查询语言属于非过程性语言。

综合练习三

一、填空题

1. 关系模型是建立在集合代数的基础上的,是由_____、_____和_____ 3 部分构成的一个整体。

2. 关系模型基本的数据结构是_____。

3. 关系运算分成_____和_____两类。

4. 数据库中数据必须满足_____,_____和用户定义的完整性等 3 类完整性规则。

5. 虽然关系从形式上看是一张二维表格,但是严格地说来,关系是一种_____了的二维表格。

6. _____可以认为是属性的有限集合,因而是型,关系是值。

7. 一个给定的应用领域中,所有实体及实体之间的联系的关系的集合构成一个_____。

二、选择题

1. 以下( )说法是正确的。

  A. n 目关系必有 n 个属性

  B. n 目关系可以有多于 n 个属性

  C. n 目关系可以有 n 个属性,也可有少于 n 目属性

  D. n 目关系可有任意多个属性

2. 以下关于关系数据库中型和值的叙述,正确的是( )。

  A. 关系模式是值,关系是型

  B. 关系模式是型,关系的逻辑表达式是值

C. 关系模式是型,关系是值

D. 关系模式的逻辑表达式是型,关系是值

3. 被称为关系的两个完整性,应该由关系系统自动支持的是( )。

  A. 逻辑完整性和步骤完整性   B. 逻辑完整性和参照完整性

  C. 参照完整性和结构完整性   D. 实体完整性和参照完整性

4. 以下关于外键和相应的主键之间的关系,正确的是( )。

  A. 外键并不一定与相应的主键同名

  B. 外键一定要与相应的主键同名

  C. 外键一定要与相应的主键同名而且唯一

  D. 外键一定要与相应的主键同名,但不一定唯一

5. 关系模型必须满足的完整性约束条件有( )。

  A. 实体完整性   B. 参照完整性   C. 结构完整性

  D. 步骤完整性   E. 逻辑完整性

6. 运算的 3 大要素是( )。

  A. 运算对象   B. 运算符   C. 运算结果

  D. 运算方法   E. 运算效率

7. 按谓词变元的不同,关系演算可分为( )。

  A. 逻辑关系演算   B. 元组关系演算   C. 数量关系演算

  D. 域关系演算   E. 常态关系演算

8. 以下关于元组关系演算中修改操作的叙述,正确的是( )。

  A. 修改主键的操作是允许的

  B. 如果需要修改关系中某个元组的主键值,应当修改主键中的主键属性

  C. 修改主键的操作是不允许的

  D. 如果需要修改关系中某个元组的主键值,只能先用删除操作删除该元组,再把具有新主键的元组插入到关系中

  E. 通过使用 UPDATE 语句,可以在一定范围内修改主键

9. 以下选项中,属于关系数据语言类别的有( )。

  A. 关系代数语言

  B. 关系演算语言

  C. 逻辑演算语言

  D. 具有关系代数和关系演算双重特点的语言

  E. 具有关系代数和逻辑演算双重特点的语言

10. 对于某高校的关系数据库,以下( )可以作为学生信息关系的主键。

  A. 姓名   B. 学号

  C. 宿舍号   D. 性别

三、问答题

1. 简述关系数据模型和其 3 要素。

2. 简述关系数据模型对关系的规范性限制。

3. 简述关系模型建立的基本思想。

4. 试述数据库系统中对空值处理的限制。

5. 简述关系代数和关系演算的区别和关系。

6. 关系模型从哪几个方面描述从而显现关系的本质特征?

7. 简述关系数据库的定义和特征。

8. 列出现有关系数据语言的种类,并举出例子。

9. 简述实体完整性的基本规则。

10. 举一个完整性约束的例子。

四、实践题

1. 关系如图,试求下列结果:

R

A	B	C	D
a_1	b_1	c_1	d_1
a_1	b_1	c_2	d_2
a_1	b_1	c_3	d_3
a_2	b_2	c_1	d_1
a_2	b_2	c_2	d_2
a_3	b_3	c_1	d_1

S

C	D
c_1	d_1
c_2	d_2

(1) $\Pi_{C,D}(R) \cup S$

(2) $\Pi_{C,D}(R) - S$

(3) $\sigma_{R.A=a_2}(R)$

(4) $R \underset{R.C=S.C \wedge R.D=S.D}{\bowtie} S$

(5) $R \div \sigma_{C=c_1}(S)$

(6) $(\Pi_{A,B}(R) \times S) - R$

2. 给定的表如下:

A	B	C	D
a_1	b_1	c_1	d_2
a_2	b_2	c_2	d_1
a_3	b_2	c_1	d_2
a_4	b_1	c_2	d_1

请找出所有的候选键,并列出任意一个超键,说明原因。

第 4 章

关系数据库的查询优化

下一章使用结构化查询语言 SQL 中,用户只需要给出想得到的数据,无须描述查询过程如何进行,就可以获得查询结果。因此从查询语句出发,直到获得查询结果,需要一个处理过程,此过程称为查询处理。在处理过程中,DBMS 需要做适当的优化以提高效率,这个过程称为查询优化。

查询处理是数据库管理的核心,而查询优化又是查询处理的关键技术。任何类型的数据库都会面临查询优化问题。查询优化一般可以分为代数优化、物理优化和代价估算优化。代数优化是指对关系代数表达式的优化;物理优化则是指对存取路径和底层操作算法的优化;代价估算优化是对多个查询策略的优化。本章只是讨论代数优化,其要点是使用关系代数等价变换公式对目标表达式进行优化组合,以提高系统的查询效率。其他两种优化有兴趣的读者可以参考相关资料。

4.1 查询优化概述

数据查询是数据库系统中最基本、最常用和最复杂的数据操作,从实际应用角度来看,必须考察系统用于数据查询处理的开销代价。查询处理的代价通常取决于查询过程对磁盘的访问。磁盘访问速度相对于内存速度要慢很多。在数据库系统中,用户的查询通过相应查询语句提交给 DBMS 执行。一般而言,相同的查询要求和结果存在着不同的实现策略,系统在执行这些查询策略时所付出的开销通常有很大差别,甚至可能相差好几个数量级。实际上,对于任何一个数据库系统来说,查询处理过程都必须面对一个如何从查询的多个执行策略中进行"合理"选择的问题,这种"择优"的过程就是查询处理过程中的优化,简称为查询优化。

查询优化作为数据库中的关键技术,极大地影响着 DBMS 的性能。

我们已经知道,数据查询是任何一种类型的数据库的最主要功能;数据查询必然会有查询优化问题;从数据库的性能需求和使用技术上来看,无论是非关系数据库还是关系数据库都要有相应的处理方法与途径。查询优化的基本途径可以分为用户手动处理和机器自动处理两种。

对于非关系数据库系统(例如层次和网状数据库),由于用户通常使用低层次的语义表达查询要求,任何查询策略的选取只能由用户自己去完成。在这种情况下,是用户本身而不是机器来决定使用怎样的运作顺序和操作策略,由此导致的结果就是,其一,当用户做出了明显的错误查询决策时,系统对此却无能为力;其二,用户必须相当熟悉有关编程问题,这样就加重了用户负担,妨碍了数据库的广泛使用。

作为关系数据库系统,查询优化自然是必须面对的挑战。早在20世纪70年代初期,关系理论创始人Codd就对关系数据库原理作了详细讨论和研究,在理论上取得了重大成果。在这些理论成果出现之后,人们也相继认识到了其基本意义,但是在几乎整个70年代,关系数据库却始终无法走向实用化和商品化。根本原因就在于关系数据查询优化问题未能妥善解决,关系数据库的查询效率相当低下。为了解决这个问题,Codd等人在关系数据库的发展历史上又继续奋斗。经过近十多年的艰苦研究,Codd等发现了关系数据库理论的很多特点和优越之处,并以此为基础,探讨了关系数据查询优化的基本原理。Codd等人的工作,为机器自动进行查询优化提供了可能。关系数据理论是基于集合理论的,集合及其相关理论就构成整个关系数据库领域中最重要的理论基础,这样就使得关系数据查询优化有了理论探讨上的可行性;相应的关系查询语言作为高级语言,相对于非关系数据库的查询语言,具有更高层次的语义特征,这又为由机器处理查询优化问题提供了实践上的可能性。人们正是以关系数据理论为基础,建立起由系统通过机器自动完成查询优化工作的有效机制,这种机制最为引人注目的结果就是关系数据库查询语言可以设计成所谓"非过程语言",即用户只需要表述"做什么",而不需要关心"如何做",即在关系数据库中,用户只需要向系统表述查询的条件和要求,查询处理和查询优化过程的具体实施完全由系统自动完成。至此,关系数据库才真正开始了其蓬勃发展的辉煌历程。正是在这种意义上,人们称关系数据查询具有"非过程"的特征,称关系数据查询语言例如SQL等为非过程性查询语言。

查询优化的优点不仅在于用户不必考虑如何最好地表达查询以获得最好的效率,而且在于系统的优化器可以比用户程序的优化做得更好。因为优化器可以从数据字典中得到许多有用信息:如当前的数据情况,而用户程序得不到;优化器可以对各种策略进行对比,而用户程序做不到。关系系统的优化器不仅能进行查询优化,而且可以比用户自己在程序中优化做得更好。

4.2　查询优化的必要性

在这里我们举一个例子来说明查询优化的必要性。

【例4-1】　查询选修了课程C1的学生姓名。

```
SELECT      Student.Sname
FROM        Student, SC
WHERE       Student.Sno = SC.Sno      AND   SC.Cno = 'C1';
```

系统可以有多种等价的关系代数表达式来完成这一查询。一般而言,在SQL语句转换为关系代数表达式的过程中,SELECT语言对应投影运算,FROM语句对应笛卡儿积运算,WHERE子句对应选择运算。

为了说明问题,先做如下的假定:

(1) 设Student有1000个元组,SC有10000个元组,其中修读C1的元组数为50。

(2) 磁盘中每个物理块能存放10个Student元组,或100个SC元组。

(3) 内存一次可以存放 5 块 Student 元组,1 块 SC 元组和若干连接结果元组。

(4) 读写一块磁盘的速度为 20 块/秒。

(5) 为了简化起见,所有内存操作所花的时间忽略不计。

下面将用 3 个与上面查询等价的关系代数表达式来说明问题。

1. 执行策略 1

$$Q1 = \Pi_{Sn}(\sigma_{S. Sno=SC. Sno \wedge SC. Cno='C1'}(S \times SC))$$

1) 做笛卡儿积

将 Student 与 SC 的每个元组相连接,其方法为先读入 Student 中的 50 个元组(5×10)至内存缓冲区,然后不断地将 SC 的元组按 100 位一块读入后与 Student 的元组相连接,直至读完所有 SC 元组(共计 100 次)。这种操作内连接满 100 位后就写中间文件一次。反复进行这样的操作,直至做完笛卡儿积,此时共读取总块数为:

$$\frac{1000}{10} + \frac{1000}{10 \times 5} \times \frac{10000}{100} = 100 + 20 \times 100 = 2100 \ 块$$

其中读 Student 表 100 块,读 SC 表 20 次,每次 100 块。由于每块花费时间 1/20 秒,此时总共花费时间$(100+100 \times 20)/20 = 105$ 秒。连接后的元组数为 $10^3 \times 10^4 = 10^7$,设每块(约)能装 10 个元组,则写入中间文件要花 $10^6/20 = 50000$ 秒。

2) 做选择操作

从中间文件中读出连接后的元组,按选择要求选取记录(此项为内存操作,时间可忽略不计),此项操作所需时间与写入中间文件时间一样,即 50000 秒。满足条件的元组假设为 50 个,均放在内存中。

3) 做投影操作

第 2 项操作的结果满足条件的元组数为 50 个,它们可全部存放在内存中。对它们在 Student 上做投影操作,由于是在内存中进行,其时间可忽略不计。这样 Q1 的全部查询时间约为 $105+2 \times 5 \times 10^4 = 100105$ 秒 $= 27.8$ 小时,所以这个运算需要超过一天的时间来完成。

2. 执行策略 2

$$Q2 = \Pi_{Sname}(\sigma_{SC. Cno='C1'}(Student \bowtie SC))$$

1) 做自然连接

计算自然连接时读取 Student 与 SC 表的方式与 Q1 一致,总读取块数为 2100 块,花费时间为 105 秒,但其连接结果块数大为减少,总计 10^4 个,所花时间为 $10^4/10/20$ 秒$=50$ 秒。仅为 Q1 的千分之一。

2) 做选择操作

做选择操作的时间为 50 秒。

3) 做投影操作

与 Q1 类似,其时间可忽略不计。

这样,Q2 的全部查询时间为:

$105+50+50=205$ 秒。

3. 执行策略 3

$$Q3 = \Pi_{Sname}(Student \bowtie \sigma_{SC.\,Cno\,=\,'C1'}(SC))$$

1) 做选择操作

对 SC 表作选择操作需读 SC 表一遍共计读 100 块,花费 5 秒,结果为 50 个元组,故不需要使用中间文件。

2) 做连接运算

对 S 选择后的 SC 左连接运算,由于选择后的 SC 已全部在内存,因此全部操作时间为 S 读入内存的时间共 100 块,花费时间为 5 秒。

3) 做投影运算

其时间忽略不计。这样,Q3 的全部查询时间为:

5+5=10 秒。

从上面 3 个计算时间可以看出,3 种等价的查询表达式具有完全不同的处理时间,它们的时间差大得让人吃惊,对于关系代数等价的不同表达形式而言,相应的查询效率有着"数量级"上的重大差异。这是一个十分重要的事实,它说明了查询优化的必要性,即合理选取查询表达式可以获取较高的查询效率,这也是查询优化的意义所在。

4.3　关系代数表达式的等价变换

所谓关系代数表达式等价是指用相同的关系代替两个表达式中相应的关系所得到的结果是相同的。需要说明的是,所谓"结果"相同是指两个相应的关系表具有相同的属性集合和相同的元组集合,但元组中属性顺序可以不一致。

查询优化的关键是选择合理的等价表达式。为此,需要一套完整的表达式等价变换规则。下面给出关系代数中常用的等价公式(等价变换规则)。

1. 结合律

设 E1、E2、E3 是关系代数表达式,F 是条件表达式。

(1) 笛卡儿积结合律:$(E1 \times E2) \times E3 \equiv E1 \times (E2 \times E3)$。

(2) 条件连接的结合律:$(E1 \underset{F}{\bowtie} E2) \underset{F}{\bowtie} E3 \equiv E1 \underset{F}{\bowtie} (E2 \underset{F}{\bowtie} E3)$。

(3) 自然连接的结合律:$(E1 \bowtie E2) \bowtie E3 \equiv E1 \bowtie (E2 \bowtie E3)$。

2. 交换律

(1) 笛卡儿积交换律:$E1 \times E2 \equiv E2 \times E1$。

(2) 条件连接的交换律:$E1 \underset{F}{\bowtie} E2 \equiv E2 \underset{F}{\bowtie} E1$。

(3) 自然连接的交换律:$E1 \bowtie E2 \equiv E2 \bowtie E1$。

3. 串接定律

1) 投影运算串接定律

设 E 是一个关系代数表达式,B1,B2,…,Bm 是 E 中的某些属性名,而{A1,A2,…,An}

是{B1,B2,…,Bm}的子集,则以下等价公式成立:

$$\Pi_{A1,A2,\cdots,An}(\Pi_{B1,B2,\cdots,Bm}(E)) \equiv \Pi_{A1,A2,\cdots,An}(E)$$

2) 选择运算串接定律

设 E 是一个关系代数表达式,F1 和 F2 是选择运算的条件,则以下等价公式成立:

(1) 选择运算顺序的可交换公式。

$$\sigma_{F1}(\sigma_{F2}(E)) \equiv \sigma_{F2}(\sigma_{F1}(E))$$

(2) 合取条件的分解公式。

$$(\sigma_{F1 \land F2}(E)) \equiv \sigma_{F1}(\sigma_{F2}(E))$$

4. 运算间交换律

设 E 是一个关系代数表达式,F 是选择条件,A1,A2,…,An 是 E 的属性变元,并且 F 只涉及属性 A1,A2,…,An,则选择与投影的交换公式成立:

$$\sigma_F(\Pi_{A1,A2,\cdots,An}(E)) \equiv \Pi_{A1,A2,\cdots,An}(\sigma_F(E))$$

5. 运算间分配律

1) 选择运算关于其他运算的分配公式

(1) 选择关于并的分配公式。

设 E1 和 E2 是两个关系代数表达式,并且 E1 和 E2 具有相同的属性名,则有:

$$\sigma_F(E1 \cup E2) \equiv \sigma_F(E1) \cup \sigma_F(E2)$$

(2) 选择关于差的分配公式。

设 E1 和 E2 是两个关系代数表达式,并且 E1 和 E2 具有相同的属性名,则有:

$$\sigma_F(E1 - E2) \equiv \sigma_F(E1) - \sigma_F(E2)$$

(3) 选择关于笛卡儿积的分配公式。

这里主要有 3 种类型的分配公式:

设 F 中涉及的属性都是 E1 的属性,则有以下等价公式成立:

$$\sigma_F(E1 \times E2) \equiv \sigma_F(E1) \times E2$$

如果 F=F1∧F2,且 F1 只涉及 E1 的属性,F2 只涉及 E2 的属性,则如下等价公式成立:

$$\sigma_F(E1 \times E2) \equiv \sigma_{F1}(E1) \times \sigma_{F2}(E2)$$

如果 F=F1∧F2,且 F1 只涉及 E1 的属性,F2 涉及 E1 和 E2 两者的属性,则如下等价公式成立:

$$\sigma_F(E1 \times E2) \equiv \sigma_{F2}(\sigma_{F1}(E1) \times E2)$$

2) 投影运算关于其他运算的分配公式

(1) 投影关于并的分配公式。

设 E1 和 E2 是两个关系代数表达式,A1,A2,…,An 是 E1 和 E2 的共同属性变元,则如下等价公式成立:

$$\Pi_{A1,A2,\cdots,An}(E1 \cup E2) \equiv \Pi_{A1,A2,\cdots,An}(E1) \cup \Pi_{A1,A2,\cdots,An}(E2)$$

(2) 投影关于笛卡儿积的分配公式。

设 E1 和 E2 是两个关系代数表达式,A1,A2,…,An 是 E1 的属性变元,B1,B2,…,Bm

是 E2 的属性变元,则如下等价公式成立:

$$\Pi_{A1,A2,\cdots,An,B1,B2,\cdots,Bm}(E1 \times E2) \equiv \Pi_{A1,A2,\cdots,An}(E1) \times \Pi_{B1,B2,\cdots,Bm}(E2)$$

6. 笛卡儿积与连接间的转换公式

设 E1 和 E2 是两个关系代数表达式,$A1,A2,\cdots,An$ 是 E1 的属性变元,$B1,B2,\cdots,Bm$ 是 E2 的属性变元,F 为形如 A_iQB_j 所组成的合取式,则如下等价公式成立:

$$\sigma_F(E1 \times E2) \equiv E1 \underset{F}{\bowtie} E2$$

上面提到的 6 种公式中,前 3 种属于同类运算间的等价公式,后 3 种属于不同类运算间的等价公式。

【例 4-2】 可以将例 4-1 中表达式 Q1 转化成 Q2,同时也可以将 Q2 转化为 Q3。

用选择的串接等价公式将 Q1 转化为中间状态 Q0:

$$\Pi_{Sname}(\sigma_{Student.Sno=SC.Sno \wedge SC.Cno='C1'}(Student \times SC))$$

$$\equiv \Pi_{Sname}(\sigma_{SC.Cno='C1'}(\sigma_{Student.Sno=SC.Sno}(Student \times SC)))$$

用笛卡儿积与连接运算的转换公式将 Q0 转换为 Q2:

$$\Pi_{Sname}(\sigma_{SC.Cno='C1'}(\sigma_{Student.Sno=SC.Sno}(Student \times SC))) \equiv \Pi_{Sname}(\sigma_{SC.Cno='C1'}(Student \bowtie SC))$$

用选择运算与笛卡儿积交换公式,将 Q2 转化成 Q3:

$$\Pi_{Sname}(\sigma_{SC.Cno='C1'}(Student \bowtie SC)) \equiv \Pi_{Sname}(Student \bowtie \sigma_{SC.Cno='C1'}(SC))$$

4.4　查询优化的一般准则

用关系代数查询表达式,通过等价变换的规则可以获得众多的等价表达式。那么,人们应当按照怎样的规则从中选取查询效率高的表达式从而完成查询的优化呢? 这就需要讨论在众多等价的关系代数表达式中进行选取的一般规则。建立规则的基本出发点是如何合理地安排操作的顺序,以达到减少空间和时间开销的目的。

当前,一般系统都是选用基于规则的"启发式"查询优化方法,即代数优化方法。这种方法与具体关系系统的存储技术无关,其基本原理是研究如何对查询代数表达式进行适当的等价变换,即如何安排所涉及操作的先后执行顺序;其基本原则是尽量减少查询过程中的中间结果,从而以较少的时间和空间执行开销取得所需的查询结果。

由例 4-1,我们不难理解,在关系代数表达式当中,笛卡儿积运算及其特例的连接运算作为二元运算,其自身操作的开销较大,同时很有可能产生大量的中间结果;而选择、投影作为一元运算,本身操作代价较少,同时可以从水平和垂直两个方向减少关系的大小。因此有必要在进行关系代数表达式的等价变换时,先做选择和投影运算,再做连接等二元运算;即便是在进行连接运算时,也应当先做"小"关系之间的连接,再做"大"关系之间的连接等。基于上述这些考虑,人们提出了如下几条基本操作规则,也称为启发式规则,用于对关系表达式进行转换,从而减少中间关系的大小:

(1) 选择优先操作规则:及早进行选择操作,减少中间关系。

(2) 投影优先操作规则:及早进行投影操作,避免重复扫描关系。

（3）笛卡儿积"合并"规则：尽量避免单纯进行笛卡儿积操作。

说明：

① 由于选择运算可能大大减少元组的数量，同时选择运算还可以使用索引存取元组，所以通常认为选择操作应当优先于投影操作。

② 对于笛卡儿积"合并"规则，其基本做法是把笛卡儿积与其之前或者之后的一系列选择和投影运算合并起来一起操作，从而减少扫描的遍数。

4.5　关系代数表达式的优化算法

本节将给出一个用于优化关系代数表达式的具体算法，并举例说明。这是本章的重点所在，是必须掌握的知识。

4.5.1　语法树

在介绍算法之前我们先了解一下语法树的概念。

关系代数表达式的查询优化是由 DBMS 的 DML 编译器自动完成的。因此，查询优化的基本前提就是需要将关系代数表达式转换为某种内部表示。常用的内部表示就是所谓的关系代数语法树，简称为语法树。其实现的过程是先对一个关系代数表达式进行语法分析，将分析结果用树的形式表达出来，此时的树就称之为语法树。语法树具有如下特征：

（1）树中的叶结点表示关系。

（2）树中的非叶结点表示操作。

有了语法树之后，再使用关系表达式的等价变换公式对于语法树进行优化变换，将原始语法树变换为标准语法树（优化语法树）。按照语法树的特征和查询优化的规则，语法树变换的基本思想是尽量使得选择运算和投影运算靠近语法树的叶端。也就是说，使得选择运算和投影运算得以先执行，从而减少开销。

4.5.2　优化算法

根据查询优化的一般准则，我们给出下面的一个算法。

算法：关系表达式的优化。

输入：一个关系表达式的语法树。

输出：计算该表达式的优化程序。

步骤如下：

（1）应用选择运算串接公式和投影串接公式。

使用选择串接公式将形如 $\sigma_{F1 \wedge \cdots \wedge Fn}(E)$ 的表达式进行分解：

$$\sigma_{F1 \wedge \cdots \wedge Fn}(E) \equiv \sigma_{F1}(\sigma_{F2}(\cdots \sigma_{Fn}(E))\cdots)$$

使用投影串接公式将形如 $\Pi_{A1,A2,\cdots,An}(\Pi_{B1,B2,\cdots,Bm}(E))$ 的表达式进行分解：

$$\Pi_{A1,A2,\cdots,An}(\Pi_{B1,B2,\cdots,Bm}(E)) \equiv \Pi_{A1,A2,\cdots,An}(E)$$

其中，$\{A1,A2,\cdots,An\}$ 是 $\{B1,B2,\cdots,Bm\}$ 的子集。

这样做的目的是将选择或者投影运算串接成单个选择或者单个投影运算,以方便地和有关二元运算进行交换与分配。

(2) 应用选择运算和其他运算的交换公式与分配公式。

这样做的目的是为了将选择运算尽量向下深入而靠近关系(即移至语法树的叶结点)。

例如,利用选择和投影的交换公式将表达式转换为一个选择后紧跟一个投影,使得多个选择、投影能同时执行或者能在一次扫描中完成。再例如,只要有可能,就要将 $\sigma_F(E1 \times E2)$ 转换为 $\sigma_F(E1) \times E2$ 或 $E1 \times \sigma_F(E2)$,尽早执行基于值的选择运算可以减少对中间结果进行排序所花费的开销。

(3) 使用投影运算与其他运算的交换公式与分配公式。

这样做的目的是将投影运算尽量向内深入靠近关系(即移至语法树叶结点)。

具体做法是:

① 利用投影串接公式使得某些投影消解。

② 利用选择与投影的交换公式把单个投影分解成两个,其中一个先投影后选择的运算(选择运算块)就可进一步向内深化。

(4) 使用笛卡儿积与连接的转换公式。

如果笛卡儿积之后还必须按连接条件进行选择操作,就将两者结合成连接运算。

(5) 添加必要的投影运算。

对每个叶结点添加必要的投影运算,用以消除对查询无用的属性。

(6) 将关系代数语法树进行整形。

通过上述步骤得到的语法树的内结点(非根结点和非叶结点)或者为一元运算结点,或者为二元运算结点。对于 3 个二元运算"$\times$、$\cup$、$-$"中的每个结点来说,将剩余的一元运算结点按照下面的方法进行分组。

① 如果一元运算结点 σ 或 Π 是该二元运算结点的父结点,则父结点与该点同组。

② 如果二元运算的子孙结点一直到叶结点都是一元运算 σ 或 Π,则这些子孙结点与该结点同组。

但是对于笛卡儿积来说,如果其子结点不是与它组合成等价连接的选择运算时,这样的选择子结点不与该结点同组。

(7) 由分组结果得到优化语法树。

即一个操作序列,其中每一组结点的计算就是这个操作序列中的一步,各步的顺序是任意的,只要保证任何一组不会在它的子孙组之前计算即可。

【例 4-3】 对例 4-1 中查询:$Q1 = \Pi_{Sname}(\sigma_{Student. Sno = SC. Sno \wedge SC. Cno = 'C1'}(Student \times SC))$

将其进行语法分析后得到语法树如图 4-1 所示。

下面将利用优化算法把该语法树转换成标准(优化)形式。

(1) 用选择串接公式 $\sigma_{Student. Sno = SC. Sno \wedge SC. Cno = 'C1'} = \sigma_{Student. Sno = SC. . Sno}(\sigma_{SC. Cno = 'C1'})$ 将语法树变换成如图 4-2 所示的语法树。

(2) 使用选择与笛卡儿运算的分配公式 $\sigma_{SC. Cno = 'C1'}(Student \times SC) = Student \times (\sigma_{SC. Cno = 'C1'}SC)$,将上述语法树变换成如图 4-3 所示的语法树。

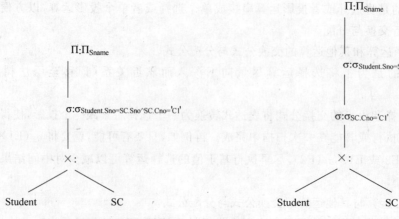

图 4-1　Q1 查询的原始语法树　　　　图 4-2　对选择运算应用串接公式进行分解

（3）将选择运算与笛卡儿积转换为连接运算公式。

$$\sigma_{Student.Sno=SC.Sno}(Student \times (\sigma_{SC.Cno='C1'}SC)) = Student \bowtie \sigma_{SC.Cno='C1'}SC$$

将（2）中语法树变换为如图 4-4 所示。

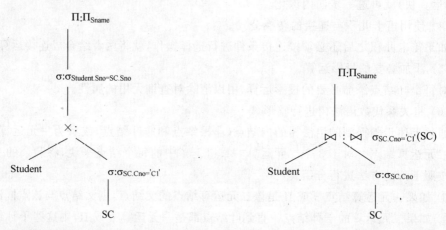

图 4-3　使用选择操作关于笛卡儿积的分配公式　　　图 4-4　使用笛卡儿积与连接的转换公式

（4）按照分组的原则，步骤 3 所示的操作序列构成一组。

（5）按照分组，即可生成程序。

【例 4-4】　设有 S(供应商)、P(零件)和 SP(供应关系)3 个关系，它们相应的关系模式如下：

```
S(SNUM,SNAME,CITY)
P(PNUM, PNAME, WEICHT, SIZE)
SP(SNUM, PNUM, DEPT, QUAN)
```

其中，SNUM 表示供应商号，SNAME 表示供应商名称，CITY 表示供应商所在的城市，PNUM 表示零件号，PNAME 表示零件名称，WEICHT 表示零件重量，SIZE 表示零件大小，DEPT 表示被供应零件的部门，QUAN 表示被供应的数量。设有如下查询语句 Q：

```
SELECT SNAME
FROM S,P,SP
WHERE S.SNUM = SP.SNUM
```

```
AND SP.PNUM = P.PNUM
AND S.CITY = 'NAMEING'
AND P.PNAME = 'BOLT'
AND SP.QUN > 10000;
```

则此时的对应的关系代数表达式为 $Q = \Pi_{SNAME}(\sigma_c((S \times P) \times SP))$，其中：

$$C : S.SNUM = SP.SNUM \wedge SP.PNUM = P.PNUM$$
$$\wedge S.CITY = 'NAMEING'$$
$$\wedge P.PNAME = 'BOLT'$$
$$\wedge SP.QUN > 10000$$

原始语法树如图 4-5 所示。

（1）使用串接公式将选择操作分为相继的单个选择操作。

（2）使用选择运算关于笛卡儿积分配律的一组公式,将选择操作尽量移向叶端,由此可得变换后的语法树如图 4-6 所示。

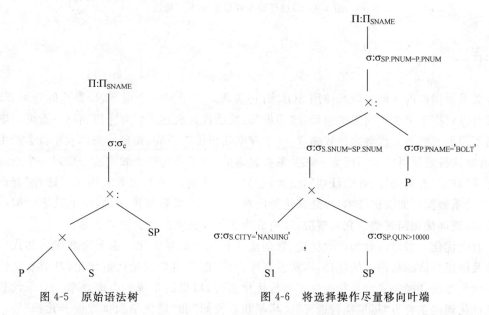

图 4-5　原始语法树　　　　　　　　图 4-6　将选择操作尽量移向叶端

（3）将选择运算和笛卡儿积组合成连接操作,得到相应语法树如图 4-7 所示。

我们还可以由原始语法树得到另一种查询语法树形式如图 4-8 所示。

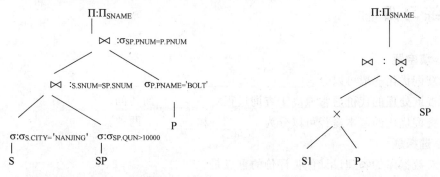

图 4-7　将选择运算和笛卡儿积组合成连接操作　　　图 4-8　另一种形式的查询语法树

（4）使用投影操作,消除查询无用的属性,得到如下的语法树如图 4-9 所示。

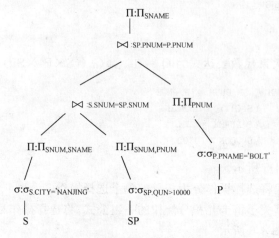

图 4-9　添加投影操作以消除无用属性

小结

关系数据库的查询一般都使用 SQL 语句实现。对于同一个用 SQL 表达的查询要求,通常可以对应于多个不同形式但相互"等价"的关系代数表达式。对于描述同一查询要求但具有不同形式的关系代数表达式来说,由于存取路径可以不同,相应的查询效率就会产生差异,有时这种差异可以相当巨大。在关系数据库中,为了提高查询效率就需要对一个查询要求寻求"好的"查询路径(查询计划),或者说"好的"、等价的关系代数表达式。这种"查询优化"是关系数据库的关键技术,也是其优势所在。对于关系数据库来说,由于其所依据理论的特点,查询优化问题的研究与解决,反而成为其得以蓬勃发展的重要机遇。

查询优化一般可以分为代数优化、物理优化和代价估算优化。由于物理优化和代价估算涉及组成具体的数据库的硬件,本章没有作介绍,而是主要讨论代数优化,其要点是使用关系代数等价变换公式对目标表达式进行优化组合,以提高系统的查询效率。关系代数表达式优化规则主要有"尽早执行选择"、"尽早执行投影"和"避免单独执行笛卡儿积"等。这些内容对于数据库的设计者和管理者有着重要的作用,是必须了解和掌握的。

综合练习四

一、填空题

1. 查询优化一般可以分为_____、_____和_____。

2. 查询处理的代价通常取决于查询过程对_____的访问。

3. 查询优化的基本途径可以分为_____和_____两种。

二、选择题

1. 对数据库的物理设计优劣评价的重点是(　　)。

　　A. 时间和空间效率　　　　　　　　　B. 动态和静态性能

    C. 用户界面的友好性　　　　　　　D. 成本和效益

2. 关系运算中花费时间可能最长的运算是(　　)。

    A. 投影　　　　　　B. 选择　　　　　　C. 笛卡儿积　　　　　　D. 除

3. 在优化查询时,应尽可能先做(　　)。

    A. Select　　　　　B. Join　　　　　C. Project　　　　　D. A 和 C

4. 在关系数据库中实现了数据表示的单一性,实体和实体之间的联系都用(　　)表示。

    A. 数据字典　　　　B. 文件　　　　　C. 表　　　　　　　D. 数据库

三、问答题

1. 简述查询优化。

2. 简述查询优化的一般准则。

四、实践题

1. 总结规则优化的一般步骤,你还有其他的想法吗?

2. 假定关系模式为学生:Student(SNO,SNAME,BDATE),课程:COURSE(CNO, CNAME,SMESTER),选课:SC(SNO,CNO,GRADE)。其中 SNO 为学号,SNAME 为学生姓名,BDATE 为出生日期,CNO 为课程号,SEMESTER 为课程的季度,仅区分春秋季开课,GRADE 为修读成绩。其中 Student 表有 10000 条记录,在 YEAR(BDATE)上有 10 个不同值;COURSE 表有 1000 条记录;SC 表有 40000 条记录。对此数据库进行某查询,然后画出该查询的查询优化树。

第5章 关系数据库标准语言——SQL

从前面介绍的关系数据模型可以知道，要在关系模型中查询和获取所需的数据，要经过选择、投影、连接等操作。对于普通用户来说，这样的查询过程未免过于复杂。于是非过程化语言应运而生，本章介绍作为关系数据库的标准语言 SQL(有时读作"sequel")。

结构化查询语言 SQL(structured query language)是一种介乎于关系代数和元组演算之间的数据语言。它的通用性和功能性极强，对关系模型的发展和商用 DBMS 的研制起着重要的作用，目前已成为关系数据库的标准语言。

本章主要介绍 SQL 的核心部分内容：数据定义、数据查询、数据更新以及嵌入式 SQL。

5.1 SQL 概述

1970 年，美国 IBM 研究中心的 E. F. Codd 连续发表多篇论文，提出关系模型。

1972 年，IBM 公司开始研制实验型关系数据库管理系统 SYSTEM R，配置的查询语言称为 SQUARE(specifying queries as relational expression)语言，在语言中使用了较多的数学符号。

1974 年，Boyce 和 Chamberlin 把 SQUARE 修改为 SEQUEL(structured english query language)语言。后来 SEQUEL 简称为 SQL，即"结构化查询语言"，SQL 的发音仍为"sequel"。

1979 年，关系式软件公司(Relational Software，Inc 即如今的 Oracle 公司)发展了第一种以 SQL 实现的商业产品。

1986 年 10 月，美国国家标准局(American National Standard Institute，ANSI)通过了将 SQL 语言作为关系数据库语言的美国标准。

1987 年，国际标准化组织(International Organization for Standardization，ISO)颁布了 SQL 作为正式的国际标准。

1989 年 4 月，ISO 提出了具有完整性特征的 SQL89 标准。

1992 年 11 月又公布了 SQL92 标准，在此标准中，把数据库分为 3 个级别：基本集、标准集和完全集。

各种不同的数据库对 SQL 语言的支持与标准存在着细微的不同。这是因为有些产品的开发先于标准的公布，另外各产品开发商为了达到特殊的性能或新的特性，需要对标准进行扩展。现在已有 100 多种遍布在从微机到大型机上的数据库产品 SQL，其中包括 DB2、SQL/DS、ORACLE、INGRES、SYSBASE、SQL Server、MySQL、FORXPRO、PARADOX、

Microsoft Access 等。SQL 语言基本上独立于数据库本身使用的机器、网络、操作系统,基于 SQL 的 DBMS 产品可以运行在从个人机、工作站到基于局域网、小型机和大型机的各种计算机系统上,具有良好的可移植性。

SQL 的核心主要包括 4 个部分:

(1) 数据定义语言,即 SQL DDL(data definition language),用于定义 SQL 模式、基本表、视图、索引等结构。

(2) 数据操纵语言,即 SQL DML(data manipulation language)。数据操纵分成数据查询和数据更新两类。其中数据更新又分成插入、删除和修改 3 种操作。

(3) 数据控制语言,即 SQL DCL(data control language),这一部分包括对基本表和视图的授权、完整性规则的描述、事务控制等内容。

(4) 嵌入式 SQL 语言,即 E-SQL(embedded SQL),这一部分内容涉及 SQL 语句嵌入在宿主语言程序中的规则。

SQL 具有如下的特性。

1. 综合统一

(1) SQL 是一种一体化的语言,它包括了数据定义、数据查询、数据操纵和数据控制等方面的功能,可以完成数据库活动中的全部工作,包括定义关系模式、录入数据以建立数据库、查询、更新、维护、数据库重构、数据库安全性控制等一系列操作要求,这就为数据库应用系统的开发提供了良好的环境,例如用户在数据库投入运行后,还可根据需要随时地、逐步地修改模式,并不影响数据库的运行,从而使系统具有良好的可扩充性。

(2) 在关系模型中实体和实体间的联系均用关系表示,这种数据结构的单一性带来了数据操作符的统一,即对实体及实体间的联系的每一种操作(如:查找、插入、删除、修改)都只需要一种操作符。

2. 高度非过程化

非关系数据模型的数据操纵语言是面向过程的语言,用其完成某项请求,必须指定存取路径(如:早期的 FoxPro)。而 SQL 语言是一种高度非过程化的语言,它没有必要一步步地告诉计算机"如何"去做,而只需要描述清楚用户要"做什么",SQL 语言就可以将要求交给系统,自动完成全部工作。

因此一条 SQL 语句可以完成过程语言的多条语句的功能,这不但大大减轻了用户负担,而且有利于提高数据独立性。

3. 面向集合的操作方式

非关系数据模型采用的是面向记录的操作方式,任何一个操作其对象都是一条记录。对于某项请求,用户必须说明完成请求的具体处理过程,即如何按照某条路径一条一条地把满足条件的记录读出来。

与此相反,SQL 语言采用集合操作方式,不仅查找结果可以是元组的集合,而且一次插入、删除、更新操作的对象也可以是元组的集合。

4. 以同一种语法结构提供两种使用方式

SQL 语言既是自含式语言,又是嵌入式语言,即 SQL 语言可以直接以命令方式交互使用,也可以嵌入到程序设计语言中以程序方式使用。作为自含式语言,它能够独立地用于联机交互的使用方式,用户可以在终端键盘上直接键入 SQL 命令对数据库进行操作;作为嵌入式语言,SQL 语句能够嵌入到高级语言(例如: VC、VB、Delphi、Java 或者 FORTRAN)程序中,供程序员设计程序时使用。

这两种方式为用户提供了灵活的选择余地。而且在这两种不同的使用方式下,SQL 语言的语法结构基本上是一致的。

5. 语言简洁,易学易用

虽然 SQL 语言功能很强,但只有为数不多的几条命令,语言十分简洁。表 5-1 给出了分类的命令动词,另外 SQL 的语法也非常简单,它很接近自然语言(英语),因此用户很容易学习和掌握。

表 5-1 SQL 中的动词

SQL 功能	动　词
数据查询 DQ	SELECT
数据定义 DD	CREATE、DROP、ALTER
数据操纵 DM	INSERT、UPDATE、DELETE
数据控制 DC	GRANT、REVOKE

6. 支持关系数据库的 3 级模式结构

SQL 语言支持关系数据库的 3 级模式结构,其中,视图对应于外模式,基本表对应于概念模式,存储文件对应于内模式,如图 5-1 所示。

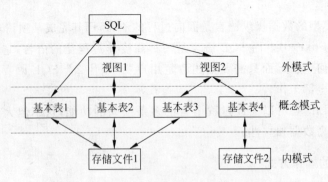

图 5-1 SQL 对关系数据库模式的支持

5.2 数据定义

关系数据库系统支持 3 级模式结构,模式、外模式、内模式对应的数据库基本对象分别是表、视图、索引。因此,SQL 的数据定义功能提供了包括定义表、定义视图和定义索引 3

个功能。SQL 的数据定义语句如表 5-2 所示。

表 5-2　SQL 的数据定义语句

操 作 对 象	操 作 方 式		
	创　建	删　除	修　改
表	CREATE TABLE	DROP TABLE	ALTER TABLE
视图	CREATE VIEW	DROP VIEW	
索引	CREATE INDEX	DROP INDEX	

注意：视图是基于基本表和视图的虚表，定义成对基本表和视图的查询；索引依附于基本表。

5.2.1　SQL 的基本数据类型

关系数据库支持非常丰富的数据类型，不同的数据库管理系统支持的数据类型基本是一样的，主要有数值型、字符串型、位串型和时间型等。表 5-3 列出了常用的数据类型。

表 5-3　SQL 支持的主要数据类型

数 据 类 型	说　明
Int	4 字节整数类型
SmallInt	双字节整数类型
TinyInt	无符号单字节整数类型
Bit	二进制位类型
Decimal	数值类型（固定精度和小数位）
Numeric	同 Decimal
Float	双精度浮点数类型
Real	浮点数类型
Money	货币类型（精确到货币单位的千分之十）
SmallMoney	短货币类型（精确到货币单位的千分之十）
DateTime	日期时间类型
SmallDateTime	短日期时间类型
Char	字符（串）类型
Varchar	可变长度字符（串）类型
Text	文本类型
Binary	二进制类型
Varbinary	可变长二进制类型
Image	图像类型

5.2.2　基本表的创建、修改和撤销

1．表的概念

在关系数据库中，表（table）是用来存储数据的二维数组，它有行（rows）和列（columns）。列也称为表属性或字段，表中的每一列拥有唯一的名字，每一列包含具体的数据类型。

字段应根据将要保存到此列中的数据的类型来命名。根据列的性质,可以确定列为 NULL 或 NOT NULL,意即如果某列是 NOT NULL,就必须要输入一些信息;如果某列被确定为 NULL,可以不输入任何信息。

每个数据库的表都必须包含至少一列,列是表中保存各类型数据的元素。例如在客户表中有效的列可以是客户的姓名。

通常情况下,名称必须是连续的字符串。一个对象名是一个连续的字符串,它的字符数由它使用的 SQL 实施方案所限制。若字符之间要有间隔时,则需使用下划线"_"来实现字符的分隔。

在给对象和其他数据库元素命名时,一定要小心检查实施方案的命名规则。

行就是数据库表中的一个记录。例如,职工表中的一行数据可能包括特定职工的个人信息,如身份证号、姓名、所在部门、职业等。一行是由表中包含数据的记录中的各字段内容组成。一张表至少包含一行数据,甚至包含成千上万的数据行,也就是记录。

2. 建立数据表

在 SQL 语言中是用 CREATE TABLE 语句在数据库中创建表的,虽然创建表的工作由 CREATE TABLE 一条命令就可完成,但是在 CREATE TABLE 命令真正执行以前,需要花费大量的时间和精力来组织表的结构。

1) 定义数据结构

数据是存储在数据库中的信息集合,它能以任何形式存储,可以操纵和改变。大多数数据库在其生存期内并不是一成不变的。

在存储数据时决定采用何种数据类型以及长度、范围和精度时,都必须仔细考虑以后的应用需要。商业规则和最终用户的访问数据的方式是决定数据类型的其他因素。用户应该了解数据本身的属性和数据在数据库中的关系来给数据确定一个合适的数据类型。

2) 命名约定

当为数据选择名称,特别是表和列时,名称应该反映出所存储数据的基本信息。例如包含职工信息的表应该被命名为 EMPLOYEE,列的命名也应该遵从同样的逻辑。用于存储职工姓名的列,命名为 EMP_NAME 将是一个较好的选择。

3) CREATE TABLE 语句

创建表的基本语法如下:

```
CREATE TABLE <表名> (<列名><数据类型>[列完整性的约束条件]
[,<列名><数据类型>[列完整性的约束条件]]……)
[,<表级完整性的约束条件>];
```

其中<表名>是所有定义的基本表的名称,基本表可以由一个或多个属性(列)组成。创建表时还可以定义与该表有关的完整性约束条件,这些完整性约束条件被存储在系统的数据字典中。当用户操作表中的数据时,由数据库管理系统自动检查操作是否违背这些完整性约束条件。如果完整性约束条件涉及该表的多个属性列,则必须定义在表级上,否则,可以定义在列级上。

约束条件主要有以下几种类型:

NOT NULL——这个约束条件要求列中不能有 NULL 值(称为空值)。

CHECK——为列指定能拥有的值的集合后,检查约束条件(用括号包含一个逻辑表达式)。列中任何在定义之外的数据都为无效数据。有效值集合称为列的域。

PRIMARY KEY——主关键字是列或列组合,它用来唯一标识一行。

FOREIGN KEY——用来定义两个表之间的父子关系。如果一个关键字既是一个表的主关键字的一部分,同时又是另一个表的主关键字,则称它为外来关键字。外来关键字用来定义数据的引用完整性。

UNIQUE——唯一约束条件是指无任何两行在列中有相同的 NOTNULL 值,即要求在某列中无相同取值。

此外,当主表中被引用主属性删除时,为保证完整性,可以采用 CASCADE 方式或者RESTRICT 方式。CASCADE 方式表示:在基本表中删除某列时,所有引用到该列的视图和约束也要一起自动地被删除。而 RESTRICT 方式表示在没有视图或约束引用该属性时,才能在基本表中删除该列,否则拒绝删除操作。

下面举一个具体例子:

【例 5-1】　建立一个"职工"表,它由职工号 EMP_ID、姓名 EMP_NAME、性别 EMP_SEX、年龄 EMP_AGE、所在部门 EMP_DEPT 5 个属性组成。其中,职工号和姓名不能为空,职工号的值是唯一的,职工年龄在 18 到 60 之间。所用语句如下:

```
CREATE TABLE employee (
Emp_id CHAR(5) NOT NULL UNIQUE,
Emp_name CHAR(20) NOT NULL,
Emp_sex CHAR(1),
Emp_age INT,
Emp_dept CHAR(15),
PRIMARY KEY(Emp_id),
CHECK (Emp_age BETWEEN 18 AND 60)
);
```

此职工表由 5 列组成。使用了下划线字符来使列的名字断开,使它们看上去是分隔的单词。每一列都分配了特定的数据类型和长,如 CHAR(5)表示此列为字符类型,每列存储5 个字符。通过 NULL 和 NOT NULL 的限制,可以确定哪些列必须为每一行数据都输入值。由于职工号和姓名不能为 NULL,所以 Emp_id 和 Emp_name 都被定义成 NOTNULL,表示此列不允许 NULL 值。同时,把 Emp_id 设为主键,即定义实体完整性约束条件。CHECK 语句保证了职工年龄在 18 到 60 之间。每一列的信息都要逗号隔开,用括号将所有的列都括起来。分号是作为声明的结尾符,大多数 SQL 实施方案在向数据库服务器提交的时候都用一些字符来终止一条语句或子句。Oracle 用分号,Transact-SQL 使用 GO语句,而 Microsoft SQL Server 用分号。

3. 修改数据表

有时候需要根据实际需要对数据表的结构进行修改,这时就要用到 SQL 的 ALTER语句。

一般格式如下:

```
ALTER TABLE <表名>
```

```
ADD <列名> <数据类型> [<列级完整性约束>] |
DROP CONSTRAINT <完整性约束名> |
DROP COLUMN <列名> |
ALTER COLUMN <列名> <数据类型> [<列级完整性约束>]
```

其中,<表名>是要更改的表的名字;ADD 子句用于增加新的列以及新的完整性约束条件;DROP CONSTRAINT 子句用于取消完整性约束条件;DROP COLUMN 子句用于删除原有的列;ALTER COLUMN 子句用于更改原有的列名和数据类型。

【例 5-2】 向 Student 表增加"入学时间"列,其数据类型为日期型。

```
ALTER TABLE Student ADD Scome DATETIME;
```

注意:不论基本表中原来是否已有数据,新增加的列一律为空值。

【例 5-3】 删除学生姓名必须取唯一值的约束(通常需要确定约束的名称,根据约束名来删除)。

```
ALTER TABLE Student DROP CONSTRAINT UNIQUE(Sname);
```

【例 5-4】 移除 Student 表中原有的 Address 字段。

```
ALTER TABLE Student DROP COLUMN Address
```

注意:有些系统的 ALTER TABLE 命令不允许删除属性,如果必须要删除属性,一般步骤是:先将旧表中的数据备份,然后删除旧表、并建立新表,最后将原来的数据恢复到新表中。

【例 5-5】 把 Student 表的学生年龄 Sa 的数据类型改为 SMALLINT。

```
ALTER TABLE Student ALTER COLUMN Sa SMALLINT;
```

注意:修改原有的列定义有可能会破坏已有数据,例如由于字长不足导致数据溢出。

4. 撤销数据表

SQL 使用 DROP TABLE 语句撤销数据表,一般格式如下:

```
DROP  TABLE  <表名>
```

【例 5-6】 删除 Student 表。

```
DROP TABLE  Student;
```

注意:删除基本表后表中的数据以及在此表上建立的索引都将自动删除,而建立在此表上的视图仍然保留在数据字典中,但用户使用视图时会出错。

5.2.3　索引的创建和撤销

1. 创建索引

有时候 DBA 或者表的属主(即建立表的人)会根据需要建立索引,这样做的主要目的是为了加快查询的速度。

用 SQL 建立索引的一般格式为：

```
CREATE [UNIQUE][CLUSTERED] INDEX <索引名>
ON <表名>(<列名>[<次序>][,<列名>[<次序>]]…);
```

说明：

<表名>用于指定要建索引的基本表名字。

索引可以建立在该表的一列或多列上，各列名之间用逗号分隔。

<次序>用于指定索引值的排列次序，升序为 ASC，降序为 DESC。缺省值为 ASC。

UNIQUE 表示此索引的每一个索引值只对应唯一的数据记录，即不允许存在索引值相同的两个元组。对于已含重复值的属性列不能建 UNIQUE 索引。对某个列建立 UNIQUE 索引后，插入新记录时 DBMS 会自动检查新记录在该列上是否取了重复值。这相当于增加了一个 UNIQUE 约束。

CLUSTERED 表示要建立的索引是聚簇索引。所谓聚簇索引是指索引项的顺序与表中记录的物理顺序一致的索引组织。用户可以在最常查询的列上建立聚簇索引以提高查询效率。显然在一个基本表上最多只能建立一个聚簇索引。如果在创建表时已经指定了主关键字，则不可以再创建聚簇索引。建立聚簇索引后，更新索引列数据时，往往导致表中记录的物理顺序的变更，代价较大，因此对于经常更新的列不宜建立聚簇索引。

如果没有指定 UNIQUE 或 CLUSTERED 等将建立普通索引。

【例 5-7】 为学生-课程数据库中的 Student，Course，SC 3 个表建立索引。其中 Student 表按学号升序建唯一索引，Course 表按课程号升序建唯一索引，SC 表按学号升序和课程号降序建唯一索引。

```
CREATE UNIQUE INDEX Stusno ON Student(Sno);
CREATE UNIQUE INDEX Coucno ON Course(Cno);
CREATE UNIQUE INDEX SCno ON SC(Sno ASC,Cno DESC);
```

索引一经建立，就由系统使用和维护它，不需用户干预。当对数据表进行查询时，若查询中涉及索引字段时，系统会自动选择合适的索引，大大提高查询速度。当对数据表中的数据增加、修改、删除时，系统也会自动维护索引，需要花费一些时间，而且也会占用更多的存储空间。故建立多少索引，需要权衡后处理，在同一个表上不应该建立太多的索引（一般不超过两到三个）。除了为数据的完整性而建立的唯一索引外，建议在表较大时再建立普通索引，表中的数据越多，索引的优越性才越明显。

2. 撤销索引

当索引不需要时，可以用 DROP INDEX 语句撤销，其格式如下：

```
DROP  INDEX  <索引名>
```

删除索引时，系统会从数据字典中删去有关该索引的描述。

【例 5-8】 删除 Student 表的 Stusname 索引。

```
DROP INDEX Stusno;
```

注意：在 MS SQL Server 中在索引名前还应加上"表名."，此时例 5-8 应改为：

```
DROP INDEX Student.Stusno;
```

5.3 数据查询

数据查询是 SQL 最基本、最重要的核心部分。SQL 提供的用于数据查询的映像语句具有灵活的使用方式和强大的检索功能。这一节我们将对这部分内容进行学习。

5.3.1 SQL 的查询语句

SQL 查询语句的一般格式为

```
SELECT [ALL|DISTINCT]<目标列表达式>[,<目标列表达式>]…
FROM <表名或视图名>[,<表名或视图名>] …
[WHERE <条件表达式>]
[GROUP BY <列名 1>[HAVING <条件表达式>]]
[ORDER BY <列名 2> [ASC|DESC]];
```

从上面可看出,SQL 的查询语句分为 SELECT 子句、FROM 子句、WHERE 子句、GROUP BY 子句和 ORDER BY 子句。

SELECT 子句指明需要查询的项目。一般指列名,也可以是表达式。利用表达式,可以查询表中并未存储但可导出的结果。为了构造表达式,SQL 提供了加(+)、减(-)、乘(*)、除(/)4 种运算符和后面将要介绍的几种函数,若以星号(*)代替列名,则表示查询表的所有列。FROM 子句指明被查询的表或视图名。如果需要,也可以为表和视图取一别名,这种别名只在本句中有效。SELECT 和 FROM 子句是每个 SQL 查询语句所必需的,其他子句是可选的。

WHERE 子句说明查询的条件。满足条件的查询结果可能不止一个,在 SELECT 子句中可以有 DISTINCT 任选项。加上了这个任选项,则要求去除查询结果中的重复项。而 ALL 则表明不去掉重复元组。SELECT、FROM 和 WHERE 3 个子句构成最常用的、最基本的 SQL 查询语句。

在 WHERE 子句中,可以用于查询条件的运算符非常丰富,表 5-4 列出了常用的运算符。

表 5-4　WHERE 子句中条件表达式中可以使用的运算符

查 询 方 式	运 算 符
比较	=,>=,<,<=,!=,<>,!>,!<
确定范围	BETWEEN AND、NOT BETWEEN AND
确定集合	IN、NOT IN
字符匹配	LIKE、NOT LIKE
控制	IS NULL、IS NOT NULL
否定	NOT
多重条件	AND、OR

如果有 GROUP BY 子句,则将结果按<列名 1>的值进行分组,该属性列值相等的元组为一个组,每个组产生结果表中的一条记录。通常会在每组中使用集函数。如果

GROUP BY 子句带 HAVING 短语,则只有满足指定条件的组才予输出。

如果有 ORDER BY 子句,则结果表还要按<列名 2>的值的升序或降序排序。

设有学生-课程数据库如下:

学生表:Student(Sno,Sname,Ssex,Sage,Sdept)

课程表:Course(Cno,Cname,Ccredit,Teacher)

学生选课表:SC(Sno,Cno,Grade)

其中,Sno 表示学号,Sname 表示姓名,Ssex 表示性别,Sage 表示年龄,Sdept 表示系别,Cno 表示课程号,Cname 表示课程名称,Ccredit 表示学分,Teacher 表示任课教师,Grade 表示课程成绩。

下面将利用这个关系数据库举例逐步说明 SQL 查询语句的使用方法。

5.3.2 单表查询

所谓单表查询是指查询仅涉及一个表,是一种最简单的查询操作。

1. 选择表中的若干列

1) 查询指定列

【例 5-9】 查询全体学生的学号与姓名。

```
SELECT Sno,Sname
FROM Student;
```

【例 5-10】 查询全体学生的姓名、学号、所在系。

```
SELECT Sname,Sno,Sdept
FROM Student;
```

说明:可以重新指定查询结果列名的显示,但不会改变数据表的列名。如例 5-10 可以改写为:

```
SELECT Sname AS 姓名,Sno AS 学号,Sdept AS 所在系
FROM Student;
```

这样在显示的结果表中的列名就改成了"姓名"、"学号"和"所在系",而不再是"Sname"、"Sno"和"Sdept",这样做的好处是使得得到的表项有更清楚的意义,而且这样做并不会改变数据库中数据表的列名。

2) 查询全部列

【例 5-11】 查询全体学生的详细记录。

```
SELECT  *
FROM Student;
```

说明:"＊"代表全部列。显示结果的顺序与基本表中顺序一致;如果需要改变列的显示顺序,可以用自己指定的方式,例如:

```
SELECT   Sname,Sno,Ssex,Sage,Sdept
FROM Student;
```

3）查询经过计算的列

这种查询方式是指 SELECT 子句的＜目标列表达式＞为表达式，可以是算术表达式、字符串常量、函数、列别名等。

【例 5-12】　查询全体学生的姓名及其出生年份。

```
SELECT Sname, 2011-Sage
FROM Student;
```

说明：这里的"2011-Sage"不是列名，而是一个算术表达式，表示用 2011 年减去年龄从而得到学生的出生年份。在 Microsoft SQL Sever 中，可以用它自带的函数得到当前年份，于是查询语句可以写成：

```
SELECT Sname, YEAR(GETDATE()) - Sage
FROM Student;
```

其中，GETDATE()：得到系统的当前日期；YEAR()：得到指定日期的年号。

【例 5-13】　查询全体学生的姓名、出生年份和所有系，要求用小写字母表示所有系名。

```
SELECT Sname, 'Year of Birth: ', YEAR(GETDATE()) - Sage, LOWER(Sdept)
FROM Student;
```

说明：函数 LOWER()用于得到指定字符串的小写形式。

2. 选择表中的若干元组

1）取消重复元组

【例 5-14】　查询选修了课程的学生学号。

```
SELECT DISTINCT Sno
FROM SC;
```

说明：由于一个学生可能选多于一门的课程，如果不加 DISTINCT 限制，默认是使用 ALL 选项的，这就使得选课多于一门的学生学号会重复出现。而使用 DISTINCT 短语后，可以让相同的元组只显示一个，这样就不会有重复学号出现。

【例 5-15】　查询选修课程的各种成绩。

```
SELECT DISTINCT Cno, Grade
FROM SC;
```

说明：DISTINCT 短语的作用范围是所有目标列，写成：

```
SELECT DISTINCT Cno, DISTINCT Grade
FROM SC;
```

是错误的。

2）查询满足条件的元组

查询满足指定条件的元组可以通过 WHERE 子句实现。

（1）比较大小

在 WHERE 子句的＜条件表达式＞中使用比较运算符从而对大小进行比较。

【例 5-16】 查询所有年龄在 20 岁以下的学生姓名及其年龄。

```
SELECT Sname,Sage
FROM    Student
WHERE Sage < 20;
```

或

```
SELECT Sname,Sage
FROM    Student
WHERE NOT Sage > = 20;
```

【例 5-17】 查询计算机系全体学生的名单。

```
SELECT Sname
FROM  Student
WHERE Sdept = 'CS';
```

【例 5-18】 查询考试成绩有不及格的学生的学号。

```
SELECT  DISTINCT Sno
FROM     SC
WHERE Grade < 60;
```

说明：DISTINCT 短语是考虑到当一个学生有多门课不及格时，只显示一个学号。

（2）确定范围

在 WHERE 子句的<条件表达式>中使用

```
BETWEEN …   AND …
NOT BETWEEN   …   AND  …
```

来确定范围。

【例 5-19】 查询年龄在 18 至 20 岁之间的学生的姓名、系别和年龄。

```
SELECT Sname,Sdept,Sage
FROM    Student
WHERE Sage BETWEEN 18 AND 20;
```

【例 5-20】 查询年龄不在 18 至 20 岁之间的学生的姓名、系别和年龄。

```
SELECT Sname,Sdept,Sage
FROM    Student
WHERE Sage NOT BETWEEN 18 AND 20;
```

（3）确定集合

我们可以使用谓词 IN 用来查找属性值属于指定集合的元组。

【例 5-21】 查询数学系（MA）和计算机科学系（CS）学生的姓名和性别。

```
SELECT Sname,Ssex
FROM   Student
WHERE Sdept IN ('MA', 'CS' );
```

【例 5-22】 查询既不是数学系也不是计算机科学系的学生的姓名和性别。

```
SELECT Sname, Ssex
FROM Student
WHERE Sdept NOT IN ('MA', 'CS' );
```

（4）字符(串)匹配

谓词 LIKE 用来进行全部或部分字符串匹配。在进行部分字符串匹配时要用通配符"％"和"＿"。其中，"％"匹配零个或多个字符，"＿"匹配单个字符。此外，当 LIKE 之后的匹配串为固定匹配串(即不含通配符)时，可以用"＝"运算符代替 LIKE 谓词，用"＜＞"或"！＝"代替 NOT LIKE 谓词。

查询时使用 LIKE 和通配符，可以实现模糊查询。

【例 5-23】 查询学号为 20101053 的学生的详细情况。

```
SELECT *
FROM   Student
WHERE  Sno LIKE '20101053';
```

或

```
SELECT   *
FROM   Student
WHERE Sno = '20101053';
```

【例 5-24】 查询所有姓江学生的姓名、学号和性别。

```
SELECT Sname, Sno, Ssex
FROM Student
WHERE   Sname LIKE '江％';
```

【例 5-25】 查询所有姓江且名字只有 1 个字的学生的姓名。

```
SELECT Sname
FROM Student
WHERE   Sname LIKE '江＿';
```

说明：一个汉字占两个字符位置，故在"江"后面跟 2 个"＿"(如果数据库安装的字符集是 UNICODE，则用一个下划线符号代替即可)。从例 5-24 和例 5-25 中读者可以体会出匹配符"％"和"＿"的区别。

下面举一个两个通配符一起用的例子。

【例 5-26】 查询姓名以 A 开头，且第 3 个字符为 B 的学生的姓名。

```
SELECT Sname
FROM Student
WHERE Sname LIKE 'A_B％';
```

【例 5-27】 查询所有不姓江的学生姓名。

```
SELECT Sname
FROM Student
WHERE Sname NOT LIKE '江％';
```

有时候可能会出现要查询的字符串中有通配符存在的情形，例如数据库设计这门课

DB_Design,这时就需要使用 ESCAPE'＜换码字符＞'短语对通配符进行转义。

【例 5-28】　查询 DB_Design 课程的课程号和学分。

```
SELECT Cno,Ccredit
FROM Course
WHERE(Cname LIKE 'DB\_Design'ESCAPE '\');
```

说明：通过 ESCAPE 指定"\"字符是一个转义字符。

【例 5-29】　查询以"DB_"开头,且倒数第 2 个字符为"i"的课程的详细情况。

```
SELECT    *
FROM   Course
WHERE(Cname LIKE 'DB\_ % _i_'ESCAPE '\');
```

（5）涉及空值的查询

当查询涉及空值时,就要使用谓词 IS NULL 或 IS NOT NULL,注意"IS NULL"不能用"＝ NULL"来代替。

【例 5-30】　查询选修了课程但没有成绩的学生学号和课程号。

```
SELECT Sno,Cno
FROM SC
WHERE Grade IS NULL;
```

【例 5-31】　查询所有取得成绩的学生学号和课程号。

```
SELECT Sno,Cno
FROM   SC
WHERE   Grade IS NOT NULL;
```

（6）多重条件查询

当查询的条件不止一个时,可以使用逻辑运算符 AND 和 OR 来联结多个查询条件。AND 的优先级高于 OR,但用户可以使用括弧改变优先级。

【例 5-32】　查询计算机系年龄在 20 岁以下的学生姓名。

```
SELECT Sname
FROM   Student
WHERE Sdept = 'CS' AND Sage < 20;
```

3．对查询结果排序

如果没有指定查询结果的显示顺序,DBMS 将按其最方便的顺序(通常是元组在数据表中的先后顺序)输出查询结果。当然,用户也可以用 ORDER BY 子句指定按照一个或多个属性列的升序(ASC)或降序(DESC)重新排列查询结果,其中升序 ASC 为缺省值。

【例 5-33】　查询计算机系(CS)所有学生的名单并按学号升序显示。

```
SELECT Sname,Sno
FROM Student
WHERE Sdept = 'CS'
ORDER BY Sno ASC;
```

【例 5-34】　查询全体学生情况,查询结果按所在系升序排列,对同一系中的学生按年龄降序排列。

```
SELECT   *
FROM   Student
ORDER BY Sdept,Sage DESC;
```

说明:这里 Sdept 后面省略了 ASC(缺省值),因而 Sdept 是按升序排列(字典排序)的。对于空值,如果是按升序排列,含空值的元组最后显示;如果是降序排列,含空值的元组最先显示。

4. 使用聚集函数

SQL 提供了许多聚集函数,它们能对集合中的元素做一些常用的统计,主要包括:

COUNT(*):计算元组的个数。

COUNT(列名):对一列中的值计算个数。

SUM(列名):求某一列值的总和(此列的值必须是数值型)。

AVG(列名):求某一列值的平均值(此列的值必须是数值型)。

MAX(列名):求某一列值的最大值。

MIN(列名):求某一列值的最小值。

【例 5-35】　查询学生总人数。

```
SELECT COUNT( * )
FROM   Student;
```

【例 5-36】　查询选修了课程的学生人数。

```
SELECT COUNT(DISTINCT Sno)
FROM SC;
```

说明:这里使用 DISTINCT 是为了避免重复计算学生人数。

【例 5-37】　给出学生 S1 所修读课程的平均成绩。

```
SELECT AVG(Grade)
FROM SC
WHERE Sno = 'S1';
```

【例 5-38】　查询选修 1 号课程的学生最高分数。

```
SELECT MAX(Grade)
FROM SC
WHER Cno = '1';
```

5. 对查询结果分组

GROUP BY 子句可以将查询结果表的各行按一列或多列值分组,值相等的为一组。同时,我们还可以使用 HAVING 短语设置逻辑条件来筛选组。

对查询结果分组的目的是为了细化集函数的作用对象。如果未对查询结果分组,集函数将作用于整个查询结果,即整个查询结果只有一个函数值。分组后,集函数将作用于每一个组,即每一组都有一个函数值。

【例 5-39】 查询每个学生的平均成绩。

```
SELECT Sno,AVG(Grade)
FROM SC
GROUP BY Sno;
```

说明：GROUP BY 子句的作用对象是查询的中间结果表,因此上面语句的执行步骤是,先将课程按照相同的 Sno 进行分组,再将用聚集函数 AVG 对每组中的成绩 Grade 求平均值。还有一点要注意的是,使用 GROUP BY 子句后,SELECT 子句的列名列表中只能出现分组属性和聚集函数。

【例 5-40】 查询选修了 3 门以上课程的学生学号。

```
SELECT Sno
FROM   SC
GROUP BY Sno
HAVING  COUNT( * ) > 3;
```

说明：先用 GROUP BY 子句按 Sno 分组,再用集函数 COUNT 对每一组计数。HAVING 短语指定选择组的条件,只有满足条件(即元组个数＞3,表示此学生选修的课超过 3 门)的组才会被选出来。

WHERE 子句与 HAVING 短语的区别在于作用对象不同。WHERE 子句作用于基本表或视图,从中选择满足条件的元组。HAVING 短语作用于组,从中选择满足条件的组。

【例 5-41】 查询所有课程(不包括课程 C1)都及格的所有学生的总分平均成绩,结果按总分平均值降序排列。

```
SELECT Sno,AVG(Grade)
FROM SC
WHERE Cno <> 'C1'
GROUP BY Sno
HAVING MIN(Grade) > = 60
ORDER BY AVG(Grade) DESC;
```

5.3.3 连接查询

若一个查询同时涉及两个以上的表,则称之为连接查询。连接查询主要包括等值连接、非等值连接查询、自身连接查询、外连接查询以及复合条件连接查询。连接查询是关系数据库中最主要的查询。连接查询中用来连接两个表的条件称为连接条件或连接谓词,其一般格式为：

[<表名 1>.]<列名 1> <比较运算符> [<表名 2>.]<列名 2>

其中：比较运算符主要有：＝、＞、＜、＞＝、＜＝、!＝。

此外连接谓词还可以使用下面形式：

[<表名 1>.]<列名 1> BETWEEN [<表名 2>.]<列名 2> AND [<表名 3>.]<列名 3>

连接操作的过程是：

(1) 首先在表 1 中找到第一个元组,然后对表 2 中的每一个元组从头开始顺序扫描或按索引扫描,查找满足连接条件的元组,每找到一个元组,就将表 1 中的第一个元组与该元组拼接起来,形成结果表中一个元组;直到对表 2 中全部元组扫描完毕。

(2) 再到表 1 中找第二个元组,然后再对表 2 中的每一个元组从头开始顺序扫描或按索引扫描,查找满足连接条件的元组,每找到一个元组,就将表 1 中的第二个元组与该元组拼接起来,形成结果表中一个元组;直到对表 2 中全部元组扫描完毕。

(3) 重复上述操作,直到表 1 中全部元组都处理完毕为止。

1. 等值与非等值连接

在连接查询中,当连接运算符为"＝"时,称为等值连接。否则称为非等值连接。

【例 5-42】 查询每个学生及其选修课程的情况。

```
SELECT   Student. * ,SC. *
FROM     Student,SC
WHERE    Student.Sno = SC.Sno;
```

或

```
SELECT Student. * ,SC. *
FROM  Student  INNER  JOIN  SC  ON  Student.Sno = SC.Sno;
```

说明:INNER JOIN 表示内连接。在这种连接下,得到的结果表中将会有两列都是 Sno,即这种连接并没有把重复的属性列消除,因此这种连接实际使用不是很多。

等值连接有一种特殊情况,就是把目标列中重复的属性列去掉,这种特殊的等值连接称为自然连接。

【例 5-43】 对例 5-42 用自然连接完成。

```
SELECT   Student.Sno,Sname,Ssex,Sage,Sdept,Cno,Grade
FROM     Student,SC
WHERE    Student.Sno = SC.Sno;
```

说明:与例 5-42 不同的是,现在的连接结果就只有一列 Sno 了,消除了重复。此外,由本例子可以看到,由于 Sname、Ssex、Sage 和 Sdept 是 Student 专有的,而 SC 上没有这些属性,因此可以在这些属性前面省略"Student";同理,在 Cno 和 Grade 前面省略了"SC."。这就是说,如果属性列在两个表中是唯一的,可以省略表名前缀。

2. 自身连接

一个表与其自己进行连接,称为表的自身连接。这种关系中的一些元组,根据出自同一值域的两个不同的属性,可以与另外一些元组有一种对应关系(一对多的联系)。为了实现自身连接需要将一个关系看作两个逻辑关系,为此需要给关系指定别名。由于所有属性名都是同名属性,因此必须使用别名前缀。

【例 5-44】 查询至少修读学号为 20101053 的学生所修读的一门课的学生学号。

```
SELECT SC1.Sno
FROM SC AS SC1, SC AS SC2
```

```
WHERE SC1.Cno = SC2.Cno AND SC2.Sno = 20101053;
```

说明：由于表 SC 在语句的同一层出现两次，为了加以区别，引入了别名 SC1 和 SC2。在本查询中，从 WHERE 子句可以看到 SC2.Cno 是指学号为 20101053 的学生所修读的课程，因而得到的 SC1.Sno 就是与该学生修读课程有一门或以上相同的学生的学号。此外，保留字 AS 在语句中是可以省略的，即可以直接写成 SC SC1,SC SC2。

3. 外连接

在通常的连接操作中，只有满足连接条件的元组才能作为结果输出。有时我们想以 Student 表为主体列出每个学生的基本情况及其选课情况，若某个学生没有选课，则只输出其基本情况信息，其选课信息为空值即可，这时就需要使用外连接（outer join）。外连接的表示方法为在表名后面加外连接操作符（*），具体见下面的例子。另外要说明的是，外连接的运算符在不同的 DBMS 实现的方式不一样。在 SQL Server 中采用了 LEFT JOIN 或 RIGHT JOIN 短语。

【例 5-45】 查询每个学生及其选修课程的情况（即使没有选课也列出该学生的基本情况）。

```
SELECT   Student.Sno, Sname, Ssex, Sage, Sdept, Cno, Grade
FROM     Student, SC
WHERE    Student.Sno = SC.Sno( * );
```

在 SQL Server 中就应该写成：

```
SELECT   Student.Sno, Sname, Ssex, Sage, Sdept, Cno, Grade
FROM     Student LEFT JOIN SC ON Student.Sno = SC.Sno;
```

说明：外连接可以看作是在有符号 * 的非主体表（本例中的 SC 表）中添加一个"通用"的虚行，这个行全部由空值组成，它可以和主体表（本例中的 Student 表）中所有不满足连接条件的元组进行连接。由于虚行各列全部是空值，因此与虚行连接的结果中，来自非主体表的属性值全部是空值。

4. 复合条件连接

上面各个连接查询中，WHERE 子句中只有一个条件，即用于连接两个表的谓词。WHERE 子句中有多个条件的连接操作，称为复合条件连接。

【例 5-46】 查询选修 1 号课程且成绩在 90 分以上的所有学生的学号、姓名。

```
SELECT Student.Sno, Sname
FROM Student, SC
WHERE Student.Sno = SC.Sno AND Cno = '1' AND Grade > 90;
```

5.3.4　嵌套查询

在 SQL 语言中，一个 SELECT-FROM-WHERE 语句称为一个查询块。将一个查询块嵌套在另一个查询块的 WHERE 子句或 HAVING 短语的条件中的查询称为嵌套查询或子查询。上层的查询块又称为外层查询或父查询或主查询，下层查询块又称为内层查询或子查询。SQL 语言允许多层嵌套查询。即一个子查询中还可以嵌套其他子查询。需要特别指出的是,子查询的 SELECT 语句中不能使用 ORDER BY 子句,ORDER BY 子句永远只能对最终查询结果排序。

嵌套查询的求解方法是由里向外处理。即每个子查询在其上一级查询处理之前求解,子查询的结果用于建立其父查询的查找条件。

嵌套查询使得可以用一系列简单查询构成复杂的查询,从而明显地增强了 SQL 的查询能力。对于多表查询来说,嵌套查询的执行效率比连接查询的笛卡儿乘积效率要高。以嵌套的方式来构造程序正是 SQL 中"结构化"的含义所在。

1. 带有 IN 谓词的子查询

带有 IN 谓词的子查询是指父查询与子查询之间用 IN 进行连接,判断某个属性列值是否在子查询的结果中。

由于在嵌套查询中,子查询的结果往往是一个集合,所以谓词 IN 是嵌套查询中最经常使用的谓词。

另外有一点是,如果子查询结果中只有一个元组,可以用比较运算符"="代替 IN。

【例 5-47】 查询与"刘振"在同一个系学习的学生。

```
SELECT *
    FROM Student
    WHERE Sdept   IN
        (SELECT Sdept
        FROM Student
        WHERE Sname = '刘振');
```

说明:本查询分两步进行,首先由子查询得到刘振的系别,接着再由父查询得到与刘振同系的学生资料。在这里,如果刘振只属于一个系的话,可以用"="代替 IN。

2. 带有比较运算符的子查询

带有比较运算符的子查询是指父查询与子查询之间用比较运算符进行连接。当用户能确切知道内层查询返回的是单值时,可以用 >、<、=、>=、<=、!=或<>等比较运算符。

【例 5-48】 查询年龄比"刘振"大的学生的学号和姓名。

```
SELECT Sno, Sname
    FROM Student
    WHERE Sage  >
        (SELECT Sage
        FROM Student
        WHERE Sname = ' 刘振 ');
```

3. 带有 ANY 或 ALL 谓词的子查询

使用 ANY 或 ALL 谓词时则必须同时使用比较运算符。ANY 表示任意一个值,ALL 表示全部值。

【例 5-49】 查询非 CS 系的学生名单,并且这些学生必须满足这个条件:在 CS 系中有学生的年龄比这些学生大。

```
SELECT Sname, Sage
    FROM Student
    WHERE Sdept <> 'CS' AND
    Sage < ANY (SELECT Sage
            FROM      Student
            WHERE Sdept = 'CS');
```

或

```
SELECT Sname, Sage
    FROM Student
    WHERE Sdept <> 'CS' AND
    Sage < (SELECT MAX (Sage)
            FROM Student
            WHERE Sdept = 'CS ');
```

说明：这里 ANY 表示从 CS 系中一个接一个地取出年龄并与其他系的某一年龄比较，如果取出的年龄比其他系的年龄大，那么可知这个其他系的年龄是满足条件的，应显示出来；否则应舍去。接着继续取出下一个其他系年龄执行上面的比较，直到取完所有其他系的学生年龄为止。换句话说，这道例题的本质就是查询其他系中年龄比 CS 系学生最大年龄小的学生名单，因此有上面的第二种写法。

【例 5-50】 查询其他系中比 CS 系所有学生年龄小的学生名单。

```
SELECT Sname, Sage
    FROM Student
    WHERE Sage < ALL (SELECT Sage
                FROM Student
                WHERE Sdept = 'CS ')
            AND Sdept <> 'CS ';
```

或

```
SELECT Sname, Sage
    FROM Student
    WHERE Sage < (SELECT MIN (Sage)
                FROM Student
                WHERE Sdept = 'IS ')
            AND Sdept <>' IS ';
```

说明：在例 5-49 和例 5-50，分别使用了（ANY、ALL）谓词和集函数（MAX、MIN）两种方式，事实上使用聚集函数的效率比使用 ANY 或 ALL 谓词的效率高。其对应关系如表 5-5 所示。

表 5-5　ANY，ALL 与 IN，MAX，MIN 的对应关系

	=	<>或!=	<	<=	>	>=
ANY	IN		<MAX	<=MAX	>MIN	>=MIN
ALL		NOT IN	<MIN	<=MIN	>MAX	>=MAX

4. 带有 EXISTS 谓词的子查询

EXISTS 代表存在量词"∃"。带有 EXISTS 谓词的子查询不返回任何实际数据,它只产生逻辑真值"true"或逻辑假值"false"。由于(∀x)P ≡ ¬(∃x(¬P)),所以在 SQL 中,全称量词表达式是通过用[NOT] EXISTS 来表示的。由 EXISTS 引出的子查询,其目标列表达式通常都用 * ,这是因为带 EXISTS 的子查询只返回真值或假值,给出列名无实际意义。

【**例 5-51**】 查询所有选修了 1 号课程的学生姓名。

```
SELECT Sname
    FROM Student
    WHERE EXISTS ( SELECT *
        FROM SC
        WHERE Sno = Student. Sno AND Cno = '1');
```

说明:前面讲的查询称为不相关子查询,而带 EXISTS 的子查询称为相关子查询,即子查询的查询条件依赖于外层的某个属性值(本例中依赖于 Student. Sno)。相关子查询的一般处理过程是:首先取外层查询的表(本例的 Student)的第 1 个元组,根据它与内层查询相关的属性值(Sno 值)处理内层查询,若 WHERE 子句返回值为真,则取此元组放入结果表;然后再取(Student)表的下一个元组;重复这一过程,直到外层(Student)表全部检查完为止。

【**例 5-52**】 查询所有未修 1 号课程的学生姓名。

```
SELECT Sname
    FROM Student
    WHERE NOT EXISTS ( SELECT *
            FROM SC
            WHERE Sno = Student. Sno AND Cno = '1');
```

说明:[NOT] EXISTS 只是判断子查询中是否有或没有结果返回,它本身并没有任何运算或比较,它实际是一种内、外层相关的嵌套查询,只有在内层引用了外层的值,这种查询才有意义。

【**例 5-53**】 查询选修了全部课程的学生姓名。

```
SELECT Sname
FROM Student
WHERE NOT EXISTS
    (SELECT *
    FROM Course
    WHERE NOT EXISTS
        (SELECT *
        FROM SC
        WHERE Sno = Student. Sno   AND   Cno = Course. Cno));
```

说明:本例是把带有全称量词的谓词用等价的带有存在量词 EXISTS 的子查询实现的具体例子。对于课程表中任意一门课程,"学生都选修"与"不存在有哪一门课程,学生不选修"是等价的,因此就可以用双重 EXISTS 子查询表示了选修全部课程。

【**例 5-54**】 对例 5-47 用带 EXISTS 的子查询来表示。

```
SELECT *
    FROM Student S1
    WHERE EXISTS (
    SELECT Sdept
        FROM Student S2
        WHERE  S2.Sname = '刘振' AND  S1.Sdept = S2.Sdept);
```

说明：一些带 EXISTS 或 NOT EXISTS 谓词的子查询不能被其他形式的子查询等价替换，但所有带 IN 谓词、比较运算符、ANY 和 ALL 谓词的子查询都能用带 EXISTS 谓词的子查询等价替换。此外，关系代数中的除运算也只能用这种方式实现。

5.3.5　集合查询

集合与集合之间的运算可以通过集合操作来完成。标准 SQL 直接支持的集合操作种类是并操作 UNION，但是一些商用数据库支持的集合操作种类也包括交操作 INTERSECT 和差操作 MINUS。

【例 5-55】　查询计算机科学系(CS)的学生及年龄小于 20 岁的学生。

```
SELECT *
    FROM Student
    WHERE Sdept = 'CS'
    UNION
    SELECT *
    FROM Student
    WHERE Sage<20;
```

说明：并操作是标准 SQL 支持的类型，参加 UNION 操作的各结果表的列数必须相同，对应项的数据类型也必须相同。并操作可以转换为复合条件查询，因此本例的另一种写法是：

```
SELECT *
    FROM Student
    WHERE Sdept =  'CS' OR   Sage < 20;
```

标准 SQL 中没有直接提供集合交和集合差操作，但可以用其他方法来实现。

【例 5-56】　查询计算机科学系的学生与年龄小于 20 岁的学生的交集。

```
SELECT *
    FROM Student
    WHERE Sdept =  'CS' AND Sage < = 20;
```

说明：题意事实上就是查询计算机科学系中年龄小于 20 岁的学生，因此可以用复合条件查询实现。

【例 5-57】　查询计算机科学系的学生与年龄不大于 20 岁的学生的差集。

```
SELECT *
    FROM Student
    WHERE Sdept = 'CS' AND Sage > 20;
```

说明：题意事实上就是查询计算机科学系中年龄大于 20 岁的学生。

5.4 数据更新

SQL 中数据更新包括插入、修改和删除。执行插入、修改和删除操作时可能会受到关系完整性的约束，这种约束是为了保证数据库中的数据的正确性和一致性。

5.4.1 插入数据

SQL 中的数据插入语句 INSERT 通常有两种形式：插入单个元组、插入子查询结果（多个元组）。

1. 插入单个元组

插入单个元组的 SQL 语句一般格式为：

```
INSERT
INTO <表名> [(<属性列 1>[,<属性列 2>…)]]]
VALUES (<常量 1> [,<常量 2>] … );
```

说明：该语句的含义是将 VALUES 所给出的值插入 INTO 所指定的表中。其中，INTO 子句指定要插入数据的表名及属性列。属性列的顺序可与表定义中的顺序不一致，如果没有指定属性列则表示要插入的是一条完整的元组，且属性列属性与表定义中的顺序一致；如果指定部分属性列则插入的元组在其余属性列上取空值。

有一点必须注意的是，在表定义时说明了 NOT NULL 的属性列不能取空值，否则会出错。

【例 5-58】 将一个新学生记录(学号：20101064；姓名：刘振；性别：男；所在系：CS；年龄：18 岁)插入 Student 表中。

```
INSERT
    INTO Student
    VALUES ('20101064', '刘振', '男', 'CS',18);
```

【例 5-59】 插入一条选课记录(学号：'20101053'，课程号：'1')。

```
INSERT
INTO SC(Sno,Cno)
VALUES ('20101053', '1');
```

说明：SC 有 3 个属性 Sno,Cno 和 Grade,而这里的 INTO 子句没有出现 Grade,因此新插入的记录在 Grade 列上取空值。

2. 插入子查询结果

插入子查询结果的 SQL 语句一般格式为：

```
INSERT
```

```
INTO <表名> [(<属性列 1>[,<属性列 2>…)]]
子查询;
```

说明：该语句的功能将子查询结果插入指定表中，这是一种批量插入形式。INTO 用法与前面所述的相同。在子查询中，SELECT 子句目标列必须与 INTO 子句匹配，包括值的个数与值的类型。

【例 5-60】 求各个院系学生的平均年龄并存放于一张新表 DeptAge(Sdept，Avgage)中，其中，Sdept 存放系名，Avgage 存放相应系的学生平均年龄。

1）建表

```
CREATE TABLE DeptAge
    (Sdept CHAR (15),
      Avgage SMALLINT);
```

2）插入

```
INSERT
INTO DeptAge (Sdept, Avgage)
    SELECT Sdept, AVG (Sage)
    FROM Student GROUP BY Sdept;
```

5.4.2 修改数据

修改操作又称为更新操作，其一般格式为：

```
UPDATE <表名>
SET <列名> = <表达式>[,<列名> = <表达式>]…
[WHERE <条件>];
```

说明：本 SQL 语句用于修改指定表中满足 WHERE 子句条件的元组。其中 SET 子句用于指定修改方法，即用<表达式>的值取代相应的属性列值，可以一次性更新多个属性的值。如果省略 WHERE 子句，则表示要修改表中的所有元组。

【例 5-61】 将学号为 20101053 的学生的年龄改为 22 岁。

```
UPDATE Student
    SET Sage = 22
    WHERE Sno = '20101053';
```

【例 5-62】 将所有学生的年龄增加 1 岁。

```
UPDATE Student
    SET Sage =  Sage + 1;
```

【例 5-63】 将计算机科学系全体学生的成绩置 0。

```
UPDATE SC
    SET Grade = 0
    WHERE   'CS' =
            (SELECT Sdept
             FROM Student
             WHERE Student.Sno =  SC.Sno);
```

或

```
UPDATE SC
SET Grade = 0
WHERE Sno IN (
SELECT Sno
FROM Student
WHERE Sdept = 'CS');
```

5.4.3　删除数据

SQL 的删除语句的一般格式为:

```
DELETE
FROM <表名>
[WHERE <条件>];
```

说明:本 SQL 语句用于从指定表中删除满足 WHERE 子句条件的所有元组。如果省略 WHERE 子句,表示删除表中全部元组,但表的定义仍在字典中。也就是说,DELETE 语句删除的是表中的数据,而不是关于表的定义。

【例 5-64】　删除学号为 20101053 的学生记录。

```
DELETE
    FROM Student
    WHERE Sno = '20101053';
```

【例 5-65】　删除所有的学生选课记录。

```
DELETE
FROM SC;
```

说明:该操作会将学生选课表置成空表。

【例 5-66】　删除计算机科学系全体学生的选课记录。

```
DELETE
    FROM SC
    WHERE'CS' =
            (SELETE Sdept
            FROM Student
            WHERE Student.Sno = SC.Sno);
```

说明:与例 5-63 一样,本例也可以用带 IN 的子查询完成,请读者自己实现。

5.5　视图管理

视图(view)是从一个或几个基本表(或视图)导出的表,它与基本表不同,是一个虚表,只在数据目录中保留其逻辑定义,而不作为一个表实际存储在数据库中。当基本表中的数据发生变化时,从视图中查询出的数据也随之改变。当视图参与数据库操作时,在简单情况下,可以通过修改查询条件,把对视图的查询转换成对基表的查询。

虽然视图可以像基本表一样进行各种查询,也可以在一个视图上再定义新的视图,但是插入、更新和删除操作在视图上却有一定限制。因为视图是由基本表导出的,对视图的任何操作最后都落实在基本表上,这些操作不能违背定义在表上的完整性约束。

5.5.1 视图的创建与删除

1. 创建视图

SQL 创建视图语句的一般格式为:

```
CREATE VIEW <视图名>[(<列名>[,<列名>]…)]
AS <子查询>
[WITH CHECK OPTION];
```

其中:

(1) 子查询可以是任意复杂的 SELECT 语句,但通常不允许含有 ORDER BY 子句和 DISTINCT 短语。

(2) WITH CHECK OPTION 表示对视图进行 UPDATE、INSERT 和 DELETE 操作时要保证更新、插入或删除的行满足视图定义中的谓词条件(即子查询中的条件表达式)。

(3) 组成视图的属性列或者全部省略或者全部指定,没有第 3 种选择。如果省略了组成视图的各个属性列名,则该视图的列由子查询中 SELECT 子句中的目标列组成。但在下列 3 种情况下必须明确指定组成视图的所有列名:

① 其中某个目标列不是单纯的属性名,而是聚集函数或列表达式;

② 多表连接时选出了几个同名列作为视图的属性列名;

③ 需要在视图中为某个列启用新的更合适的名字。

【例 5-67】 建立计算机系学生的视图。

```
CREATE VIEW CS_Student  AS
SELECT Sno,Sname,Sage
       FROM Student
       WHERES dept = 'CS'
WITH CHECK OPTION;
```

说明:本例中省略了视图 CS_Student 的列名,因此它是由查询中 SELECT 子句中的 3 个列名组成的。这个视图去掉了基本表的某些行和某些列,但保留了关键字,我们称这类从单个基本表导出的视图为行列子集视图。此外,由于加上了 WITH CHECK OPTION 子句,以后对该视图进行更新操作时,系统会自动检查或者加上 Sdept='CS'的条件。

还有一点要注意的是,执行 CREATE VIEW 语句的结果只是把对视图的定义存入数据字典,并不执行其中的 SELECT 语句。只是在对视图查询时,才按视图的定义执行其中的查询。

【例 5-68】 建立计算机系选修了 1 号课程的学生视图。

```
CREATE VIEW CS_S1(Sno,Sname,Grade)AS
    SELECT Student. Sno,Sname,Grade
     FROM Student,SC
```

```
WHERE Sdept = 'CS' AND  Student. Sno = SC. Sno  AND  SC. Cno = '1'
```

说明：视图可以建立在多个基本表上。

【例 5-69】 建立计算机系选修了 1 号课程且成绩在 90 分以上的学生的视图。

```
CREATE VIEW CS_S2 AS
        SELECT Sno, Sname, Grade
        FROM CS_S1
        WHERE Grade > = 90
```

说明：视图不仅可以建立在一个或多个基本表上，也可以建立在一个或多个已定义好的视图上，或同时建立在基本表与视图上。

【例 5-70】 建立一个反映学生出生年份的视图。

```
CREATE VIEW BT_S(Sno, Sname, Sbirth) AS
        SELECT Sno, Sname, YEAR(GETDATE()) - Sage
        FROM Student
```

说明：定义基本表时，为了减少数据库中的冗余数据，表中只存放基本数据，由基本数据经过各种计算派生出的数据一般是不存储的。但由于视图中的数据并不实际存储，所以定义视图时可以根据应用的需要，设置一些派生属性列。这些派生属性由于在基本表中并不实际存在，所以有时也称它们为虚拟列（如本例中的 Sbirth）。带虚拟列的视图被称为带表达式的视图。

【例 5-71】 将学生的学号及他的平均成绩定义为一个视图。

```
CREATE VIEW S_G (Sno, Gavg) AS
SELECT Sno, AVG(Grade)
FROM SC
GROUP BY Sno
```

说明：用带有聚集函数和 GROUP BY 子句的查询来定义的视图称为分组视图。这种带表达式的视图必须明确定义组成视图的各个属性列名。

2. 删除视图

SQL 删除视图语句的一般格式为：

```
DROP VIEW <视图名>;
```

【例 5-72】 删除前面建立的视图 CS_S1。

```
DROP VIEW CS_S1;
```

说明：

① 视图是由基本表导出的，若基本表的结构改变了，视图与基本表的映射关系被破坏，视图就不能正常工作，最好的办法就是删除这些视图后，重新建立。

② 执行视图删除操作后，视图的定义将从数据字典中删除，但由该视图导出的其他视图定义仍然保留在数据字典中，不过这些视图已经失效，用户使用时会出错，应该用 DROP VIEW 语句将它们一一删除。

5.5.2 视图操作

对视图的操作包括视图查询和视图更新。

1. 视图查询

视图定义后,用户就可以像对基本表进行查询一样对视图进行查询。

DBMS 执行对视图的查询时,首先进行有效性检查,检查查询涉及的表、视图等是否在数据库中存在,如果存在,则从数据字典中取出查询涉及的视图的定义,把定义中的子查询和用户对视图的查询结合起来,转换成对基本表的查询,然后再执行这个经过修正的查询。将对视图的查询转换为对基本表的查询的过程称为视图消解(view resolution)。

【例 5-73】 在计算机系学生的视图中找出年龄小于 20 岁的学生。

```
SELECT Sno,Sage
FROM CS_Student
WHERE Sage < 20;
```

对基本表的查询(即视图消解后的查询)为:

```
SELECT Sno,Sage
FROM Student
WHERE Sdept = 'CS'  AND  Sage < 20;
```

【例 5-74】 在例 5-71 定义的 S_G 视图中查询平均成绩在 85 分以上的学生学号和平均成绩。

```
SELECT *
FROM S_G
WHERE Gavg > = 85;
```

视图消解后的查询为:

```
SELECT Sno,AVG(Grade)
FROM  SC
GROUP BY Sno
HAVING AVG(Grade)> = 85;
```

说明:有些情况下,视图消解法不能生成正确查询。采用视图消解法的 DBMS 会限制这类查询。多数关系数据库系统对行列子集视图的查询均能正确进行转换。但对非行列子集的查询就不一定能做转换了。

2. 视图更新

更新视图是指通过视图来插入(INSERT)、删除(DELETE)和修改(UPDATE)数据。由于视图不是实际存储数据的虚表,因此对视图的更新,最终要转换为对基本表的更新。

为防止用户通过视图对数据进行增删改,无意或故意操作不属于视图范围内的基本表数据,可在定义视图时加上 WITH CHECK OPTION 子句,这样在视图上增删改数据时,DBMS 会进一步检查视图定义中的条件,若不满足条件,则拒绝执行该操作。

【例 5-75】　将计算机系学生视图 CS_Student 中学号为 20101064 的学生姓名改为"刘振"。

```
UPDATE CS_Student
SET Sname = '刘振'
WHERE Sno = '20101064';
```

转换为对基本表的更新：

```
UPDATE Student
SET Sname = '刘振'
WHERE Sno = '20101064' AND Sdept = 'CS';
```

【例 5-76】　向计算机系学生视图 CS_Student 中插入一个新的学生记录,其中学号为 20101053,姓名为江昊,年龄为 20 岁。

```
INSERT
INTO CS_Student
VALUES('20101053', '江昊',20);
```

转换为对基本表的更新：

```
INSERT
INTO Student(Sno,Sname,Sage)
VALUES('20101053', '江昊',20 );
```

【例 5-77】　删除计算机系学生视图 CS_Student 中学号为 20101053 的记录。

```
DELETE
FROM CS_Student
WHERE Sno = '20101053';
```

转换为对基本表的更新：

```
DELETE
FROM Student
WHERE Sno = '20101053' AND Sdept = 'CS';
```

在关系数据库中,并不是所有的视图都是可更新的,因为有些视图的更新不能唯一地有意义地转换成对相应基本表的更新。一般来说,DBMS 都允许对行列子集视图(从单个基本表只使用选择、投影操作导出的,并且包含了基本表的主键的视图)进行更新,对其他类型视图的更新不同系统有不同的限制,例如 DB2 规定(在 SQL Server 中也有类似的规定)：

(1) 若视图是由两个以上基本表导出的,则此视图不允许更新。

(2) 若视图的字段来自字段表达式或常数,则不允许对此视图执行 INSERT 和 UPDATE 操作,但允许执行 DELETE 操作。

(3) 若视图的字段来自聚集函数,则此视图不允许更新。

(4) 若视图定义中含有 GROUP BY 子句,则此视图不允许更新。

(5) 若视图定义中含有 DISTINCT 短语,则此视图不允许更新。

(6) 若视图定义中有嵌套查询,并且内层查询的 FROM 子句中涉及的表也是导出该视图的基本表,则此视图不允许更新。例如：将成绩在平均成绩之上的元组定义成一个视图

GOOD_SC：

```
CREATE VIEW GOOD_SC AS
SELECT Sno, Cno, Grade
FROM SC WHERE Grade > (SELECT AVG(Grade) FROM SC);
```

导出视图 GOOD_SC 的基本表是 SC,内层查询中涉及的表也是 SC,所以视图 GOOD_SC 是不允许更新的。

(7) 一个不允许更新的视图上定义的视图也不允许更新。

5.5.3　视图的优点

视图最终是定义在基本表之上的,对视图的一切操作最终也要转换为对基本表的操作。而且对于非行列子集视图进行查询或更新时还有可能出现问题。既然如此,为什么还要定义视图呢? 这是因为合理使用视图能够带来许多好处。

视图是用户一级的数据观点,对应于数据库模式的外模式。由于有了视图,使数据库系统具有下列优点:

1. 视图能够简化用户的操作

视图机制可以使用户将注意力集中在他所关心的数据上。如果这些数据不是直接来自基本表,则可以通过定义视图,使用户眼中的数据库结构简单、清晰,并且可以简化用户的数据查询操作。例如,那些定义了若干张表连接的视图,就将表与表之间的连接操作对用户隐蔽起来了。换句话说,也就是用户所做的只是对一个虚表的简单查询,而这个虚表是怎样得来的,用户无需了解。

2. 视图使用户能以多种角度看待同一数据

视图机制能使不同的用户以不同的方式看待同一数据,当许多不同种类的用户使用同一个数据库时,这种灵活性是非常重要的。

3. 视图对重构数据库提供了一定程度的逻辑独立性

第 1 章中已经介绍过数据的物理独立性与逻辑独立性的概念。数据的物理独立性是指用户和用户程序不依赖于数据库的物理结构。数据的逻辑独立性是指当数据库重构造时,如增加新的关系或对原有关系增加新的属性等,用户和用户程序不会受影响。层次数据库和网状数据库一般能较好地支持数据的物理独立性,而对于逻辑独立性则不能完全地支持。

在关系数据库中,数据库的重构造往往是不可避免的。重构数据库最常见的是将一个表"垂直"地分成多个表。例如:将学生关系 Student(Sno,Sname,Ssex,Sage,Sdept)分为 SX(Sno,Sname,Sage) 和 SY(Sno,Ssex,Sdept)两个关系。这时原表 Student 为 SX 表和 SY 表自然连接的结果。如果建立一个视图 Student:

```
CREATE VIEW Student(Sno, Sname, Ssex, Sage, Sdept) AS
SELECT SX.Sno, SX.Sname, SY.Ssex, SX.Sage, SY.Sdept
FROM SX, SY
WHERE SX.Sno = SY.Sno;
```

这样尽管数据库的逻辑结构改变了,但应用程序不必修改,因为新建立的视图定义了用户原来的关系,使用户的外模式保持不变,用户的应用程序通过视图仍然能够查找数据。当然,视图只能在一定程度上提供数据的逻辑独立性,比如由于对视图的更新是有条件的,因此应用程序中修改数据的语句可能仍会因基本表结构的改变而改变。

4. 视图能够对机密数据提供安全保护

有了视图机制,就可以在设计数据库应用系统时,对不同的用户定义不同的视图,使机密数据不出现在不应看到这些数据的用户视图上,这样就由视图的机制自动提供了对机密数据的安全保护功能。例如:Student 表涉及 3 个系的学生数据,可以在其上定义 3 个视图,每个视图只包含一个系的学生数据,并只允许每个系的学生查询自己所在系的学生视图。

5.6　数据控制

SQL 语言的数据控制功能包括事务管理和数据保护功能,能够在一定程度上保证数据库中数据的完全性、完整性,并提供了一定的并发控制及恢复能力。这里主要介绍的是 SQL 的安全性控制功能。

DBMS 实现数据安全性保护的过程如下:

(1) 把授权决定告知系统,这由 SQL 的 GRANT 和 REVOKE 语句完成。

(2) 把授权的结果存入数据字典。

(3) 当用户提出操作请求时,根据授权定义进行检查,以决定是否执行操作请求。

5.6.1　授予权限

SQL 用 GRANT 语句向用户授予权限,其一般格式为:

```
GRANT <权限>[,<权限>] …
    [ON <对象类型> <对象名>]
    TO <用户>[,<用户>] …
    [WITH GRANT OPTION];
```

对于不同的操作对象有不同的操作权限,常见的操作权限如表 5-6 所示。

表 5-6　常见的操作权限

对　象	对象类型	操作权限
属性列	TABLE	SELECT,INSERT,UPDATE,DELETE,ALL PRIVILIGES
视图	TABLE	SELECT,INSERT,UPDATE,DELETE,ALL PRIVILIGES
基本表	TABLE	SELECT, INSERT, UPDATE, DELETE, ALTER, INDEX, ALL PRIVILIGES
数据库	DATABASE	CREATE TABLE

建立表(CREATE TABLE)是属于 DBA 的权限,也可以由 DBA 授予一般用户。拥有这个权限的用户可以建立基本表,并成为该表的宿主。基本表的宿主拥有对该表的一切操

作权限。

接受权限的用户可以是一个或多个具体用户，或者是全体用户（PUBLIC）。在赋予权限给用户前，必须创建对应的用户。根据数据库管理系统提供的工具或使用相应的 SQL 语句来增加用户。在 MS SQL SERVER 中，还必须先增加对应的登录名，之后才能增加数据库用户，即增加了对数据库管理系统的登录后才可增加用户，具体命令可查阅帮助手册。

如果指定了 WITH GRANT OPTION 子句，则获得某种权限的用户还可以把这种权限再授予别的用户。否则，获得某种权限的用户只能使用该权限，不能传播该权限。

【例 5-78】　把查询 Student 表权限授给用户 User1，User2。

```
GRANT    SELECT
   ON    Student
   TO    User1,User2;
```

【例 5-79】　把对 Student 表和 Course 表的全部权限授予全体用户。

```
GRANT ALL PRIVILIGES
ON Student, Course
TO PUBLIC;
```

说明：如果在 SQL SERVER 中写此语句，还需要在单个表上来执行，即分成两个语句来执行。

【例 5-80】　把查询 Student 表和修改学生学号的权限授给用户 User3。

```
GRANT UPDATE(Sno), SELECT
ON Student
TO User3;
```

【例 5-81】　把对表 SC 的 INSERT 权限授予 User4 用户，并允许他再将此权限授予其他用户。

```
GRANT INSERT
ON SC
TO User4
WITH GRANT OPTION;
```

【例 5-82】　把在数据库 S_C 中建立表的权限授予用户 User5。

```
GRANT CREATE TABLE
ON DATABASE S_C
TO User5;
```

5.6.2　收回权限

SQL 中可以用 REVOKE 语句收回权限。REVOKE 语句的一般格式为：

```
REVOKE <权限>[,<权限>]…
[ON <对象类型> <对象名>]
FROM <用户>[,<用户>]…;
```

【例 5-83】　把用户 User3 修改学生学号的权限收回。

```
REVOKE UPDATE(Sno)
ON Student
FROM User3;
```

【例 5-84】 收回所有用户对 Student 表的查询权限。

```
REVOKE SELECT
ON Student
FROM PUBLIC;
```

【例 5-85】 把用户 User4 对 SC 表的 INSERT 权限收回。

```
REVOKE INSERT
ON TABLE SC
FROM User4;
```

说明：系统收回 User4 的插入权限后,其他用户直接或间接从 User4 处获得的对 SC 表的插入权限也将被系统收回。

5.7　嵌入式 SQL

SQL 语言是面向集合的描述性语言,具有功能强、效率高、使用灵活、易于掌握等特点。但 SQL 语言是非过程性语言,本身没有过程性结构,大多数语句都是独立执行,与上下文无关,而绝大多数完整的应用都是过程性的,需要根据不同的条件来执行不同的任务,因此,单纯用 SQL 语言很难实现这样的应用。

为了解决这一问题,SQL 语言提供了两种不同的使用方式:一种是在终端交互式方式下使用,前面介绍的就是作为独立语言由用户在交互环境下使用的 SQL 语言,称为交互式 SQL(interactive SQL,ISQL)。另一种是嵌入在用高级语言(C,C++,PASCAL 等)编写的程序中使用,称为嵌入式 SQL(embedded SQL,ESQL),而接受 SQL 嵌入的高级语言则称为宿主语言。

把 SQL 嵌入到宿主语言中使用必须要解决以下 3 个方面的问题:

(1) 嵌入识别问题。宿主语言的编译程序不能识别 SQL 语句,所以首要的问题就是要解决如何区分宿主语言的语句和 SQL 语句;

(2) 宿主语言与 SQL 语言的数据交互问题。SQL 语句的查询结果必须能够交给宿主语言处理,宿主语言的数据也要能够交给 SQL 语句使用;

(3) 宿主语言的单记录与 SQL 的多记录的问题。宿主语言一般一次处理一条记录,而 SQL 常常处理的是记录(元组)的集合,这个矛盾必须解决。

5.7.1　嵌入式 SQL 的说明部分

对于宿主语言中的嵌入式 SQL,DBMS 通常采用两种方法处理。一种是预编译方法,另一种是修改和扩充宿主语言使之能够处理 SQL。

目前主要采用第一种方法,其过程为:

(1) 由 DBMS 的预处理程序对源程序进行扫描,识别出 SQL 语句。

（2）将这些 SQL 语句转换为宿主语言调用语句。

（3）由宿主语言的编译程序将整个源程序编译成目标程序。

下面以 C 语言为宿主语言为例来说明如何嵌入 SQL 语句，其他语言类似，有兴趣的读者不妨自己去查阅相关资料作进一步了解。

为了区别 C 语句和 SQL 语句，SQL 语句开始加 EXEC SQL，结尾加分号‘；’。C 和 SQL 之间通过宿主变量（host variable）进行数据传送。宿主变量是 SQL 中可引用的 C 语言变量。宿主变量须用 EXEC SQL 开头的说明语句说明。在 SQL 语句中引用宿主变量时，为了有别于数据库本身的变量，例如列名，在宿主变量前须加冒号‘：’。因此，即使宿主变量与数据库中的变量同名也是允许的。在宿主语言语句中，宿主变量可与其他变量一样使用，不需加冒号。宿主变量按宿主语言的数据类型及格式定义，若与数据库中的数据类型不一致，则由数据库系统按实现时的约定进行必要的转换。在实现嵌入式 SQL 时，往往对宿主变量的数据类型加以适当的限制，例如对于 C 语言，不允许用户定义宿主变量为数组或结构。在宿主变量中，有一个系统定义的特殊变量，叫 SQLCA（是 SQL communication area 的缩写，指 SQL 通信区）。它是全局变量，供应用程序与 DBMS 通信之用。由于 SQLCA 已由系统定义，只需在嵌入式可执行 SQL 语句开始前加 INCLUDE 语句就行了，而不必由用户说明。其格式为：

```
EXEC SQL INCLUDE SQLCA
```

其中，SQLCA 中有一个分量叫 SQLCODE，可表示为 SQLCA.SQLCODE。它是一个整数，供 DBMS 向应用程序报告 SQL 语句执行情况之用。每执行一条 SQL 语句后，系统都要返回一个 SQLCODE 代码，其具体含义随系统而异；一般规定 SQLCODE 为零表示 SQL 语句执行成功，无异常情况；SQLCODE 为正数表示 SQL 语句已执行，但有异常情况，例如 SQLCODE 为 100 时，表示无数据可取，可能是数据库中无满足条件的数据，也可能是查询的数据已被取完；SQLCODE 为负数表示 SQL 语句因某些错误而未执行，负数的值表示错误的类别。

宿主变量不能直接接受空缺符 NULL。凡遇此情况，可在宿主变量后紧跟一指示变量（indicator）。指示变量也是宿主变量，一般是一个短整数，用来指示前面的宿主变量是否为 NULL。如果指示变量为负，表示前面的宿主变量为 NULL，否则，不为 NULL。

所有 SQL 语句中用到的宿主变量，除系统定义者外，都必须说明，主要语句有：

```
EXEC SQL BEGIN DECLARE SECTION;
（中间是主变量的说明）
EXEC SQL END DECLARE SECTION;
```

【例 5-86】 一个说明语句的例子。

```
EXEC SQL BEGIN DECLARE SECTION;
char Sno[7];
char GIVENSno[7];
char Cno[6];
char GIVENCno[6];
float Grade;
short GradeI;
```

```
EXEC SQL END DECLARE SECTION;
```

在上面的说明中,Sno、Cno、Grade 是作为宿主变量说明的,虽与表 SC 的列同名也无妨。GradeI 是 Grade 的指示变量,它只有与 Grade 连用才有意义,必须注意。上述的宿主变量是按 C 语言的数据类型和格式说明的,与 SQL 有些区别。

5.7.2　嵌入式 SQL 的可执行语句

嵌入式 SQL 的说明部分不对数据库产生任何作用。下面介绍作用于数据库的嵌入式 SQL 语句,即可执行语句。这包括嵌入的 DDL、QL、DML 及 DCL 语句。这些语句的格式与对应的 ISQL 语句基本一致,只不过因嵌入的需要增加了少许语法成分。此外,可执行语句还包括进入数据库系统的 CONNECT 语句以及控制事务结束的语句。下面举例说明可执行语句的格式。CONNECT 语句的格式为:

```
EXEC SQL CONNECT :uid IDENTIFIEND BY :pwd;
```

其中,uid 与 pwd 为两个宿主变量,前者表示用户标识符,后者表示该用户的口令。这两个宿主变量应在执行 CONNECT 语句前由宿主语言程序赋值,执行本语句成功后才能执行事务中的其他可执行语句。执行成功与否可由 SQLCODE 判别。

嵌入式 SQL 的 DDL 和 DML 语句除了前面加 EXEC SQL 外,与 ISQL 基本相同。下面举一个插入语句的例子,其他可以类推。

【例 5-87】　一个插入语句的例子。

```
EXEC SQL INSERT INTO SC(Sno,Cno,Grade)
VALUES(: Sno,: Cno,: Grade);
```

说明:插入的元组由 3 个宿主变量构成。宿主变量由宿主语言程序赋值。

查询语句是用得最多的嵌入式 SQL 语句。如果查询的结果只有一个元组,则可将查询结果用 INTO 子句对有关的宿主变量直接赋值。

【例 5-88】　一个赋值的例子。

```
EXEC SQL SELECT Grade
INTO: Grade,: GradeI
FROM SC
WHERE Sno = : GIVEN Sno AND Cno = : GIVEN Cno;
```

由于{Sno,Cno}是 SC 的主键,本句的查询结果不超过一个元组(单属性),可以直接对宿主变量赋值。如果不是用主键查询,则查询结果可能有多个元组;若仍直接对宿主变量赋值,则系统可能会报错。因为 Grade 属性允许为 NULL,故在宿主变量 Grade 后加了指示变量 GradeI。

如果查询结果超过一个元组,那就不可能一次性地给宿主变量赋值,需要在程序中开辟一个缓存区域,存放查询的结果,然后逐个地取出每个元组给宿主变量赋值。为了逐个地取出该区域中的元组,需要一个指示器,指示已取元组的位置,每取一个元组,指示器向前推进一个位置,好似一个游标。

在嵌入式 SQL 术语中,存放查询结果的区域及其相应的数据结构称为游标(cursor),

但有时也称指示器为游标。游标究竟代表何义,不难从上下文加以判别。使用游标需要下面 4 条语句。

1. 说明游标语句

说明游标语句(The DECLARE CURSOR statement)定义一个命名的游标,并将它与相应的查询语句相联系。其语句格式为:

```
EXEC SQL DECLARE <游标名> CURSOR FOR
SELECT…
FROM…
WHERE… ;
```

这是一条说明语句。

2. 打开游标语句

打开游标语句(The OPEN CURSOR statement)的格式为:

```
EXEC SQL OPEN <游标名>;
```

在打开游标时,执行与游标相联系的 SQL 查询语句,并将查询结果置于游标中。此时游标被置成打开状态,游标位于第一个元组的前一位置。查询的结果与 WHERE 子句中宿主变量的值有关。游标中的查询结果对应于打开游标时的宿主变量的当前值。打开游标后,即使宿主变量改变,游标中的查询结果也不随之改变,除非游标关闭后重新打开。

3. 取数语句

取数语句(The FETCH statement)的格式为:

```
EXEC SQL FECTH <游标名> INTO : hostvarl, : hostvar2,… ;
```

在每次执行取数语句时,首先把游标向前推进一个位置,然后按照游标的当前位置取一元组,对宿主变量 hostvarl,hostvar2,…赋值。与单元组的查询不一样,INTO 子句不是放在查询语句中,而是放在取数语句中。要恢复游标的初始位置,必须关闭游标后重新打开。

在新的 SQL 版本中,有游标后退及跳跃功能,游标可以定位到任意位置。如果游标中的数已经取完,若再执行取数语句,SQLCODE 将返回代码 100。

4. 关闭游标语句

在取完数或发生取数错误或其他原因而不再使用游标时,应关闭游标。关闭游标语句(The CLOSE CURSOR statement)的格式为:

```
EXEC SQL CLOSE <游标名>;
```

游标关闭后,如果再对它取数,将返回出错信息,说明要从中取数的游标无效。下面是一个使用游标的例子。

【例 5-89】　使用游标的例子。

```
EXEC SQL DECLARE C1 CURSOR FOR
    SELECT Sno,Grade
    FROM SC
    WHERE Cno = :GIVENCno;
EXEC SQL OPEN C1;
While(TRUE)
{
EXEC SQL FETCH C1 INTO :Sno,:Grade,:GradeI;
If ( SQLCA.SQLCODE == 100 ) break;
If ( SQLCA.SQLCODE < 0 ) break;
/ * 以下处理从游标所取的数据,从略 * /
…
}
EXEC SQL CLOSE C1;
```

5.7.3　动态 SQL 简介

在前面所介绍的嵌入式 SQL 中,SQL 语句须在编写应用程序时明确指明,这在有些场合不够方便。例如,在一个分析、统计学生情况的应用程序中,须嵌入查询有关学生记录的 SQL 语句。这种语句常常不能事先确定,而需由用户根据分析、统计的要求在程序运行时指定。因此,在嵌入式 SQL 中,提供动态构造 SQL 语句的功能,是有实际需要的。

一般而言,在预编译时如果出现下列信息不能确定的情况,就应该考虑使用动态 SQL 技术:

(1) SQL 语句正文难以确定。

(2) 主变量个数难以确定。

(3) 主变量数据类型难以确定。

(4) SQL 引用的数据库对象(如属性列、索引、基本表和视图等)难以确定。

目前,SQL 标准和大部分关系 DBMS 中都增加了动态 SQL 功能,并分为直接执行、带动态参数和查询类 3 种类型。

(1) 直接执行的动态 SQL。

直接执行的动态 SQL 只用于非查询 SQL 语句的执行。应用程序定义一个字符串宿主变量,用以存放要执行的 SQL 语句。

SQL 语句的固定部分由程序直接赋值给字符串宿主变量;SQL 语句的可变部分由程序提示用户,在程序执行时由用户输入。然后,用 EXEC SQL EXEC UTE IMMEDIATE 语句执行字符串宿主变量中的 SQL 语句。由于这种 SQL 语句是非查询语句,无须向程序返回查询结果。

(2) 带动态参数的动态 SQL。

带动态参数的动态 SQL 也用于执行非查询 SQL 语句。在这类 SQL 语句中,含有未定义的变量,这些变量仅起占位器(place holder)的作用。在执行前,程序提示用户输入相应的参数,以取代这些占位用的变量。

对于非查询的动态 SQL 语句使用直接执行、带自动参数的操作。

（3）查询类动态 SQL。

查询类动态 SQL 须返回查询结果。不论查询结果是单元组还是多元组，往往不能在编写应用程序时确定，所以动态 SQL 一律以游标取数。

小结

本章系统而详尽地讲解了 SQL。SQL 是关系数据库语言的工业标准。各个数据库厂商支持的 SQL 语言在遵循标准的基础上常常做了不同的扩充或修改。本章介绍的是标准 SQL，但其中的例子是在 SQL Server 环境下调试运行的，不过，本章的绝大部分例子应能在不同的系统，如：Oracle、SyBase、DB2、Informix 等系统上运行，也许有的例子在某些系统上需要稍作修改后才能运行。

SQL 语言可以分为：数据定义、数据查询、数据更新、数据控制 4 大部分，有时人们把数据更新称为数据操纵，或把数据查询与数据更新合称为数据操纵。

视图是关系数据库系统中的重要概念，这是因为合理使用视图具有许多优点。而 SQL 语言的数据查询功能是最丰富，也是最复杂的，要加强学习和训练。

SQL 不仅可以独立使用，还可以嵌入到其他高级语言（如 C 语言）中，由于数据库语言是非过程化语言，而高级语言为过程化语言，因此在嵌入式使用方式时，就需要协调宿主语言的单记录操作和数据库的集合操作、解决两种语言之间的数据通讯问题。

本章内容是整个数据库课程学习中最重要的章节，掌握和学好 SQL 可以说是学好和用好关系数据库的基础。

综合练习五

一、填空题

1. 结构化查询语言 SQL 是一种介乎于_____和_____之间的语言。

2. SQL 是一种一体化的语言，它包括了_____、数据查询、_____和数据控制等方面的功能。

3. 非关系数据模型采用的是面向_____的操作方式，任何一个操作其对象都是一条记录。而 SQL 则是面向_____的。

4. 表在数据库中占有的_____可以是永久性的，可以是暂时性的。

5. 在 SQL 语言中是用_____语句来在数据库中创建表的。

6. 有时候需要根据实际需要对数据表的结构进行修改，这时就要用到 SQL 的_____语句。

7. _____子句可以将查询结果表的各行按一列或多列值分组，值相等的为一组。

二、选择题

1. SQL 语言中，外模式对应于（　　　）。

    A. 视图和部分基本表　　　　　　　　B. 基本表

    C. 存储文件　　　　　　　　　　　　D. 物理磁盘

2. SQL 语言中,模式对应于(　　)。

 A. 视图和部分基本表   B. 基本表

 C. 存储文件   D. 物理磁盘

3. SQL 语言中,内模式对应于(　　)。

 A. 视图和部分基本表   B. 基本表

 C. 存储文件   D. 物理磁盘

4. 视图消解的概念是(　　)。

 A. 将对视图的查询转换为逻辑查询的过程

 B. 将对视图的查询转换为对具体数据记录查询的过程

 C. 将对视图的查询转换为对数据文件的查询的过程

 D. 将对视图的查询转换为基本表的查询的过程

5. 为防止用户通过视图对数据进行增、删、改时,无意或故意操作不属于视图范围内的基本表数据,可在定义视图时加上下列(　　)句子。

 A. WITH CHECK OPTION 子句

 B. WITH CHECK DISTINCT 子句

 C. WITH CHECK ON 子句

 D. WITH CHECK STRICT 子句

6. SQL 语言是集以下(　　)功能于一体。

 A. 数据查询(data query)   B. 数据操纵(data manipulation)

 C. 数据定义(data definition) D. 数据控制(data control)

 E. 数据过滤(data filter)

7. 用户可以用 SQL 语言对下列(　　)对象进行查询。

 A. 视图   B. 基本表

 C. 存储文件   D. 存储文件的逻辑结构

 E. 存储文件的物理结构

8. 下列(　　)选项是删除基本表定义的结果。

 A. 表中的数据将自动被删除掉

 B. 在此表上建立的索引将自动被删除掉

 C. 建立在此表上的视图依旧保留

 D. 建立在此表上的视图已经无法引用

 E. 建立在此表上的视图也自动被删除掉

9. 在创建视图的语句中,子查询可以是任意复杂的 SELECT 语句,但不允许含有(　　)。

 A. WITH 子句   B. WHERE 子句

 C. ORDER BY 子句   D. NOT NULL 子句

 E. DISTINCT 子句

10. 在(　　)情况下必须明确指定组成视图的所有列名。

 A. 其中某个目标列不是单纯的属性名,而是集函数或列表达式

 B. 简单查询时使用了 DISTINCT 短语

 C. 多表达式时选出了几个同名列作为视图的字段

　　D. 多表达式时使用了 DISTINCT 短语

　　E. 需要在视图中为某个列启用新的更合适的名字

三、问答题

1. 简述 SQL 的核心部分。

2. 为何说 SQL 是高度非过程化的语言？

3. SQL 是如何支持关系数据库的 3 级模式结构的？

4. 什么是表？

5. 什么是嵌入式数据库？

6. 什么是动态 SQL？

7. SQL Server 有哪些特殊用户？

8. 简述 SQL Server 的存储过程。

四、实践题

1. 利用第 2 章实践题的结果，为其定义表或视图。

2. 重新定义一个学生和课程的关系模式，写出以下 SQL 语句。

(1) 查询每门课程选课的学生人数，最高成绩，最低成绩和平均成绩；

(2) 查询所有课程的成绩都在 80 分以上的学生的姓名、学号、且按学号升序排列；

(3) 查询缺成绩的学生的姓名，缺成绩的课程号及其学分数。

第6章 关系数据库规范化理论

数据库理论与设计中有一个很重要的问题,就是在一个数据库中如何构造合适的关系模式,这样可以减少数据冗余以及由此带来的各种操作异常现象,它涉及一系列的理论与技术,从而形成了关系数据库设计理论。由于合适的关系模式要符合一定的规范化要求,所以又可称为关系数据库的规范化理论。

6.1 问题的提出、分析与解决

如果数据模式设计不当,就会产生数据冗余;而由于数据冗余,就有可能产生数据库操作异常;数据库规范化理论就是为了解决上述问题而提出来的。

6.1.1 问题的提出

【例 6-1】 设有一个关系模式 R(U),其中 U 为由属性 S#,C#,Tn,Td 和 G 组成的属性集合,其中 S# 和 C# 分别为学号和课程号,而 Tn 为任课教师姓名,Td 为任课教师所在系别,G 为课程成绩。关系具有如下语义:

一个学生只有一个学号,一门课程只有一个课程号;

每一位学生选修的每一门课程都有一个成绩;

每一门课程只有一位教师任课,但一个教师可以担任多门课程;

教师没有重名,每一位教师只属于一个系。

通过分析关系模式 R(U),我们可以发现这个关系模式存在下面两类问题。

(1) 数据大量冗余。这表现在:

- 每一门课程的任课教师姓名必须对选修该门课程的学生重复一次;
- 每一门课程的任课教师所在的系名必须对选修该门课程的学生重复一次。

(2) 更新出现异常。这表现在:

- 修改异常。修改一门课程的任课教师,或者一门课程由另一个老师开设,就需要修改多个元组。如果部分修改,部分不修改,就会出现数据间的不一致问题。
- 插入异常。由于主键中元素的属性值不能取空值,如果某系的一位教师不开课,则这位教师的姓名和所属的系名就不能插入;如果一位教师所开的课程无人选修或者一门课程列入计划但目前不开,也无法插入。
- 删除异常。如果所有学生都退选一门课,则有关这门课的其他数据(Tn 和 Td)也将删除；同样，如果一位教师因故暂时停开，则这位教师的其他信息（Td，C#）也将被删除。

6.1.2　问题的分析

这两类现象的根本原因在于关系的结构。

一个关系可以有一个或者多个候选键，其中一个可以选为主键。主键的值唯一确定其他属性的值，它是各个元组型和区别的标识，也是一个元组存在的标识。这些候选键的值不能重复出现，也不能全部或者部分设为空值。本来这些候选键都可以作为独立的关系存在，在实际上却是不得不依附其他关系而存在。这就是关系结构带来的限制，它不能正确反映现实世界的真实情况。如果在构造关系模式的时候，不从语义上研究和考虑属性间的这种关联，简单地将有关系和无关系的、关系密切的和关系松散的、具有此种关联的和有彼种关联的属性随意编排在一起，就必然发生某种冲突，引起某些"排他"现象出现，即冗余度高，更新产生异常。解决问题的根本方法就是将关系模式进行分解，也就是进行所谓的关系规范化。

6.1.3　问题的解决方案

由上面的讨论可以知道，在关系数据库的设计当中，不是随便一种关系模式的设计方案都是可行的，更不是任何一种关系模式都是可以投入应用的。由于数据库中的每一个关系模式的属性之间需要满足某种内在的必然联系，因此，设计一个好的数据库的根本方法是先要分析和掌握属性间的语义关联，然后再依据这些关联得到相应的设计方案。

就目前而言，人们认识到属性之间一般有两种依赖关系，一种是函数依赖关系，一种是多值依赖关系。函数依赖关系与更新异常密切相关，多值依赖与数据冗余密切联系。基于对这两种依赖关系不同层面上的具体要求，人们又将属性之间的联系分为若干等级，这就是所谓的关系的规范化（normalization）。由此看来，解决问题的基本方案就是分析研究属性之间的联系，按照每个关系中属性间满足某种内在语义条件，也就是按照属性间联系所处的等级规范来构造关系。由此产生的一整套有关理论称之为关系数据库的规范化理论。规范化理论是关系数据库设计中的最重要部分。

6.2　规范化

为了使数据库设计的方法走向完备，人们研究了规范化理论，指导我们设计规范的数据库模式。规范化理论是用来改造关系模式，通过分解关系模式来消除其中不合适的数据依赖，以解决插入异常、删除异常、更新异常和数据冗余问题。按属性间依赖情况来区分，关系规范化的程度为第一范式、第二范式、第三范式和第四范式等。

6.2.1　函数依赖

函数依赖普遍地存在于现实生活中，比如描述一个学生的关系，可以有学号（Sno），姓名(Sname),所在系(Sdept)等几个属性。由于一个学号只对应一个学生,一个学生只在一个系。因此当"学号"值确定之后,学生的姓名及所在系的值也就唯一地确定了。属性的这种依赖关系类似于数学中的函数 y=f(x),自变量 x 确定之后,相应的函数值 y 也就唯一的确定了。类似的有 Sname=f(Sno),Sdept=f(Sdept),即 Sno 函数决定 Sname,Sno 函数决定 Sdept,或者说 Sname 和 Sdept 函数依赖于 Sno。

1. 函数依赖的定义

设 R(U)是属性集 U 上的关系模式,X、Y 是 U 的一个子集。对于 R(U)中的任意给定的一个关系 r,若对于 r 中任意两个元组 s 和 t,当 s[X]=t[X]时,就有 s[Y]=t[Y],则称属性子集 X 函数决定属性子集 Y 或者称 **Y 函数依赖于 X**,记作 X→Y。

对于函数依赖,需要说明以下几点:

(1) 需要提出的是函数依赖不是指关系模式 R 上的某个或某些关系实例要满足的约束条件,而是指 R 的全部关系实例均要满足的约束条件。

(2) 如果 X→Y,则 X 称为这个函数依赖的决定属性组,也称 X 为决定因素(determinant)。

(3) 如果 X→Y,且 Y→X,则记为 X←→Y。

(4) 如果 Y 不函数依赖于 X,则记为 X ↛ Y。

2. 函数依赖的 3 种基本情形

函数依赖可以分为以下 3 种基本情形。

1) 平凡函数依赖与非平凡函数依赖

如果 X→Y,但 Y 不是 X 的子集,则称 X→Y 是非平凡函数依赖,否则称为平凡函数依赖。在一关系模式,平凡函数依赖都是必然成立的,因此若不特别声明,我们总是讨论非平凡函数依赖。

在关系 SC(Sno,Cno,Grade)中,(Sno,Cno) → Grade 是非平凡的函数依赖;(Sno,Cno) → Sno 是平凡的函数依赖。

2) 部分函数依赖与完全函数依赖

如果 X→Y,但对于 X 中的任意一个真子集 X′,都有 Y 不依赖于 X′,则称 **Y 完全依赖于 X**,否则称为 Y 不完全依赖于 X。当 Y 完全依赖于 X 时,记为 $X \xrightarrow{F} Y$。如果 X→Y,但 Y 不完全函数依赖于 X,则称 Y 对 X 部分函数依赖,记为 $X \xrightarrow{P} Y$。

在例 6-1 中,$(S\#,C\#) \xrightarrow{F} G$ 是完全函数依赖,$(S\#,C\#) \xrightarrow{P} Tn$ 是部分函数依赖,因为 S#→Tn 成立,而 S# 是(S#,C#)的真子集。

3) 传递函数依赖与直接函数依赖

在 R(U)中,如果 X→Y,(Y⊈X),Y ↛ X,Y→Z,则称 **Z 对 X 传递函数依赖**。加上条件 Y→X,是因为如果 Y→X,则 X←→Y,实际上是 $X \xrightarrow{直接} Z$,即直接函数依赖而不是传递函数依赖。

在例 6-1 中,C#→Tn,Tn→Td 成立,所以 C#→Td,即 Td 传递函数依赖于 C#。

在定义传递函数依赖时加上条件 Y→X,是因为如果 Y→X,则 X ←——→Y,实际上是
X $\xrightarrow{\text{直接}}$ Z,即直接函数依赖而不是传递函数依赖。

6.2.2　范式

范式(normal form)是符合某一种级别的关系模式的集合。关系数据库中的关系是要满足一定要求的,满足不同程度要求的为不同范式。满足最低要求的叫第一范式,简称 1NF。在第一范式中进一步满足一些要求的为第二范式,简称 2NF。其余依此类推。

范式可以分为以下几种类型:

第一范式(1NF)。

第二范式(2NF)。

第三范式(3NF)。

BC 范式(BCNF)。

第四范式(4NF)。

第五范式(5NF)。

关系模式 R 为第 i 范式通常简记为 R∈iNF,如关系模式 R 为第三范式,则写成 R∈3NF。对于各种范式,有:5NF⊂4NF⊂BCNF⊂3NF⊂2NF⊂1NF 成立。

把一个低一级范式的关系模式,通过模式分解可以转换为若干个高一级范式的关系模式的集合,这种过程就叫规范化。

6.2.3　第一范式(1NF)

1. 定义

如果一个关系模式 R 的所有属性都是不可分的基本数据项,则 R∈1NF。

一般而言,每一个关系模式都必须满足第一范式,这是对每一个关系最基本的要求。不满足第一范式的数据库模式不能称为关系数据库。

但是满足第一范式的关系模式并不一定是一个好的关系模式。

2. 举例

【例 6-2】　表 6-1 中由于属性工资是可以分割的,所以关系 R 不是 1NF。

表 6-1　R∉1NF

进厂年	职工号	姓名	工　资		性　别
			基　本	补　助	
95	001	李勇	500	100	男
	002	刘晨	480	80	女
96	001	王敏	650	120	女
	002	张立	820	150	男

【例6-3】 表6-2中每一个属性都是不可分的基本数据项,所以 R∈1NF。

表 6-2 R∈1NF

职 工 号	姓 名	基本工资	补助工资	性 别
95001	李勇	500	100	男
95002	刘晨	480	80	女
96001	王敏	650	120	女
96002	张立	820	150	男

6.2.4 第二范式(2NF)

1. 定义

若关系模式 R∈1NF,并且每一个非主属性都完全函数依赖于 R 的码,则 R∈2NF。当1NF 消除了非主属性对码的部分函数依赖,则成为 2NF。

2. 举例

【例6-4】 关系模式 SLC(Sno,Sdept,Sloc,Cno,Grade),其中 Sno 为学生学号,Sdept为学生所在系,Sloc 为学生的住处,并且每个系的学生住在同一个地方,Cno 为课程号,Grade 为成绩。这里候选键为(Sno,Cno)。可知函数依赖有:

$$(Sno,Cno) \xrightarrow{F} Grade$$

$$Sno \rightarrow Sdept, (Sno,Cno) \xrightarrow{P} Sdept$$

$$Sno \rightarrow Sloc, (Sno,Cno) \xrightarrow{P} Sloc$$

$$Sdept \rightarrow Sloc$$

其依赖关系如图 6-1 所示,图中实线表示完全函数依赖,虚线表示部分函数依赖。

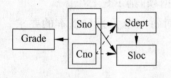

图 6-1 关系模式 SLC 的函数依赖

从上面列出的依赖关系可以看出:非主属性 Grade 完全依赖于候选键(Sno,Cno),而非主属性 Sdept、Sloc 只是部分依赖于候选键(Sno,Cno)。因此,关系模式 SLC(Sno,Sdept,Sloc,Cno,Grade)不符合 2NF 的定义,即:SLC∉2NF。

3. 非 2NF 关系模式所引起的问题

如果一个关系模式 R 不属于 2NF,就会产生以下问题:

(1)插入异常。假如要插入一个学生 Sno='111841064'、Sdept='cs'、Sloc='181-326',该元组不能插入。因为该学生无 Cno,而插入元组时必须给定候选键值。

(2)删除异常。假如某个学生只选一门课,如:11841064 学生只选了一门 6 号课,现在他不选了,希望改选其他课程。而 Cno 是主属性,删除了 6 号课,整个元组都必须删除,从而造成了删除异常,即不应该删除的信息也删除了。

(3)修改复杂。如某个学生从计算机系(cs)转到数学系(ma),这本来只需修改此学生元组中的 Sdept 分量。但由于关系模式 SLC 中还含有系的住处 Sloc 属性,学生转系将同时改变住处,因而还必须修改元组中的 Sloc 分量。另外,如果这个学生选修了 n 门课,Sdept、Sloc 重复存储了 n 次,不仅存储冗余度大,而且必须无遗漏地修改 n 个元组中全部 Sdept、Sloc 信息,造成了修改的复杂化。

4. 非 2NF 关系模式的转换

一个关系仅满足第一范式还是不够的,为了降低冗余度和减少异常性操作,它还应当满足第二范式。其基本方法是将一个不满足第二范式的关系模式进行分解,使得分解后的关系模式满足第二范式。

由上面的例子,可以发现问题在于有两种非主属性。一种如 Grade,它对候选键是完全函数依赖。另一种如 Sdept、Sloc 对候选键不是完全函数依赖。解决的办法是用投影分解把关系模式 SLC 分解为两个关系模式,如下:

SC(Sno,Cno,Grade)
SL(Sno,Sdept,Sloc)

关系模式 SC 与 SL 中属性间的函数依赖可以用图 6-2 和图 6-3 来表示。

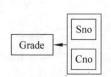

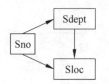

图 6-2　SC 中的函数依赖　　　　　图 6-3　SL 中的函数依赖

关系模式 SC 的候选键为(Sno,Cno),关系模式 SL 的候选键为 Sno,这样就使得非主属性对码都是完全函数依赖了。即:

$$(Sno,Cno) \xrightarrow{F} Grade$$
$$(Sno) \xrightarrow{F} Sdept$$
$$(Sno) \xrightarrow{F} Sloc$$

综上可知关系模式 SC 与 SL 都是 2NF 关系。

虽然采用投影分解法将一个 1NF 的关系分解为多个 2NF 的关系,可以在一定程度上减小原 1NF 关系中存在的插入异常、删除异常、数据冗余度大、修改复杂等问题。但是将一个 1NF 关系分解为多个 2NF 的关系,并不能完全消除关系模式中的各种异常情况和数据冗余,下面我们就开始讨论 3NF。

6.2.5　第三范式(3NF)

1. 定义

关系模式 R<U,F>中若不存在这样的键 X,属性组 Y 及非主属性 Z(Z⊈Y)使得 X→Y,(Y ↛X) Y→Z 成立,则称 R∈3NF。

由上面的定义可知:

若 R∈3NF,则 R 的每一个非主属性既不部分函数依赖于候选码也不传递函数依赖于候选码。

如果 R∈3NF，则 R 也是 2NF。当 2NF 消除了非主属性对码的传递函数依赖，则成为 3NF。

设关系模式 R<U,F>，当 R 上每一个函数依赖 X→A 满足下列 3 个条件之一时：A∈X（即 X→A 是一个平凡的函数依赖）；X 是 R 的超键；A 是主属性。关系模式 R 就是 3NF 模式。

违反 3NF 的传递依赖的 3 种情况，如图 6-4 所示。

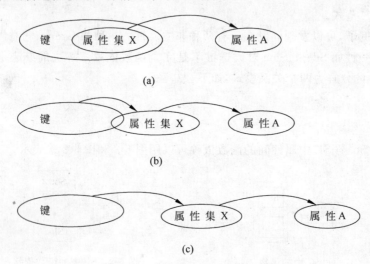

图 6-4　不满足 3NF 的传递依赖的 3 种情况

2. 举例

【**例 6-5**】 在图 6-2 中关系模式 SC 没有传递依赖，因此 SC∈3NF。

在图 6-3 中关系模式 SL 存在非主属性对候选键传递依赖，即：由 Sno→Sdept，(Sdept↛Sno)，Sdept→Sloc，可得 Sno $\xrightarrow{\text{传递}}$ Sloc。，因此 SL∉3NF。

3. 非 3NF 关系模式的问题

一个关系模式 R 若不是 3NF，同样会产生插入异常、删除异常、冗余度大等问题。

4. 非 3NF 关系模式的转换

解决的办法同样是将 SL 分解为：SD(Sno,Sdept) 和 DL(Sdept,Sloc)。

分解后的关系模式 SD 与 DL 中不再存在传递依赖，如图 6-5 和图 6-6 所示。

图 6-5　SD 中的函数依赖　　　　　　图 6-6　DL 中的函数依赖

将一个 2NF 关系分解为多个 3NF 的关系后，并不能完全消除关系模式中的各种异常情况和数据冗余。下面我们将讨论 BCNF。

6.2.6 BC 范式(BCNF)

BCNF(Boyce Codd normal form)是由 Boyce 和 Codd 提出的,故叫 BCNF,比 3NF 又近了一步,通常认为 BCNF 是修正的 3NF,有时也称扩充的 3NF。

1. 定义

设关系模式 R<U,F>∈1NF,如果对于 R 的每个函数依赖 X→Y,若 Y 不属于 X,则 X 必含有候选键,那么 R∈BCNF。

换句话说,在关系模式 R 中,如果每一个决定因素都包含候选键,则 R∈BCNF。

由 BC 范式的定义可以知道:

(1) 所有非主属性对于每一个键都是完全函数依赖的;这是因为如果某个非主属性 Y 函数依赖于一个键的真子集,则该真子集就不是超键。由此可知,任一非主属性不会部分函数依赖。由于决定因素都是超键,当 X→Y 且 Y→Z 时 X 和 Y 都应当是超键,所以等价,自然不会有 Y 不函数依赖于 X 成立,所以任意属性(包括非主属性)都不可能出现传递依赖。

(2) 所有主属性对于每一个不含有它的键也是完全函数依赖的,理由同上。

(3) 任何属性都不会完全依赖于非键的任何一组属性。

由于 R∈BCNF,按定义排除了任何属性对候选键的传递依赖与部分依赖,所以 R 必定是 3NF。但如果 R∈3NF,则 R 未必属于 BCNF。当 3NF 消除了主属性对码的部分和传递函数依赖,则成为 BCNF。

2. 举例

下面用几个例子说明如果关系模式 R(U)满足 BCNF,则 R 必满足 3NF,但是满足 3NF 则不一定满足 BCNF。

【例 6-6】 对关系模式 C、SC、S 进行分析。

关系模式 C(Cno,Cname,Pcno),它只有一个候选键 Cno,这里没有任何属性对 Cno 部分依赖或传递依赖,所以 C∈3NF。同时 C 中 Cno 是唯一的决定因素,所以 C∈BCNF。

关系模式 SC(Sno,Cno,Grade)可作同样分析。

关系模式 S(Sno,Sname,Sdept,Sage),假定 Sname 也具有唯一性,那么 S 就有两个候选键,这两个候选键都由单个属性组成,彼此不相交。其他属性不存在对码的传递依赖与部分依赖,所以 S∈3NF。同时 S 中除 Sno,Sname 外没有其他决定因素,所以 S∈BCNF。

【例 6-7】 关系模式 SJP(S,J,P)中,S 是学生,J 表示课程,P 表示名次。每一个学生选修每门课程的成绩有一定的名次,每门课程中每一名次只有一个学生(即没有并列名次)。由语义可得到下面的函数依赖。

(S,J)→P ; (J,P)→S。

所以(S,J)与(J,P)都可以作为候选键。这两个键各由两个属性组成,而且它们是相交的。这个关系模式中显然没有属性对码传递依赖或部分依赖。所以 SJP∈3NF,而且除(S,J)与(J,P)以外没有其他决定因素,所以 SJP∈BCNF。

【例 6-8】 关系模式 STJ(S,T,J)中,S 表示学生,T 表示教师,J 表示课程。每一名教师只教一门课。每门课有若干教师,某一学生选定某门课,就对应一个固定的教师。由语义可得到如下的函数依赖。

　　(S,J)→T；(S,T)→J；T→J,如图 6-7 所示。

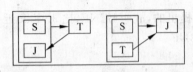

图 6-7　STJ 中的函数依赖

这里(S,J), (S,T)都是候选码。

STJ 是 3NF,因为没有任何非主属性对码传递依赖或部分依赖。但 STJ 不是 BCNF 关系,因为 T 是决定因素,而 T 不包含码。

对于不是 BCNF 的关系模式,仍然存在不合适的地方。学生可以自己举例指出 STJ 的不合适之处。非 BCNF 的关系模式也可以通过分解成为 BCNF。例如 STJ 可分解为 ST(S,T)与 TJ(T,J),它们都是 BCNF。

3. 3NF 与 BCNF 的区别

3NF 和 BCNF 是在函数依赖的条件下对模式分解所能达到的分离程度的测度。一个模式中的关系模式如果都属于 BCNF,那么在函数依赖范畴内,它已实现了彻底的分离,已消除了插入和删除的异常。3NF 的"不彻底"性表现在可能存在主属性对码的部分依赖和传递依赖。

6.2.7　多值依赖

1. 多值依赖的背景

【例 6-9】 某学校中一门课程由多个教师讲授,他们使用的是相同的一套参考书。每个教师可以讲授多门课程,每种参考书可以供多门课程使用。我们可以用一个非规范化的关系来表示教员 T,课程 C 和参考书 B 之间的关系如表 6-3 所示。

表 6-3　教员 T、课程 C 和参考书 B 之间的关系

课程 C	教师 T	参考书 B
高等数学	T11	B11
	T12	B12
	T13	
数据库基础理论	T21	B21
	T22	B22
	T23	B23

如果我们用 G 来表示"高等数学",S 来表示"数据库基础理论"。把这张表变成一张规范化的二维表,就成了如表 6-4 所示的形式。

表 6-4　规范化后的教员 T、课程 C 和参考书 B 之间的关系

C	T	B	C	T	B
G	T11	B11	S	T21	B23
G	T11	B12	S	T22	B21
G	T12	B11	S	T22	B22
G	T12	B12	S	T22	B23

C	T	B	C	T	B
G	T13	B11	S	T23	B21
G	T13	B12	S	T23	B22
S	T21	B21	S	T23	B23
S	T21	B22			

由上例我们可以得出以下结论：

(1) 关系模型 Teaching(C,T,B)∈BCNF。

(2) Teaching 具有唯一的候选键(C,T,B)，即全键。

(3) Teaching 模式中存在的问题：

① 数据冗余度大：有多少名任课教师，参考书就要存储多少次。

② 插入操作复杂：当某一课程增加一名任课教师时，该课程有多少本参照书，就必须插入多少个元组。

③ 删除操作复杂：某一门课要去掉一本参考书，该课程有多少名教师，就必须删多少个元组。

④ 修改操作复杂：某一门课要修改一本参考书，该课程有多少名教师，就必须修改多少个元组。

2. 多值依赖的概念

定义：设 R(U)是属性集 U 上的一个关系模式。X,Y,Z 是的 U 的子集，并且 Z=U−X−Y。关系模式 R(U)中多值依赖 X→→Y 成立，当且仅当对 R(U)的任一关系 r，给定的一对(x,z)值，有一组 Y 的值，这组值仅仅决定于 x 值而与 z 值无关。

多值依赖的另一个形式化定义是在 R(U)的任一关系 r 中，如果存在元组 t,s，使得 t[X]=s[X]，那么就必然存在元组 w,v∈r(w,v 可以与 s,t 相同)，使得 w[X]=v[X]=t[X]，而 w[Y]=t[Y]，w[Z]=s[Z]，v[Y]=s[Y]，v[Z]=t[Z](即交换 s,t 元组的 Y 值所得的两个新元组必在其中)，则 Y 多值依赖于 X，记为 X→→Y。这里，X,Y 是 U 的子集，Z=U−X−Y。

若 X→→Y，而 Z=∅ 即 Z 为空，则称 X→→Y 为平凡的多值依赖。否则称 X→→Y 为非平凡的多值依赖。

3. 举例

【例 6-10】 关系模式 W_S_C(W,S,C)中，W 表示仓库，S 表示保管员，C 表示商品。假设每个仓库有若干个保管员，有若干种商品。每个保管员保管所在仓库的所有商品，每种商品被所有保管员保管。其关系如表 6-5 所示。

按照语义对于 W 的每一个值 W_i，S 有一个完整的集合与之对应而不论 C 取何值。所以 W→→S。

如果用图来表示这种对应，则对应 W_i 的某一个值的全部 S 值记作$\{S\}_{wi}$(表示此仓库工作的全部保管员)，全部 C 值记作$\{C\}_{wi}$(表示在此仓库中存放的所有商品)。应当有$\{S\}_{wi}$中的每一个值和$\{C\}_{wi}$中的每一个 C 值对应。于是$\{S\}_{wi}$与$\{C\}_{wi}$之间正好是一个完全二分图,如图 6-8 所示,因而 W→→S。

表 6-5　仓库管理关系

W	S	C	W	S	C
W1	S1	C1	W1	S2	C3
W1	S1	C2	W2	S3	C4
W1	S1	C3	W2	S3	C5
W1	S2	C1	W2	S4	C4
W1	S2	C2	W2	S4	C5

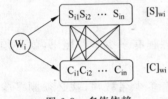

图 6-8　多值依赖

4. 多值依赖的性质

(1) 多值依赖具有对称性。即若 X→→Y,则 X→→Z,其中 Z=U−X−Y。

(2) 多值依赖的传递性。即若 X→→Y,Y→→Z,则 X→→Z−Y。

(3) 函数依赖是多值依赖的特殊情况。即若 X→Y,则 X→→Y。这是因为当 X→Y 时,对 X 的每一个值 x,Y 有一个确定的值 y 与之对应,所以 X→→Y。

(4) 若 X→→Y,X→→Z,则 X→→YZ。

(5) 若 X→→Y,X→→Z,则 X→→Y∩Z。

(6) 若 X→→Y,X→→Z,则 X→→Y−Z,X→→Z−Y。

5. 多值依赖与函数依赖的区别

多值依赖的有效性与属性集的范围有关。若 X→→Y 在 U 上成立,则在 W(X Y⊆W⊆U)上一定成立;反之则不然,即 X→→Y 在 W(W⊂U)上成立,在 U 上并不一定成立。

多值依赖的定义中不仅涉及属性组 X 和 Y,而且涉及 U 中的其余属性 Z。

一般地,在 R(U)上若有 X→→Y 在 W(W⊂U)上成立,则称 X→→Y 为 R(U)的嵌入型多值依赖。

只要在 R(U)的任何一个关系 r 中,元组在 X 和 Y 上的值满足函数依赖,则函数依赖 X→Y 在任何属性集 W(X Y⊆W⊆U)上成立。

若函数依赖 X→Y 在 R(U)上成立,则对于任何 Y′⊂Y 均有 X→Y′ 成立,但是多值依赖 X→→Y 若在 R(U)上成立,并不能断言对于任何 Y′⊂Y 有 X→→Y′ 成立。

6.2.8　第四范式(4NF)

定义:关系模式 R<U,F>∈1NF,如果对于 R 的每个非平凡多值依赖 X→→Y (Y⊈X),X 都含有码,则称 R<U,F>∈4NF。

多值依赖的不足在于数据冗余太大。我们可以用投影分解的方法消去非平凡且非函数依赖的多值依赖。如:可以将 W_S_C 分解为 W_S(W,S),W_C(W,C)。在 W_S 中虽然有

W→→S,但这是平凡的多值依赖,所以 W_S∈4NF。同理 W_C∈4NF。

函数依赖和多值依赖是两种最重要的数据依赖。如果只考虑函数依赖,则属于 BCNF 的关系模式规范化程度已最高了。如果考虑多值依赖,则属于 4NF 的关系模式规范化程度是最高的了。

6.2.9 规范化小结

在关系数据库中,对关系模式的基本要求是满足第一范式。这样的关系模式就是合法的、允许的。但是人们发现有些关系模式存在插入异常、删除异常、修改复杂、数据冗余等毛病。人们寻求解决这些问题的方法,这就是规范化的目的。

规范化的基本思想就是逐步消除数据依赖中不合适的部分,使模式中的各关系模式达到某种程序的"分离",即"一事一地"的模式设计原则。让一个关系描述一个概念、一个实体或者实体间的一种联系。若多于一个概念就把它"分离"出去。因此所谓规范化实质上是概念的单一化。

人们认识这个原则是经历了一个过程的。从认识非主属性的部分函数依赖的危害开始,2NF/3NF/BCNF/4NF 的提出是这个认识过程逐步深化的标志。关系模式规范化的基本步骤如图 6-9 所示。

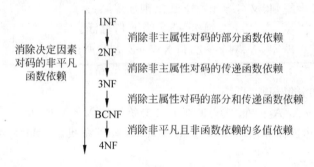

图 6-9 各种范式及规范化过程

另外,还存在第五范式(5NF),它是在 4NF 基础上消除了连接依赖得到的。由于连接依赖比较复杂,且 5NF 应用不多,本书不加讨论。

关系模式的规范化过程是通过对关系模式的分解来实现的。把低一级的关系模式分解为若干个高一级的关系模式。这种分解不是唯一的。但是不能说规范化程度越高的关系模式就越好,因为分解越细,查询时的连接操作量就越大。必须对现实世界的实际情况和用户应用需求作进一步分析,确定一个合适的、能够反映现实世界的模式。上面的规范化步骤可以在其中任何一步终止。

6.3 数据依赖的公理系统

数据依赖的公理系统是模式分解算法的理论基础,下面我们首先讨论函数依赖的一个有效而完备的公理系统——Armstrong 公理系统。

6.3.1　函数依赖的推理规则

为了求得给定关系模式的码,为了从一组函数依赖求得蕴涵的函数依赖,例如已知函数依赖集 F,要问 X→Y 是否为 F 所蕴涵,就需要一套推理规则,这组推理规则是 1974 年 Armstrong 提出来的。为了论述方便,我们先定义什么是逻辑蕴涵。

1. 逻辑蕴涵的定义

对于满足一组函数依赖 F 的关系模式 R<U,F>,其任何一个关系 r,若函数依赖 X→Y 都成立(即 r 中任意两元组 t,s,若 t[X]=s[X],则 t[Y]=s[Y]),则称 **F 逻辑蕴涵 X→Y**。

2. Armstrong 公理系统

设关系模式 R<U,F>,其中 U 为属性集,F 是 U 上的一组函数依赖,那么有如下推理规则:

(1) A1 自反律。若 Y⊆X⊆U,则 X→Y 为 F 所蕴涵。

(2) A2 增广律。若 X→Y 为 F 所蕴含,且 Z⊆U,则 XZ→YZ 为 F 所蕴涵。

(3) A3 传递律。若 X→Y,Y→Z 为 F 所蕴涵,则 X→Z 为 F 所蕴涵。

根据上面三条推理规则,又可导出以下三条推理规则:

(1) 合并规则。若 X→Y,X→Z,则 X→YZ 为 F 所蕴涵。

(2) 伪传递规则。若 X→Y,WY→Z,则 XW→Z 为 F 所蕴涵。

(3) 分解规则。若 X→Y,Z⊆Y,则 X→Z 为 F 所蕴涵。

根据合并规则和分解规则,可得引理 6.3.1。

引理 6.3.1　X→$A_1 A_2 \cdots A_k$ 成立的充分必要条件是 X→A_i 成立(i=1,2,…,k)。

人们把自反律、传递律和增广律称为 Armstrong 公理系统。Armstrong 公理系统是有效的、完备的。

Armstrong 公理的有效性指的是:由 F 出发根据 Armstrong 公理推导出来的每一个函数依赖一定在 F 的闭包(闭包的概念在下节进行讲解)中。完备性是指 F 的闭包中的每一个函数依赖,必定可以由 F 出发根据 Armstrong 公理系统推导出来。

3. Armstrong 公理系统的证明

(1) A1 自反律:若 Y⊆X⊆U,则 X→Y 为 F 所蕴涵。

证明:

设 Y⊆X⊆U。

对 R<U,F>的任一关系 r 中的任意两个元组 t,s:

若 t[X]=s[X],由于 Y⊆X,则有 t[Y]=s[Y],所以 X→Y 成立,自反律得证。

(2) A2 增广律:若 X→Y 为 F 所蕴涵,且 Z⊆U,则 XZ→YZ 为 F 所蕴涵。

证明:

设 X→Y 为 F 所蕴涵,且 Z⊆U。

对 R<U,F>的任一关系 r 中的任意两个元组 t,s:

若 t[XZ]=s[XZ],由于 X⊆XZ,Z⊆XZ,根据自反律,则有 t[X]=s[X]和 t[Z]=s[Z];

由于 X→Y,于是 t[Y]=s[Y],所以 t[YZ]=s[YZ];所以 XZ→YZ 成立,增广律得证。

(3) A3 传递律:若 X→Y,Y→Z 为 F 所蕴涵,则 X→Z 为 F 所蕴涵。

证明:

设 X→Y 及 Y→Z 为 F 所蕴涵。

对 R<U,F>的任一关系 r 中的任意两个元组 t,s:

若 t[X]=s[X],由于 X→Y,有 t[Y]=s[Y];

再由于 Y→Z,有 t[Z]=s[Z],所以 X→Z 为 F 所蕴涵,传递律得证。

(4) 合并规则:若 X→Y,X→Z,则 X→YZ 为 F 所蕴涵。

证明:

因 X→Y   (已知)

故 X→XY   (增广律),XX→XY 即 X→XY

因 X→Z   (已知)

故 XY→YZ   (增广律)

因 X→XY,XY→YZ(从上面得知)

故 X→YZ   (传递律)

(5) 伪传递规则:若 X→Y,WY→Z,则 XW→Z 为 F 所蕴涵。

证明:

因 X→Y   (已知)

故 WX→WY   (增广律)

因 WY→Z   (已知)

故 XW→Z   (传递律)

(6) 分解规则:若 X→Y,Z⊆Y,则 X→Z 为 F 所蕴涵。

证明:

因 Z⊆Y   (已知)

故 Y→Z   (自反律)

因 X→Y   (已知)

故 X→Z   (传递律)

6.3.2 函数依赖的闭包 F^+ 及属性的闭包 X_F^+

1. 函数依赖的闭包

定义:关系模式 R<U,F>中为 F 所逻辑蕴涵的函数依赖的全体称为 F 的闭包,记为:F^+。

2. 属性的闭包

定义:设 F 为属性集 U 上的一组函数依赖,X⊆U,X_F^+={A|X→A 能由 F 根据 Armstrong 公理导出},则称 X_F^+ 为属性集 X 关于函数依赖集 F 的闭包。

算法:求属性集 X(X⊆U)关于 U 上的函数依赖集 F 的闭包 X_F^+。

输入 X,F,

输出 X_F^+。

步骤如下：

(1) 令 $X^{(0)} = X, i = 0$。

(2) 求 $B, B = \{A \mid (\exists V)(\exists W)(V \rightarrow W \in F \land V \subseteq X^{(i)} \land A \in W)\}$。

(3) $X^{(i+1)} = B \cup X^{(i)}$。

(4) 判断 $X^{(i+1)} = X^{(i)}$ 吗？

(5) 若相等，或 $X^{(i)} = U$，则 $X^{(i)}$ 为属性集 X 关于函数依赖集 F 的闭包，且算法终止。

(6) 若不相等，则 $i = i+1$，返回第 2 步。

【例 6-11】 已知关系模式 $R<U, F>$，$U = \{A, B, C, D, E\}$，$F = \{A \rightarrow B, D \rightarrow C, BC \rightarrow E, AC \rightarrow B\}$，求 $(AE)_F^+$ 和 $(AD)_F^+$。

解： 设 $X^{(0)} = AE$；

计算 $X^{(1)}$：扫描 F 中的各个函数依赖，找到左部为 A、E 或 AE 的函数依赖，得到一个 $A \rightarrow B$。故有 $X^{(1)} = AE \cup B$，即 $X^{(1)} = ABE$。

计算 $X^{(2)}$：扫描 F 中的各个函数依赖，找到左部为 ABE 或 ABE 子集的函数依赖，因为找不到这样的函数依赖。故有 $X^{(2)} = X^{(1)}$。算法终止。

故 $(AE)_F^+ = ABE$。同理可得 $(AD)_F^+ = ABCDE$。

引理 6.3.2 设 F 为属性集 U 上的一组函数依赖，$X, Y \subseteq U$，$X \rightarrow Y$ 能由 F 根据 Armstrong 公理导出的充分必要条件是 $Y \subseteq X_F^+$。

这个引理的作用在于：

(1) 将判定 $X \rightarrow Y$ 是否能由 F 根据 Armstrong 公理导出的问题。

(2) 就转化为求出 X_F^+，判定 Y 是否为 X_F^+ 的子集的问题。

6.3.3　最小函数依赖集

1. 等价和覆盖

定义： 关系模式 $R<U, F>$ 上的两个依赖集 F 和 G，如果 $F^+ = G^+$，则称 F 和 G 是等价的，记做 $F \equiv G$。

若 $F \equiv G$，则称 G 是 F 的一个覆盖，反之亦然。两个等价的函数依赖集在表达能力上是完全相同的。

2. 最小函数依赖集

定义： 如果函数依赖集 F 满足下列条件，则称 F 为一个极小函数依赖集。亦称为最小依赖集或最小覆盖。

(1) F 中任一函数依赖的右部仅含有一个属性。

(2) F 中不存在这样的函数依赖 $X \rightarrow A$，使得 F 与 $F - \{X \rightarrow A\}$ 等价。

(3) F 中不存在这样的函数依赖 $X \rightarrow A$，X 有真子集 Z 使得 $F - \{X \rightarrow A\} \cup \{Z \rightarrow A\}$ 与 F 等价。

算法： 计算最小函数依赖集。

输入：一个函数依赖集。

输出：F 的一个等价的最小函数依赖集 G。

步骤如下：

（1）用分解的法则，使 F 中的任何一个函数依赖的右部仅含有一个属性。

（2）去掉多余的函数依赖。从第一个函数依赖 X→Y 开始将其从 F 中去掉，然后在剩下的函数依赖中求 X 的闭包 X^+，看 X^+ 是否包含 Y，若是，则去掉 X→Y；否则不能去掉，依次做下去。直到找不到冗余的函数依赖。

（3）去掉各依赖左部多余的属性。一个一个地检查函数依赖左部非单个属性的依赖。例如 XY→A，若要判 Y 为多余的，则以 X→A 代替 XY→A 是否等价？若 $A \in (X)^+$，则 Y 是多余属性，可以去掉。

【例 6-12】 已知关系模式 R<U,F>，U={A,B,C,D,E,G}，F={AB→C,D→EG,C→A,BE→C,BC→D,CG→BD,ACD→B,CE→AG}，求 F 的最小函数依赖集。

解： 利用算法求解，使其满足 3 个条件。

（1）利用分解规则，将所有的函数依赖变成右边都是单个属性的函数依赖，得 F 为：

$$F=\{AB→C,D→E,D→G,C→A,BE→C,BC→D,CG→B,$$
$$CG→D,ACD→B,CE→A,CE→G\}$$

（2）去掉 F 中多余的函数依赖。

① 设 AB→C 为冗余的函数依赖，则去掉 AB→C，得：

F1={D→E,D→G,C→A,BE→C,BC→D,CG→B,CG→D,ACD→B,CE→A,CE→G}

计算 $(AB)_{F1}^+$：

设 $X^{(0)} = AB$

计算 $X^{(1)}$：扫描 F1 中各个函数依赖，找到左部为 AB 或 AB 子集的函数依赖，因为找不到这样的函数依赖。故有 $X^{(1)} = X^{(0)} = AB$，算法终止。

$(AB)_{F1}^+ = AB$ 不包含 C，故 AB→C 不是冗余的函数依赖，不能从 F1 中去掉。

② 设 CG→B 为冗余的函数依赖，则去掉 CG→B，得：

F2={AB→C,D→E,D→G,C→A,BE→C,BC→D,CG→D,ACD→B,CE→A,CE→G}

计算 $(CG)_{F2}^+$：

设 $X^{(0)} = CG$

计算 $X^{(1)}$：扫描 F2 中的各个函数依赖，找到左部为 CG 或 CG 子集的函数依赖，得到一个 C→A 函数依赖。故有 $X^{(1)} = X^{(0)} \cup A = CGA = ACG$。

计算 $X^{(2)}$：扫描 F2 中的各个函数依赖，找到左部为 ACG 或 ACG 子集的函数依赖，得到一个 CG→D 函数依赖。故有 $X^{(2)} = X^{(1)} \cup D = ACDG$。

计算 $X^{(3)}$：扫描 F2 中的各个函数依赖，找到左部为 ACDG 或 ACDG 子集的函数依赖，得到两个 ACD→B 和 D→E 函数依赖。故有 $X^{(3)} = X^{(2)} \cup BE = ABCDEG$，因为 $X^{(3)} = U$，算法终止。

$(CG)_{F2}^+ = ABCDEG$ 包含 B，故 CG→B 是冗余的函数依赖，从 F2 中去掉。

③ 设 CG→D 为冗余的函数依赖，则去掉 CG→D，得：

F3={AB→C,D→E,D→G,C→A,BE→C,BC→D,ACD→B,CE→A,CE→G}

计算 $(CG)_{F3}^+$：

设 $X^{(0)} = CG$

计算 $X^{(1)}$：扫描 F3 中的各个函数依赖，找到左部为 CG 或 CG 子集的函数依赖，得到一个 C→A 函数依赖。故有 $X^{(1)} = X^{(0)} \cup A = CGA = ACG$。

计算 $X^{(2)}$：扫描 F3 中的各个函数依赖，找到左部为 ACG 或 ACG 子集的函数依赖，因为找不到这样的函数依赖。故有 $X^{(2)} = X^{(1)}$，算法终止。$(CG)^+_{F3} = ACG$。

$(CG)^+_{F3} = ACG$ 不包含 D，故 CG→D 不是冗余的函数依赖，不能从 F3 中去掉。

④ 设 CE→A 为冗余的函数依赖，则去掉 CE→A，得：

F4＝{AB→C,D→E,D→G,C→A,BE→C,BC→D,CG→D,ACD→B,CE→G}

计算 $(CG)^+_{F4}$：

设 $X^{(0)} = CE$

计算 $X^{(1)}$：扫描 F4 中的各个函数依赖，找到左部为 CE 或 CE 子集的函数依赖，得到一个 C→A 函数依赖。故有 $X^{(1)} = X^{(0)} \cup A = CEA = ACE$。

计算 $X^{(2)}$：扫描 F4 中的各个函数依赖，找到左部为 ACE 或 ACE 子集的函数依赖，得到一个 CE→G 函数依赖。故有 $X^{(2)} = X^{(1)} \cup G = ACEG$。

计算 $X^{(3)}$：扫描 F4 中的各个函数依赖，找到左部为 ACEG 或 ACEG 子集的函数依赖，得到一个 CG→D 函数依赖。故有 $X^{(3)} = X^{(2)} \cup D = ACDEG$。

计算 $X^{(4)}$：扫描 F4 中的各个函数依赖，找到左部为 ACDEG 或 ACDEG 子集的函数依赖，得到一个 ACD→B 函数依赖。故有 $X^{(4)} = X^{(3)} \cup B = ABCDEG$。因为 $X^{(4)} = U$，算法终止。

$(CE)^+_{F4} = ABCDEG$ 包含 A，故 CE→A 是冗余的函数依赖，从 F4 中去掉。

(3) 去掉 F4 中各个函数依赖左边多余的属性(只检查左部不是单个属性的函数依赖)。

由于 C→A，函数依赖 ACD→B 中的属性 A 是多余的，去掉 A 得 CD→B。

故最小函数依赖集为：

F＝{AB→C,D→E,D→G,C→A,BE→C,BC→D,CG→D,CD→B,CE→G}

6.4 模式分解

6.4.1 模式分解的定义

1. 模式分解

定义：关系模式 R<U,F> 的一个分解是指，$\rho = \{R_1<U_1,F_1>, R_2<U_2,F_2>, \cdots, R_k<U_k,F_k>\}$，其中：$U = \bigcup_{i=1}^{k} U_i$，并且没有 $U_i \subseteq U_j, 1 \leqslant i, j \leqslant n$，$F_i$ 是 F 在 U_i 上的投影。其中 $F_i = \{X \rightarrow Y | X \rightarrow Y \in F^+ \wedge XY \subseteq U_i\}$。

对于一个给定的模式进行分解，使得分解后的模式与原来的模式等价有 3 种情况：

(1) 分解具有无损连接性。

(2) 分解要保持函数依赖。

(3) 分解既要保持无损连接性，又要保持函数依赖。

2. 无损连接性

定义：$\rho=\{R_1<U_1,F_1>,R_2<U_2,F_2>,\cdots,R_k<U_k,F_k>\}$是关系模式 $R<U,F>$ 的一个分解，若对 $R<U,F>$ 的任何一个关系 r 均有 $r=m_\rho(r)$ 成立，则分解 ρ 具有无损连接性（简称无损分解）。其中，$m_\rho(r)=\underset{i=1}{\overset{k}{\bowtie}}\Pi_{R_i}(r)$。

定理：关系模式 $R<U,F>$ 的一个分解，$\rho=\{R_1<U_1,F_1>,R_2<U_2,F_2>\}$ 具有无损连接的充分必要条件是：$U_1\cap U_2\rightarrow U_1-U_2\in F^+$ 或 $U_1\cap U_2\rightarrow U_2-U_1\in F^+$。

3. 保持函数依赖

定义：设关系模式 $R<U,F>$ 的一个分解 $\rho=\{R_1<U_1,F_1>,R_2<U_2,F_2>,\cdots,R_k<U_k,F_k>\}$，如果 $F^+=(\bigcup\limits_{i=1}^{k}\Pi_{R_i}(F^+))^+$，则称分解 ρ 保持函数依赖。

6.4.2　分解的无损连接性的判别

如果一个关系模式的分解不是无损分解，则分解后的关系通过自然连接运算就无法恢复到分解前的关系。判断一个分解是否是无损分解是很重要的。为达到这个目的，人们提出了一种"追踪"过程。

算法：

$\rho=\{R_1<U_1,F_1>,R_2<U_2,F_2>,\cdots,R_k<U_k,F_k>\}$是关系模式 $R<U,F>$ 的一个分解，$U=\{A_1,A_2,\cdots,A_n\}$，$F=\{FD_1,FD_2,\cdots,FD_p\}$，并设 F 是一个最小依赖集，记 FD_i 为 $X_i\rightarrow A_{lj}$，其步骤如下：

（1）建立一张 n 列 k 行的表，每一列对应一个属性，每一行对应分解中的一个关系模式。若属性 $A_j\in U_i$，则在 j 列 i 行上填上 a_j，否则填上 b_{ij}。

（2）对于每一个 FD_i 做如下操作：找到 X_i 所对应的列中具有相同符号的那些行。考察这些行中 l_i 列的元素，若其中有 a_j，则全部改为 a_j，否则全部改为 b_{mli}，m 是这些行的行号最小值。

如果在某次更改后，有一行成为：$a_1,a_2,\cdots,a_n$，则算法终止。且分解 ρ 具有无损连接性，否则不具有无损连接性。

对 F 中 p 个 FD 逐一进行一次这样的处理，称为对 F 的一次扫描。

（3）比较扫描前后，表有无变化，如有变化，则返回第 i 步，否则算法终止。如果发生循环，那么前次扫描至少应使该表减少一个符号，表中符号有限，因此，循环必然终止。

6.4.3　保持函数依赖的模式分解

1. 转换成 3NF 的保持函数依赖的分解

算法 1：

$\rho=\{R_1<U_1,F_1>,R_2<U_2,F_2>,\cdots,R_k<U_k,F_k>\}$是关系模式 $R<U,F>$ 的一个分解，$U=\{A_1,A_2,\cdots,A_n\}$，$F=\{FD_1,FD_2,\cdots,FD_p\}$，并设 F 是一个最小依赖集，记 FD_i 为

$X_i \rightarrow A_{lj}$,其步骤如下:

(1) 对 R<U,F>的函数依赖集 F 进行极小化处理(处理后的结果仍记为 F)。

(2) 找出不在 F 中出现的属性,将这样的属性构成一个关系模式。把这些属性从 U 中去掉,剩余的属性仍记为 U。

(3) 若有 X→A∈F,且 XA=U,则 ρ={R},算法终止。

(4) 否则,对 F 按具有相同左部的原则分组(假定分为 k 组),每一组函数依赖 F_i 所涉及的全部属性形成一个属性集 U_i。若 $U_i \subseteq U_j (i \neq j)$,就去掉 U_i。由于经过了步骤 2,故

$$U = \bigcup_{i=1}^{k} U_i,$$ 于是构成的一个保持函数依赖的分解。并且,每个 $R_i(U_i, F_i)$ 均属于 3NF 且保持函数依赖。

【例 6-13】 关系模式 R<U,F>,其中 U={C,T,H,I,S,G},F={CS→G,C→T,TH→I,HI→C,HS→I},将其分解成 3NF 并保持函数依赖。

解:根据算法进行求解。

(1) 计算 F 的最小函数依赖集。

① 利用分解规则,将所有的函数依赖变成右边都是单个属性的函数依赖。由于 F 的所有函数依赖的右边都是单个属性,故不用分解。

② 去掉 F 中多余的函数依赖。

a. 设 CS→G 为冗余的函数依赖,则去掉 CS→G,得:

$$F1 = \{C \rightarrow T, TH \rightarrow I, HI \rightarrow C, HS \rightarrow I\}$$

计算 $(CS)_{F1}^+$:

设 $X^{(0)} = CS$

计算 $X^{(1)}$:扫描 F1 中各个函数依赖,找到左部为 CS 或 CS 子集的函数依赖,找到一个 C→T 函数依赖。故有 $X^{(1)} = X^{(0)} \bigcup T = CST$。

计算 $X^{(2)}$:扫描 F1 中的各个函数依赖,找到左部为 CST 或 CST 子集的函数依赖,没有找到任何函数依赖。故有 $X^{(2)} = X^{(1)}$。算法终止。

$(CS)_{F1}^+ = CST$ 不包含 G,故 CS→G 不是冗余的函数依赖,不能从 F1 中去掉。

b. 设 C→T 为冗余的函数依赖,则去掉 C→T,得:

$$F2 = \{CS \rightarrow G, TH \rightarrow I, HI \rightarrow C, HS \rightarrow I\}$$

计算 $(C)_{F2}^+$:

设 $X^{(0)} = C$

计算 $X^{(1)}$:扫描 F2 中的各个函数依赖,没有找到左部为 C 的函数依赖。故有 $X^{(1)} = X^{(0)}$。算法终止。故 C→T 不是冗余的函数依赖,不能从 F2 中去掉。

c. 设 TH→I 为冗余的函数依赖,则去掉 TH→I,得:

$$F3 = \{CS \rightarrow G, C \rightarrow T, HI \rightarrow C, HS \rightarrow I\}$$

计算 $(TH)_{F3}^+$:

设 $X^{(0)} = TH$

计算 $X^{(1)}$:扫描 F3 中的各个函数依赖,没有找到左部为 TH 或 TH 子集的函数依赖。故有 $X^{(1)} = X^{(0)}$。算法终止。故 TH→I 不是冗余的函数依赖,不能从 F3 中去掉。

d. 设 HI→C 为冗余的函数依赖,则去掉 HI→C,得:

$$F4 = \{CS \rightarrow G, C \rightarrow T, TH \rightarrow I, HS \rightarrow I\}$$

计算 $(HI)^+_{F4}$：

设 $X^{(0)} = HI$

计算 $X^{(1)}$：扫描 F4 中的各个函数依赖，没有找到左部为 HI 或 HI 子集的函数依赖。故有 $X^{(1)} = X^{(0)}$。算法终止。故 HI→C 不是冗余的函数依赖，不能从 F4 中去掉。

e. 设 HS→I 为冗余的函数依赖，则去掉 HS→I，得：

F5={CS→G,C→T,TH→I,HI→C}

计算 $(HS)^+_{F5}$：

设 $X^{(0)} = HS$

计算 $X^{(1)}$：扫描 F5 中的各个函数依赖，没有找到左部为 HS 或 HS 子集的函数依赖。故有 $X^{(1)} = X^{(0)}$。算法终止。故 HS→I 不是冗余的函数依赖，不能从 F5 中去掉。即：F5={CS→G,C→T,TH→I,HI→C,HS→I}。

③ 去掉 F5 中各函数依赖左边多余的属性（只检查左部不是单个属性的函数依赖）。

没有发现左边有多余属性的函数依赖。故最小函数依赖集为：

$$F=\{CS→G,C→T,TH→I,HI→C,HS→I\}$$

(2) 由于 R 中的所有属性均在 F 中出现，所以转下一步。

(3) 对 F 按具有相同左部的原则分为：R1=CSG,R2=CT,R3=THI,R4=HIC,R5=HSI。所以 ρ={R1(CSG),R2(CT),R3(THI),R4(HIC),R5(HSI)}。

2. 转换成 3NF 的保持无损连接和函数依赖的分解

算法 2：

输入：关系模式 R 和 R 的最小函数依赖集 F。

输出：R<U,F>的一个分解 ρ={R_1<U_1,F_1>,R_2<U_2,F_2>,…,R_k<U_k,F_k>}，R_i 为 3NF，且 ρ 具有无损连接又保持函数依赖的分解。

步骤：

(1) 根据算法 1 求出保持函数依赖的分解 ρ={R_1,R_2,…,R_k}。

(2) 判断分解 ρ 是否具有无损连接性，若有，转步骤(4)。

(3) 令 ρ=ρ∪{X}，其中 X 是 R 的候选关键字（候选键）。

(4) 输出 ρ。

3. 转换成 BCNF 的保持无损连接的分解

算法 3：

输入：关系模式 R 和 R 的函数依赖集 F。

输出：R<U,F>的一个分解 ρ={R_1<U_1,F_1>,R_2<U_2,F_2>,…,R_k<U_k,F_k>}，R_i 为 BCNF，且 ρ 具有无损连接的分解。

步骤如下：

(1) 令 ρ={R}，根据算法 1 求出保持函数依赖的分解 ρ={R_1,R_2,…,R_k}。

(2) 若 ρ 中的所有模式都是 BCNF，转步骤(4)。

(3) 若 ρ 中有一个关系模式 R_i 不是 BCNF，则 R_i 中必能找到一个函数依赖 X→A，且 X 不是 R_i 的候选键，且 A 不属于 X，设 R_{i1}(XA),R_{i2}(R_i−A)，用分解{R_{i1},R_{i2}}代替 R_i，转步骤(2)。

（4）输出 ρ。

【例 6-14】 关系模式 R<U，F>，其中：U＝{C，T，H，I，S，G}，F＝{CS→G，C→T，TH→I，HI→C，HS→I}，将其分解成 BCNF 并保持无损连接。

解：

（1）令 ρ＝{R(U，F)}。

（2）ρ 中不是所有的模式都是 BCNF，转入下一步。

（3）分解 R：R 上的候选关键字为 HS(因为所有函数依赖的右边没有 HS)。考虑 CS→G 函数依赖不满足 BCNF 条件(因 CS 不包含候选键 HS)，将其分解成 R1(CSG)、R2(CTHIS)。计算 R1 和 R2 的最小函数依赖集分别为：F1＝{CS→G}，F2＝{C→T，TH→I，HI→C，HS→I}。

分解 R2：R2 上的候选关键字为 HS。考虑 C→T 函数依赖不满足 BCNF 条件，将其分解成 R21(CT)、R22(CHIS)。计算 R21 和 R22 的最小函数依赖集分别为：F21＝{C→T}，F22＝{CH→I，HI→C，HS→I}。其中 CH→I 是由于 R22 中没有属性 T 且 C→T，TH→I。

分解 R22：R22 上的候选关键字为 HS。考虑 CH→I 函数依赖不满足 BCNF 条件，将其分解成 R221(CHI)、R222(CHS)。计算 R221 和 R222 的最小函数依赖集分别为：F221＝{CH→I，HI→C}，F222＝{HS→C}。其中 HS→C 是由于 R222 中没有属性 I 且 HS→I，HI→C。

由于 R221 上的候选关键字为 H，而 F221 中的所有函数依赖满足 BCNF 条件。由于 R222 上的候选关键字为 HS，而 F222 中的所有函数依赖满足 BCNF 条件。故 R 可以分解为无损连接性的 BCNF。

如：ρ＝{R1(CSG)，R21(CT)，R221(CHI)，R222(CHS)}。

4. 转换成 4NF 的保持无损连接的分解

算法 4：

输入：关系模式 R 和 R 的函数依赖集 F。

输出：R<U，F>的一个分解 ρ＝{R_1<U_1，F_1>，R_2<U_2，F_2>，…，R_k<U_k，F_k>}，R_i 为 4NF，且 ρ 具有无损连接的分解。

步骤如下：

（1）令 ρ＝{R}，根据算法 1 求出保持函数依赖的分解 ρ＝{R_1，R_2，…，R_k}。

（2）若 ρ 中的所有模式都是 4NF，转步骤(4)。

（3）若 ρ 中有一个关系模式 R_i 不是 4NF，则 R_i 中必能找到一个函数依赖 X→→A，且 X 不是 R_i 的候选键，且 A－X≠∅，XA≠R_i，令 Z＝A－X，由分解规则得出 X→→Z。令 R_{i1}(XZ)，R_{i2}(R_i－Z)，用分解{R_{i1}，R_{i2}}代替 R_i，由于(R_{i1}∩R_{i2})→→(R_{i1}－R_{i2})，所以分解具有无损连接性，转步骤(2)。

（4）输出 ρ。

小结

本章主要讨论关系模式的设计问题。关系模式设计的好坏，对消除数据冗余和保持数据一致性等重要问题有直接影响。设计好的关系模式，必须有相应的理论作为基础，这就是关系设计中的规范化理论。

在数据库中,数据冗余是指同一个数据被存储了多次。数据冗余不仅会影响系统资源的有效使用,更为严重的是会引起各种数据操作异常的发生。从事物之间存在相互关系的角度分析,数据冗余与数据之间相互依赖有着密切关系。数据冗余的一个主要原因就是将逻辑上独立的数据简单地"装配"在一起,消除冗余的基本做法是把不适合规范的关系模式分解成若干个比较小的关系模式。

范式是衡量模式优劣的标准。范式表达了模式中数据依赖之间应当满足的联系。当关系模式 R 为 3NF 时,在 R 上成立的非平凡函数依赖左边都应该是超键或者是主属性;当关系模式是 BCNF 时,R 上成立的非平凡依赖左边都应该是超键。范式的级别越高,相应的数据冗余和操作异常现象就越少。

关系模式的规范化过程就是模式分解过程,而模式分解实际上是将模式中的属性重新分组,它将逻辑上独立的信息放在独立的关系模式中。模式分解是解决数据冗余的主要方法,它形成了规范化的一条规则:"关系模式有冗余就进行分解"。

规范化准则是经过周密思考的,它作为设计数据库过程中的非常有用的辅助工具,指导数据库的逻辑设计,但它不像数学中严密的定理证明和运用,不是万灵的妙药,需要设计者根据具体情况灵活使用关系数据理论,将关系模式规范化到合理的范式级别,而不一定是最高级别,并且要保证分解既具有无损连接性,又保持函数依赖。

综合练习六

一、填空题

1. 由于_____,就有可能产生数据库操作异常;数据库规范化理论就是为了解决上述问题而提出来的。

2. 如果一个关系模式 R 的所有属性都是不可分的基本数据项,则 R 属于_____。

3. 在关系数据库中,对关系模式的基本要求是满足_____。

4. 关系模式的规范化过程就是_____过程。

二、选择题

1. 范式(normal form)是指( )。

    A. 规范化的等式   B. 规范化的关系

    C. 规范化的数学表达式   D. 规范化的抽象表达式

2. 同一个关系模型的任两个元组值( )。

    A. 不能全同   B. 可全同   C. 必须全同   D. 以上都不是

3. 规范化理论是关系数据库进行逻辑设计的理论依据。根据这个理论,关系数据库中的关系必须满足:其每一属性都是( )。

    A. 互不相关的   B. 不可分解的   C. 长度可变的   D. 互相关联的

4. 关系模式 R 中的属性全部是主属性,则 R 至少满足( )。

    A. 2NF   B. 3NF   C. BCNF   D. 4NF

5. 如果一个关系模式 R 的所有属性都是不可分的基本数据项,则( )。

    A. R∈1NF   B. R∈2NF   C. R∈3NF   D. R∈4NF

6. 所谓 2NF,就是(　　　)。

　　A. 不允许关系模式的属性之间有函数依赖 Y→X,X 是码的真子集,Y 是非主属性

　　B. 不允许关系模式的属性之间有函数依赖 X→Y,X 是码的真子集,Y 是非主属性

　　C. 允许关系模式的属性之间有函数依赖 Y→X,X 是码的真子集,Y 是非主属性

　　D. 允许关系模式的属性之间有函数依赖 X→Y,X 是码的真子集,Y 是非主属性

7. 若关系模式<U,F>中不存在候选键 X、属性组 Y 以及非主属性 Z(Z⊆Y),使得 X→Y,Y→Z 和 Y↛X 成立,则(　　　)。

　　A. R∈1NF　　　　B. R∈2NF　　　　C. R∈3NF　　　　D. R∈4NF

8. 设关系模式 R<U,F>∈1NF,如果对于 R 的每个函数依赖 X→Y,若 Y 不是 X 的子集,则 X 必含有候选键,则(　　　)。

　　A. R∈1NF　　　　B. R∈2NF　　　　C. R∈3NF　　　　D. R∈BCNF

9. 关系模式 R<U,F>∈1NF,如果对于 R 每个非平凡多值依赖 X→→Y(Y 不是 X 的子集),X 都含有候选键,则(　　　)。

　　A. R∈4NF　　　　B. R∈3NF　　　　C. R∈2NF　　　　D. R∈1NF

10. 以下关于"码"的叙述中,正确的是(　　　)。

　　A. 设 K 为关系模式 R<U,F>中的属性组合。若 $K \xrightarrow{F} U$,则 K 称为 R 的一个候选键(candidate key)

　　B. 若关系模式 R 有多个候选键,则选定其中的一个作为主键(primary key)

　　C. 若关系模式 R 中属性或属性组 X 并非 R 的键,但 X 是另一个关系模式的键,则称 X 是 R 的外部键(foreign)

　　D. 若关系模式 R 有多个候选键,则可以选定其中的一个以上作为主键(primary key)

　　E. 关系模式 R 中属性或属性组 X 是且仅是 R 的键,则称 X 是 R 的内部键(native key)

11. 以下关于 4NF 的叙述,正确的选项有(　　　)。

　　A. 4NF 关系模式的属性之间必须有一个或零个非平凡且非函数依赖的多值

　　B. 4NF 关系模式的属性之间必须有一个以上非平凡且非函数依赖的多值

　　C. 关系模式 R<U,F>∈1NF,如果对于 R 的每个非平凡多值依赖 X→→Y(Y 不是 X 的子集),X 都含有候选键,则 R∈4NF

　　D. 如果一个关系模式是 4NF,则必为 BCNF

　　E. 4NF 所允许的非平凡多值依赖实际上是函数依赖

12. 以下(　　　)是多值依赖的性质。

　　A. 对称性。即若 X→→Y,则 X→→Z,其中 Z=U−X−Y

　　B. 传递性。即若 X→→Y,Y→→Z,则 X→→Y→→Z

　　C. 函数依赖可以看做是多值依赖的特殊情况。即若 X→Y,则 X→→Y

　　D. 若 X→→Y,X→→Z,则 X→→YZ

　　E. 若 X→→Y,X→→Z,则 YZ→→X

13. 以下(　　　)不是多值依赖的性质。

A. 若 X→→Y,X→→Z,则 X→→YZ

   B. 如果函数依赖 X→→Y 在 R 上成立,则对于任何 Y′是 Y 的真子集,均有 X→Y′
     成立

   C. 若 X→→Y,X→→Z,则 X→→Y−Z,X→→Z−Y

   D. 若多值依赖 X→→Y 在 R(U)上成立,对于 Y′是 Y 的真子集,并不一定有 X→
     Y′成立

   E. 若多值依赖 X→→Y 在 R(U)上成立,对于 Y′是 Y 的真子集,一定有 X→Y′
     成立

14. 关系模式分解的 3 个定义是(　　　)。

   A. 分解具有"无损连接性"

   B. 分解要有"保持函数依赖"

   C. 分解既要"保持函数依赖",又要具有"无损连接性"

   D. 分解具有"高效可行性"

   E. 分解要"分解函数值之间的逻辑依赖"

三、问答题

1. 说明关系结构可能引起的问题。
2. 举例说明非 2NF 引起的问题。
3. 如何从 1NF 模式转换到 2NF 模式?
4. 简述 BC 范式的特点。
5. 简述规范化的基本思想。

四、实践题

1. 试证{X→YZ,Z→CW}=X→CWYZ。
2. 设有如下所示的关系 R,回答下列各问。

材料号	材料名	生产厂
M1	线材	武汉
M2	型材	武汉
M3	板材	广州
M4	型材	武汉

(1) 它为第几范式? 为什么?

(2) 是否存在操作异常? 试举例说明之。

(3) 试将它分解为高一级范式。

第7章 数据库的安全性和完整性

数据库的安全性和完整性都属于数据库保护的范畴。

凡是对数据库的不合法使用,都可以称为数据库的滥用。数据库的滥用分为恶意滥用和无意滥用两类。

(1) 恶意滥用:一是指未经授权地读取数据,即偷窃数据;二是指未经授权地修改数据,即破坏数据。

(2) 无意滥用:一是指由于系统故障和并发操作引起的操作错误;二是指违反数据完整性约束引发的逻辑错误。

一般而言,数据库安全性是保护数据库以防止非法用户恶意造成的破坏,数据库完整性则是保护数据库以防止合法用户无意中造成的破坏。也就是说,安全性是确保用户被限制在其想做的事情范围之内,完整性则是确保用户所做的事情是正确的;安全性措施的防范对象是非法用户的进入和合法用户的非法操作,完整性措施的防范对象是不合语义的数据进入数据库。下面分别讨论这两个问题。

7.1 数据库的安全性

数据库是综合多个用户的需求,统一地组织数据,因此,数据共享是数据库的基本性能要求,多用户共享数据库,必然有合法用户合法使用、合法用户非法使用及非法用户非法使用数据的问题,保证合法用户合法使用数据库是数据库安全控制的问题。

7.1.1 数据库安全性问题的提出

所谓安全性是指保护数据库,防止不合法的用户非法使用数据库所造成的数据泄露,或恶意的更改和破坏,以及非法存取。

数据库的一大特点是数据可以共享,但数据共享必然带来数据库的安全性问题,数据库系统中的数据共享不能是无条件的共享。

关于数据库安全性问题的提出,可以从几个方面考虑。

(1) 随着计算机应用的普及,越来越多的国家和军事部门在数据库中存储大量的机密信息,用以管理国家机构中的重要数据,做出重要决策,如果泄露这些数据,就会危及国家安全。

(2) 许多大型企业在数据库中存储有市场需求分析、市场营销策略、销售计划、客户档案和供货商档案等基本资料,用来控制整个企业的运转,如果破坏这些数据将会带来巨大的损失,乃至造成企业破产。

(3) 几乎所有大的银行的亿万资金账目都存储在数据库中,用户通过 ATM 即可获得存款和取款,如果保护不周,大量资金就会不翼而飞;特别是近年来兴起的电子商务,使得人们可以使用联机网络进行网上购物和进行其他商务活动,这里面的关键问题就是安全问题。

由此可知,计算机应用,特别是数据库的应用越是广泛深入到人们生活的各个方面,数据信息的共享程度越高,数据库安全性保护问题就越重要。

对于数据库来说,其中许多数据是非常关键和重要的,可能涉及各种机密和个人隐私,对它们的非法使用和更改可能引起灾难性的后果。对于数据的拥有者来说,这些数据的共享性应当受到必要的限制,不是任何人都可以随时访问和随意使用,只能允许特定人员在特定授权之下访问。数据库系统中数据资源的共享性是相对于数据的人工处理系统和文件管理系统而言,其现实应用中的意义并不是无条件的共享,而是在 DBMS 统一控制之下的带有一定条件的数据共享,用户只有按照一定规则访问数据库并接受来自数据库管理系统的各种必须检查,最终才能获取访问权限。

对于计算机系统来说,它一经问世实际上就涉及安全保护问题,如早期就使用硬件开关控制存储空间,防止出错程序扰乱计算机的运行,而在操作系统出现之后,则用软件和硬件结合的方法进行各种保护。数据库系统不同于其他计算机系统,它包含有重要程度与访问级别各不相同的各种数据,为持有不同特权的用户所共享,这样就特别需要在用户共享性和安全保护性之间寻找结合点和保持平衡。仅仅使用操作系统中的保护方法无法妥善解决数据库安全保护问题,必须形成独特的一套数据库的保护机制与体系。

基于上述原因,数据库安全问题在实际应用中就成为一个必须加以考虑并且需要着重解决的重要问题。实际上,所有实用的 DBMS 都必须建立一套完整的使用规范(或称规则),提供数据库安全性方面的有效功能,防止恶意滥用数据库。数据库系统的安全保护措施是否有效是数据库系统主要的性能指标之一。

7.1.2　数据库安全性保护范围

数据库中有关数据的保护是多方面的,它可以包括计算机系统外部环境因素和计算机内部环境因素。

1. 计算机外部环境保护

(1) 自然环境中的安全保护:如加强计算机机房及其周边环境的警戒、防火、防盗等。

(2) 社会环境中的安全保护:如建立各种法规、制度、进行安全教育,对计算机工作人员进行管理教育,使得其正确授予用户访问数据库权限等。

(3) 设备环境中的安全保护:不间断电源以保证计算机系统的正常运作,及时进行设备检查、维修,部件更新等。

计算机外部环境安全性保护如图 7-1 所示。

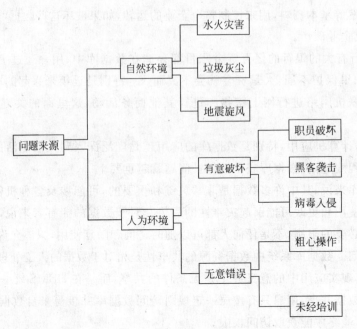

图 7-1　外部环境的安全性问题

2. 计算机内部系统保护

(1) 网络中数据传输时安全性问题：目前由于许多数据库系统容许用户通过网络进行远程访问，必须加强网络软件内部的安全性保护。

(2) 计算机系统中的安全问题：病毒的入侵，黑客的攻击等。

(3) 操作系统中的安全性问题：防止用户未经授权从操作系统进入数据库系统。

(4) 数据库系统中的安全性问题：检查用户的身份是否合法以及使用数据库的权限是否正确。

(5) 应用系统中的安全性问题：各种应用程序中的安全漏洞等。

在上述这些安全性问题中，计算机外部环境安全性属于社会组织、法律法规以及伦理道德的范畴；计算机系统和网络安全性措施已经得到广泛的讨论与应用；应用系统安全性保护涉及具体的应用过程，需要"个别"处理。所有这些的大部分或者全体内容，都不在本教材的讨论之列。本章只讨论与数据库系统中的数据保护密切或者直接相关的内容，特别是计算机系统内部的安全性保护问题。

7.1.3　数据库管理系统中的安全性保护

对于数据库的安全保护方式，分为系统处理和物理处理两个方面。物理处理是指对于强力逼迫透露口令，在通信线路上窃听以及盗窃物理存储设备等一类行为而采取的将数据加密，加强警卫以达到识别用户身份和保护存储设备的目的。在计算机系统中，一般安全措施是分级设置的。

在用户进入计算机系统时，系统根据输入的用户标志进行用户身份鉴定，只有合法的用户才准许进入计算机系统。对进入系统的用户，DBMS 还要进行存取控制。操作系统一级也会有自己的保护措施,数据最后存储到数据库中还可以用密码存储。下面分别讨论与数据库有关的用户标志和鉴定,存取控制等方法。

1. 身份标识与鉴别

用户身份标识与鉴别(identification and authentication)是系统提供的最外层安全保护措施。其方法是每个用户在系统中必须有一个标志自己身份的标识符,用以和其他用户相区别。当用户进入系统时,由系统将用户提供的身份标识与系统内部记录的合法用户标识进行核对,通过鉴别方即可提供数据库的使用权。

目前常用的标识与鉴别的方法有:

(1) 使用用户名和口令。这种方法简单易行,但容易被人窃取。

(2) 每个用户预先约定好一个计算过程或者函数,系统提供一个随机数,用户根据自己预先约定的计算过程或者函数进行计算,系统根据用户计算结果是否正确鉴定用户身份。

(3) 采用数字签名等身份鉴别技术手段。这是较新的方法。

事实上,在一个系统中往往多种方法并用,以得到更强的安全性。

身份标识与鉴别是用户访问数据库的最简单也是最基本的安全控制方式。

2. 存取控制

在数据库系统中,为了保证用户只能存取有权访问的数据,系统要求对每个用户定义存取权限。存取权限包括两个方面的内容:一方面是要存取的数据对象;另一方面是对此数据对象进行哪些类型的操作。简单地总结,权限即包括数据和操作两个方面。在数据库系统中对存取权限的定义称为"授权"(authorization),这些授权定义经过编译后存放在数据库中。对于获得使用权又进一步发出存取数据库操作的用户,系统就根据事先定义好的存取权限进行合法权检查,若用户的操作超过了定义的权限,系统拒绝执行此操作,这就是存取控制。

授权编译程序和合法权检查机制一起组成了安全性子系统。

在非关系数据库中,用户只能对数据进行操作,存取控制的数据对象也只限于数据本身。而关系数据库系统中,DBA 可以把建立和修改基本表的权限授予用户,用户可利用这种权限来建立和修改基本表、索引、视图,因此关系系统中存取控制的数据对象不仅有数据本身,还有模式、外模式、内模式等内容。

在存取控制技术中,DBMS 所管理的全体实体分为主体和客体两类。

主体(subject)是系统中的活动实体,它包括 DBMS 所管理的实际用户,也包括代表用户的各种进程。客体(object)是系统中的被动实体,是受主体操纵的,包括文件、基本表、索引和视图等。

存取控制包括自主访问控制和强制访问控制两种类型。

1) 自主访问控制

自主访问控制(discretionary access control,DAC)是用户访问数据库的一种常用安全控制方式,较为适合于单机方式下的安全控制。

DAC 的安全控制机制是一种基于存取矩阵的模型,这种模型起源于 1971 年,由 Lampson 创立,1973 年经 Gralham 与 Denning 改进,到 1976 年由 Harrison 最后完成,此模型由 3 种元素组成,它们是主体、客体与存/取操作,构成了一个矩阵,矩阵的列表示主体,矩阵的行表示客体,而矩阵中的元素则是存/取操作(如读、写、删除和修改等)。

在这个模型中,指定主体(列)与客体(行)后可根据矩阵得到指定的操作,其示意图如图 7-2 所示。

客体 \ 主体	主体 1	主体 2	主体 3	...	主体 n
客体 1	Write	Write	Write	...	Read
客体 2	Delete	Read/Write	Read	...	Read/Write
...	...	...	...	...	...
客体 m	Read	Update	Read/Write	...	Read/Write

图 7-2 存/取矩阵模型

同一用户对于不同的数据对象有不同的存取权限,不同的用户对同一对象也有不同的权限,此外,用户还可将其拥有的存取权限转授给其他用户。

在自主访问控制中主体按存取矩阵模型要求访问客体,凡不符合存取矩阵要求的访问均属非法访问。在自主访问控制中,其访问控制的实施由系统完成。

在自主访问控制中的存取矩阵的元素是可以经常改变的,主体可以通过授权的形式变更某些操作权限,因此在自主访问控制中访问控制受主体主观随意性的影响较大,其安全力度尚显不足。

2) 强制访问控制

强制访问控制(mandatory access control,MAC)是主体访问客体的一种强制性的安全控制方式。强制访问控制方式主要用于网络环境,对网络中的数据库安全实体作统一的、强制性的访问管理,为实现此目标首先对主/客体做标记(label),标记分为两种:一种是安全级别标记(label of security level),另一种是安全范围标记(label of security category)。安全级别标记是一个数字,它规定了主、客体的安全级别,在访问时只有主客体级别满足一定的比较关系时,访问才能被允许。安全范围标记是一个集合,它规定了主题访问的范围,在访问时只有主体的范围标记与客体的范围标记都满足一定的包含关系时,访问才能被允许。

强制访问控制不是用户能直接感知或进行控制的。它适用于对数据有严格而固定密级分类的部门,例如军事部门和政府部门等。

综上所述可以看到,强制控制访问的具体实施步骤如下:

(1) 对每个主体、客体作安全级别标记与安全范围标记。

(2) 主体在访问客体时由系统检查各自标记,只有在主客体两种标记都符合允许访问条件时访问才能进行。

强制访问控制的实施机制是一种叫 Bell-Lapadula 的模型。在此模型中任一主客体均有一个统一标记,它是一个二元组,其中一个为整数(叫分层密级),而另一个则为集合(叫非分层范畴级);它可以用:$\{n,\{A,B,C,\cdots\}\}$ 表示,当主体访问客体时必须满足如下条件:

(3) 仅当主体分层密级大于或者等于客体分层密级,且主体非分层范畴集合包含或等于客体非分层范畴集合时,主体才能读客体。

(4) 仅当主体分层密级小于或者等于客体分层密级,且主体非分层范畴集合被包含或等于客体非分层范畴集合时,主体才能写客体。

设主体的标记为(n,s),客体的标记为(m,S′)则主体读客体的条件为:

$$n > m \quad 且 \quad S' \subseteq S$$

主体写客体的条件为:

$$n \leqslant m \quad 且 \quad S \subseteq S'$$

在强制访问控制中的主、客体标记由专门的安全管理员设置,任何主体均无权设置与授权,在网络上,它体现对数据库安全的强制性和统一性要求。

综上所述,总结强制存取控制的特点如下:

(1) MAC 是对数据本身进行密级标记。

(2) 无论数据如何复制,标记与数据是一个不可分的整体。

(3) 只有符合密级标记要求的用户才可以操纵数据。

(4) 提供了更高级别的安全性。

3. 审计

任何系统的安全性措施都不可能是完美无缺的,企图盗窃、破坏数据者总是想方设法逃避控制,所以对敏感的数据、重要的处理,可以通过审计(audit)来跟踪检查相关情况。

审计追踪使用的是一个专用文件,系统自动将用户对数据库的所有操作记录在上面,对审计追踪的信息做出分析供参考,就能重现导致数据库现有状况的一系列活动,找出非法存取数据者,同时在一旦发生非法访问后即能提供初始记录供进一步处理。

审计的主要功能是对主体访问客体作即时的记录,记录内容包括:访问时间、访问类型、访问客体名和访问是否成功等。为了提高审计效能,还可以设置事件发生积累机制,当超过一定的阈值时能发出报警,以提示应当采取的措施。

审计很费时间和空间,DBA 可以根据应用对安全性的要求,灵活地打开或关闭审计功能。

4. 数据加密

数据加密是防止数据库中的数据在存储和传输中失密的有效手段,它的基本思想是:根据一定的算法将原始数据(明文,plain text)变换为不可直接识别的格式(密文,cipher text),不知道解密算法的人无法获知数据的内容。

目前不少数据库产品均提供数据加密的例行程序,它们可以根据用户的要求自动对存储和传输的数据进行加密处理。另一些数据库产品虽然本身未提供加密程序,但提供了接口,允许用户和其他厂商的加密程序对数据加密。

所有提供加密机制的系统必然提供相应的解密程序。这些解密程序本身也必须具有一定的安全性措施,否则数据加密的优点也就无从谈起。

数据加密和解密是相当费时的操作,其运行程序会占用大量系统资源,因此数据加密功能通常是可选特征,允许用户自由选择,一般只对机密数据加密。

5. 统计数据库安全性

在统计数据库中,一般允许用户查询聚集类型的信息(例如合计和平均值等),但是不允许查询单个记录信息。例如,查询"副教授的平均工资是多少"是可以的,但是查询"副教授张洪的工资是多少"则是不允许的。

在统计数据库中存在着特殊的安全性问题,即可能存在着隐蔽的信息通道,使得可以从合法的查询中推导出不合法的信息。例如下面两个查询都是合法的:

(1) 本单位共有多少女教师?

(2) 本单位女副教授的工资总额是多少?

如果第1个查询的结果是"1",那么第2个查询的结果显然是这个副教授的工资数。这样统计数据库的安全性机制就失效了。为了解决这个问题,可以规定任何查询至少要涉及 N 个以上的记录(N 足够大)。但是即使这样,还是存在另外的泄密途径,看下面的例子:

某个用户 A 想知道另一个用户 B 的工资数额,它可以通过下列两个合法查询获取:

(1) 用户 A 和其他 N 个副教授的工资总额是多少?

(2) 用户 B 和其他 N 个副教授的工资总额是多少?

假设第1个查询的结果是 X,第2个查询的结果是 Y,由于用户 A 知道自己的工资是 Z,那么他就可以计算出用户 B 的工资 $= Y - (X - Z)$。

这个例子的关键之处在于两个查询之间有很多重复的数据项(即其他 N 个副教授的工资),因此可以再规定任意两个查询的相交数据项不能超过 M 个。这样就使得获取他人的数据更加困难了。可以证明,在上述两条规定下,如果想获取用户 B 的工资额,用户 A 至少要进行 $1 + (N - 2)/M$ 次查询。

当然可以继续规定任一用户的查询次数不能超过 $1 + (N - 2)/M$,但是如果两个用户合作查询就可以使这一规定仍然失效。

另外还有其他方法用于解决统计数据库的安全问题,例如数据污染,也就是在回答查询时,提供一些偏离正确值的数据,以避免数据泄漏。这种偏离的前提是不破坏统计数据本身。但是无论采取什么安全性机制,都仍然会存在绕过这些机制的途径。好的安全性措施应该使得那些试图破坏安全机制的人所花费的代价远远超过他们所得到的利益,这也是整个数据库安全机制设计的目标。

7.1.4　SQL 中的安全性机制

1. 视图机制

出于数据独立性考虑,SQL 提供有视图定义功能。实际上这种视图机制还可以提供一定的数据库安全性保护。

在数据库安全性问题中,一般用户使用数据库时,需要对其使用范围设定必要的限制,即每个用户只能访问数据库中的一部分数据。这种必要的限制可以通过使用视图实现。具体来说,就是根据不同的用户定义不同的视图,通过视图机制将具体用户需要访问的数据加以确定,而将要保密的数据对无权存取这些数据的用户隐藏起来,使得用户只能在视图定义的范围内访问数据,不能随意访问视图定义外的数据,从而自动地对数据提供相应的安全保护。

需要指出的是,视图机制最主要功能在于提供数据独立性,因此,"附加"提供的安全性保护功能尚不够精细,往往不能达到应用系统的要求。在实际应用中,通常是将视图机制与存取控制配合使用,首先用视图机制屏蔽掉一部分保密数据,然后在视图上面再进一步定义存取权限。

2. 自主访问控制与授权机制

在 SQL 中提供了自主访问控制权的功能,它包括操作、数据域、用户授权语句和回收语句。

1) 操作

SQL 提供 6 种操作权限。

(1) SELECT:即是查询权。

(2) INSERT:即是插入权。

(3) DELETE:即是删除权。

(4) UPDATE:即是修改权。

(5) REFRENCE:即是定义新表时允许使用其他表的属性集作为其外键。

(6) USAGE:即是允许用户使用已定义的属性。

2) 数据域

数据域即是用户访问的数据对象的粒度,SQL 包含 3 种数据域。

(1) 表:即是以基本表作为访问对象。

(2) 视图:即是以视图为访问对象。

(3) 属性:即是以基表中的属性为访问对象。

3) 用户

即是数据库中所登录的用户。

4) 授权语句

SQL 提供了授权语句,授权语句的功能是将指定数据域的指定操作授予给指定用户,其语句形式如下:

GRANT <权限列表> ON <数据域> TO <用户列表>[WITH GRANT OPTION]

其中 WITH GRANT OPTION 表示获得权限的用户还能获得传递权限,即能将获得的权限传授给其他用户。

【例 7-1】 语句 GRANT SELECT,UPDATE ON Student TO 刘振 WITH GRANT OPTION。

表示将表 Student 上的查询与修改授予用户刘振,同时也表示用户刘振可以将此权限传授给其他用户。

5) 回收语句

用户 A 将某权限授予用户 B,则用户 A 也可以在它认为必要时将权限从 B 中回收,收回权限的语句称为回收语句。

其具体形式如下:

REVOKE <权限列表> ON <数据域> FROM <用户列表>[RESTRICT/CASCADE]

语句中带有 CASCADE 表示回收权限时要引起级联(连锁)回收,而 RESTRICT 则表示不存在连锁回收时才能收回权限,否则拒绝回收。

【例 7-2】 语句 REVOKE SELECT,UPDATE ON Student FROM 刘振 CASCADE。表示从用户刘振收回表 Student 上的查询和修改权,并且是级联收回。

7.1.5 数据库的安全标准

目前,国际上及我国均颁布了有关数据库安全的等级标准。最早的标准是美国国防部(DOD)1985 年所颁布的"可信计算机系统评估标准"(trusted computer system evaluation criteria,TCSEC)。1991 年美国国家计算机安全中心(NCSC)颁布了"可信计算机系统评估标准——关于数据库系统解释"(trusted database interpretation,TDI)。1996 年国际标准化组织 ISO 又颁布了"信息技术安全技术——信息技术安全性评估准则"(information technology security techniques—evaluation criteria for IT security,CC)。我国政府于 1999 年颁布了"计算机信息系统评估准则"。目前国际上广泛采用的是美国标准 TCSEC(TDI),在此标准中将数据库安全划分为 4 组 7 级,我国标准则划分为 5 个级别。下面分别讨论这些分级标准。

1. TCSEC(TDI)标准

TCSEC(TDI)标准是目前常用的标准,下面按照该标准中将数据库安全分为 4 组 7 级分别介绍如下。

(1) D 级标准:为无安全保护的系统。

(2) C_1 级标准:满足该级别的系统必须具有下面功能:

① 主体、客体及主、客体分离。

② 身份标识与鉴别。

③ 数据完整性。

④ 自主访问控制。

其核心是自主访问控制。C_1 级安全适合于单机工作方式,目前国内使用的系统大多符合此项标准。

(3) C_2 级标准:满足该级别的系统具有下述功能:

① 满足 C_1 级标准的全部功能。

② 审计。

C_2 级安全的核心是审计,C_2 级适合于单机工作方式,目前国内使用的系统有一部分符合此项标准。

(4) B_1 级标准:满足该级别的系统必须具有如下功能:

① 满足 C_2 级标准的全部功能。

② 强制访问功能。

B_1 级安全的核心是强制访问控制,B_1 级适合于网络工作方式,目前国内使用的系统基本不符合此项标准,而在国际上有部分系统符合此项标准。

一个数据库系统凡符合 B_1 标准者称之为安全数据库系统(secure DB system)或可信数据库系统(trusted DB system)。因此可以说我国国内所使用的系统基本上不是安全数据库系统。

（5）B_2 级标准：满足该级别的系统必须具有如下功能：

① 满足 B_1 级标准全部功能。

② 隐蔽通道。

③ 数据库安全的形式化。

B_2 级安全的核心是隐蔽通道与形式化，它适合于网络工作方式，目前国内外尚无符合此类标准的系统，其主要的难点是数据库安全的形式化表示困难。

（6）B_3 级标准：满足该标准的系统必须具有下述功能：

① 满足 B_2 级标准的全部功能。

② 访问监控器。

B_3 级安全的核心是访问监控器，它适合于网络工作方式，目前国内外尚无符合此项标准的系统。

（7）A 级标准：满足该级别的系统必须满足如下功能：

① 满足 B_3 级标准的全部功能。

② 较高的形式化要求。

此项标准为安全的最高等级，应具有完善的形式化要求，目前尚无法实现，仅仅是一种理想化的等级。

2．我国国家标准与 TCSEC 标准

我国国家标准于 1999 年颁布，为与国际接轨，其基本结构与 TCSEC 相似。我国标准分为 5 级，从第 1 级到第 5 级基本上与 TCSEC 标准的 C 级（C_1，C_2）及 B 级（B_1，B_2，B_3）一致，现将我国标准与 TCSEC 标准比较如表 7-1 所示。

表 7-1　TCSEC 标准与我国标准对比

TCSEC 标准	我 国 标 准	TCSEC 标准	我 国 标 准
D 级标准	无	B_2 级标准	第四级：结构保护级
C_1 级标准	第一级：用户自主保护级	B_3 级标准	第五级：访问验证保护级
C_2 级标准	第二级：系统审计保护级	A 级标准	无
B_1 级标准	第三级：安全标记保护级		

7.2　数据库的完整性

数据的安全性所保证的是允许用户做他们想做的事，而完整性则保证他们想做的事情是正确的。数据的完整性是指防止合法用户的误操作、考虑不周全造成的数据库中的数据不合语义、错误数据的输入输出所造成的无效操作和错误结果。完整性就是要保证数据库中数据的正确性和相容性。为了维护数据库中数据的完整性，DBMS 将完整性约束定义作为模式的一部分存入数据字典中，然后提供完整性检查机制。

7.2.1　数据库完整性问题的提出

一种优秀的数据库应当提供优秀的服务质量，而数据库的服务质量首先应当是其所提

供的数据质量。这种数据质量的要求充分体现在计算机界流行的一句话上"垃圾进,垃圾出"(garbage in,garbage out),其含义是对于计算机系统而言,如果进去的是垃圾(不正确的数据),经过处理之后出来的还应当是垃圾(无用的结果)。如果一个数据库不能提供正确、可信的数据,那么它就失去了存在价值。

一般认为,数据质量主要有两个方面的内容:

(1) 能够及时、正确地反映现实世界的状态。

(2) 能够保持数据的前后一致性,即应当满足一定的数据完整性约束。

数据库不但在其建立时要反映一个单位的状态,更重要的是在数据库系统运行的整个期间都应如此。要保证这一点,不能仅靠 DBA,因为这里涉及的因素太多。数据是来自各个部门和不同个人的,来自他们的各种活动和获取数据过程所采用的各种设备,如果没有有效的强制性措施,就难以保证数据的及时采集和正确录入。例如一个仓库发料或进料后,如果数据库不及时更新,则数据库中的库存量和实际库存量就会不符,久而久之,数据库就不能反映仓库库存的真实状态。此时,DBA 就要敦促有关领导人员,采取必要的制度和措施,保证数据能够及时、正确地录入和更新。

为保护数据库的完整性,现代的 DBMS 应当提供一种机制来检查数据库中数据的完整性。实施这种机制采取的方法之一就是设置完整性检验,即 DBMS 检查数据是否满足完整性条件的机制。本节将讨论数据库完整性概念和相应的完整性约束机制。对数据库中的数据设置某些约束机制,这些添加在数据上的语义约束条件称为数据库完整性约束条件,它一般是指对数据库中数据本身的某种语义限制、数据间的逻辑约束和数据变化时所遵循的规则等。约束条件一般在数据模式中给出,作为模式一部分存入数据字典中,在运行时由 DBMS 自动查验,当不满足时立即向用户通报以便采取措施。

7.2.2　完整性基本概念

通常所讲到的数据库的完整性(integrity)的基本含义是指数据库的正确性、有效性和相容性,其主要目的是防止错误的数据进入数据库。

(1) 正确性:正确性是指数据的合法性,例如数值型数据中只能含有数字而不能含有字母。

(2) 有效性:有效性是指数据是否属于所定义域的有效范围。

(3) 相容性:相容性是指表示同一事实的两个数据应当一致,不一致即是不相容。

DBMS 必须提供一种功能使得数据库中的数据合法,以确保数据的正确性;同时还要避免非法的不符合语义的错误数据的输入和输出,以保证数据的有效性;另外,还要检查先后输入的数据是否一致,以保证数据的相容性。检查数据库中的数据是否满足规定的条件称为"完整性检查"。数据库中的数据应当满足的条件称为"完整性约束条件",有时也称为完整性规则。

7.2.3　完整性约束条件

整个完整性控制都是围绕完整性约束条件进行的,可以说,完整性约束条件是完整性控制机制的核心。

完整性约束条件涉及 3 类作用对象,即属性级、元组级和关系级,这 3 类对象的状态可以是静态的,也可以是动态的。结合这两种状态,一般将这些约束条件分为下面 6 种类型。

(1) 静态属性级约束:静态属性级约束是对属性值域的说明,即对数据类型、数据格式和取值范围的约束。如学生学号必须为字符型,出生年龄格式必须为 YY. MM. DD,成绩的取值范围必须为 0~100 等。这是最常见、最简单、最容易实现的一类完整性约束。

(2) 静态元组级约束:静态元组级约束就是对元组中各个属性值之间关系的约束。如订货表中包含订货数量与发货数量这两个属性,对于它们,应当有语义关系,发货量不得超过订货量。静态元组约束只局限在元组上。

(3) 静态关系级约束:静态关系级约束是一个关系中各个元组之间或者若干个关系之间常常存在的各种联系的约束。常见的静态关系级约束有以下几种:

① 实体完整性约束。

② 参照完整性约束。

③ 函数依赖约束。

④ 统计依赖约束。

其中,统计依赖约束是指多个基表的属性间存在一定统计值间的约束,如总经理的工资不得高于职工的平均工资,教师的工资数必须高于学生的助学金最高数等。

(4) 动态属性级约束:动态属性级约束是修改定义或属性值时应满足的约束条件。其中包括:

① 修改定义时的约束:例如将原来允许空值的属性改为不允许空值时,如果该属性当前已经存在空值,则规定拒绝修改。

② 修改属性值时约束:修改属性值有时需要参考该属性的原有值,并且新值和原有值之间需要满足某种约束条件。例如,职工工资调整不得低于其原有工资,学生年龄只能增长等。

(5) 动态元组级约束:动态元组约束是指修改某个元组的值时要参照该元组的原有值,并且新值和原有值之间应当满足某种约束条件。例如,职工工资调整不得低于其原有工资＋工龄 * 1.5 等。

(6) 动态关系级约束:动态关系级约束就是加在关系变化前后状态上的限制条件。例如事务的一致性,原子性等约束条件。动态关系级约束实现起来开销较大。

完整性约束条件的设置,一般采用完整性约束语句形式,用户可以使用完整性约束语句建立具体应用中数据间的语义关系。

7.2.4　完整性规则和完整性控制

1. 完整性规则

关系模型的完整性规则就是对关系的某种约束条件。关系模型中有 3 类完整性规则,即实体完整性规则、参照完整性规则和用户定义完整性规则。实体完整性规则和参照完整性规则是任何一个关系模型都必须满足的完整性约束条件,被称为关系模型的两个不变性,通常由 DBMS 自动支持。

1) 实体完整性规则

一个基本关系对应现实世界的一个实体集。学生关系对应于学生集合。现实中的实体集是能够相互区分,这是因为它们通常具有唯一的标识。在关系模型中,相应基本关系的唯一标识就是该关系的键(主键)。主键为空值,就意味着存在某个不能标识的实体,存在某个不可区分的实体,这在实际应用中当然是不能允许的。这里所讲的空值,是指"暂时不知道"或者"根本无意义"的属性值。按照这样的考虑,就需要引入实体完整性规则,这是数据库完整性的最基本要求,其要点是基表上的主键中属性值不能为空值。根据上述考虑,人们建立实体完整性规则(entity integrity rule)如下:当属性 A 是基本关系 R 的主属性时,属性 A 不能取空值。

2) 参照完整性规则

现实世界中实体之间往往存在着一定的联系,人们认识事物,本质上就是要了解事物之间的相互联系以及由此产生的相互制约。在关系模型中,实体与实体之间的联系都是用关系来描述的,这样就需要研究关系之间的相互引用。

【例 7-3】 学生实体和课程实体分别用关系 Student 和 Course 表示:

Student(Sno, Sname, Sex, Sage, Cno)
Course(Cno, Cname)

其中,Sno、Sname、Sex、Sage、Cno、Cname 分别表示属性:学号、姓名、性别、年龄、课程号和课程名;带下划线的属性表示主键。

这两个关系存在属性的引用。关系 Student 引用关系 Course 的主键"Cno"。关系 Student 中的 Cno 必须是确实存在的课程的课程号,即为关系 Course 中该课程的记录,而关系 Student 中的某个属性必须参照关系 Course 中的属性取值。

不仅关系之间存在引用联系,同一关系内部属性之间也会有引用联系。

【例 7-4】 设有下面 3 个关系:

Student(Sno, Sname, Sex, Sage, Cno)
Course(Cno, Cname)
SC(Sno, Cno, Grade)

其中,Student 和 Course 是例 7-3 中的学生关系和课程关系,而 SC 是学生-课程关系,属性 Grade 表示课程成绩。

在这 3 个关系间也存在着属性引用联系。SC 引用 Student 的主键 Sno 和 Course 的主键"Cno"。这样,SC 中的 Sno 必须是真正存在的学号,即 Student 中应当有该学生的记录;SC 中的 Cno 也必须是确实存在的课程号,即 Course 中应当有该门课程的记录。这也就是说,关系 SC 中某些属性的取值需要参照关系 Student 和关系 Course 中的属性方可进行。

【例 7-5】 在关系 Student 中添加属性 Sm(班干部)从而定义关系 S2 如下:

Student2(Sno, Sname, Sex, Sage, Cno, Sm)

在 Student2 中,属性 Sno 是主键,属性 Sm 表示该学生所在班级的班长的学号,它引用本关系 Student 的属性"Sno",即"班干部"必须是确实存在的学生的学号。

为了刻画上面所述的关系外键与主键之间的引用规则,就需要引入参照完整性规则,它实际上给出了基表之间的相关联的基本要求,其要点是不允许引用不存在的元组,即是说在基表中外键要么为空值，要么其关联基本表中必存在元组。

参照完整性规则(reference integrity rule)的基本内容是，如果属性或属性组 F 是基本关系 R 的外键，它与基本关系 S 的主键 Ks 相对应(这里 R 和 S 不一定是两个不同的关系)，则对于 R 中每个元组在 F 上的取值应当满足：

(1) 或者取空值，即 F 的每个属性值均为空值。

(2) 或者等于 S 中某个元组的主键值。

这里，称 R 为参照关系(referencing relation)，S 为被参照关系(referenced relation)或目标关系(target relation)。

在例 7-3 中，被参照关系是 Course，参照关系是 Student，关系 Student 中每个元组的 Cno 只能取下面两类值：

空值：表示尚未给该学生分配课程；

非空值：此时该值应当是关系 Course 中某个元组的课程号，它表示该学生不能分配到一个未开设的课程，即被参照关系 Course 中一定存在一个元组，其主键值等于参照关系 Student 中的外键值。

在例 7-4 中，关系 SC 的 Sno 属性与关系 Student 中主键 Sno 相对应，Cno 属性与关系 Course 中的主键 Cno 相对应，因此，Sno 和 Course 是关系 SC 的外键，这里 Student 和 Course 均是被参照关系，SC 是参照关系。

Sno 和 Cno 可以取两类值：空值和已经存在的值。由于 Sno 和 Cno 都是关系 SC 的主属性，根据实体完整性规则，它们均不能取空值，所以课程关系中的 Sno 和 Cno 属性实际上只能取相应被参照关系中已经存在的主键值。

按照参照完整性规则，参照关系和被参照关系可以是同一关系。在例 7-5 中，Sm 的属性值可以取空值和非空值，其中，空值表示该学生所在班级尚未选出班长；非空值表示该值必须是本关系中某个元组中的学号值。

3) 用户完整性规则

实体完整性规则和参照完整性规则是关系数据库所必须遵守的规则，任何一个 RDBMS 都必须支持，它们适用于任何关系数据库系统。根据具体应用环境的不同，不同的关系数据库往往还需要一些相应的特殊的完整性约束条件，这就是用户定义的完整性约束规则(user-defined integrity rule)。它针对一个具体的应用环境，反映其涉及数据的一个必须满足的特定的语义要求。例如，某个属性必须取唯一值，某个非主属性也不能取空值，某个属性有特定的取值范围等。一般说来，关系模型应该提供定义和检验这类完整性的机制，使用统一的系统方法进行处理，而不是将其推送给相应的应用程序。

由上述论述可知，用户完整性规则的要点是针对数据环境由用户具体设置规则，它反映了具体应用中数据的语义要求。

2. 完整性控制

DBMS 的完整性约束控制功能应当具有下述 3 种功能：

(1) 定义功能。提供定义完整性约束条件的机制，确定违反了什么样的条件就需要使用规则进行检查，称为规则的"触发条件"，即 7.2.3 中讨论的完整性约束条件。

(2) 检查功能。检查用户发出的操作请求是否违背了完整性约束条件，即怎样检查出现的错误,称为"完整性约束条件的检查"。一般数据库管理系统内部设置专门的软件模块,对完整性约束语句所设置的完整性约束条件随时进行检查,以保证完整性约束条件的设置能得到随时的监督与实施。

(3) 处理功能。如果发现用户的操作请求与完整性约束条件不符合,则采取一定的动作来保证数据的完整性,即应当如何处理检查出来的问题,称为"else 语句",违反时要采取的动作,称为"完整性约束条件的处理"。在 DBMS 内部同样设有专门的软件模块,对一旦出现违反完整性约束条件的现象及时进行处理,以保证系统内部数据的完整性,处理的方法有简单和复杂之分,简单处理方式是拒绝执行并报警或报错,复杂方式是调用相应的函数进行处理。

在关系数据库中,最重要的完整性约束就是实体完整性和参照完整性,其他完整性约束都可以归结为用户定义完整性之中。在实际问题当中主要是对实体完整性和参照完整性进行控制。

(1) 对于违反实体完整性规则和用户定义完整性规则的操作一般都是采用拒绝执行的方式进行处理。

(2) 对于违反参照完整性的操作,并不是简单地拒绝执行,而是需要采取另外一种方法,即接受该操作,同时执行必要的附加操作,以保证数据库的状态仍然是正确的。

由此可见,在完整性约束控制中,参照完整性约束控制具有基本的意义。下面着重讨论参照完整性约束的控制问题。

7.2.5　参照完整性控制

1. 外键空值问题

在外键取空值的问题上,存在两种情况:

(1) 如果参照关系的外键是主键组成部分,由实体完整性规则可知,此时外键值不允许取空值;如果参照关系的外键不是主键的组成部分,则可以根据具体的语义环境确定外键值是否允许空值。

(2) 如前所述,例 7-4 中参照关系 SC 中的两个外键 Sno 和 Cno 组成主键,因此不得取空值。而例 7-3 中参照关系 Student 中外键为"Cno",不是主键 Sno 的组成部分,可以取空值,其意义在于对应的学生尚未分配课程。

2. 被参照关系中删除元组问题

有时需要删除被参照关系中的某个元组,而参照关系中又有若干元组的外键值与被删除的目标关系的主键值相对应。例如需要删除例 7-4 被参照关系 Student 中 Sno = 03001 的元组,而参照关系 SC 中又有 4 个元组的 Sno 都等于 03001,此时系统可以有 3 种选择。

1) 级联删除

级联删除(cascades delete)就是将参照关系中所有外码值及被参照关系中要删除元组主码值相同的元组一起删除。例如将例 7-4 的 SC 关系中 4 个 Sno 为 03001 的元组一起删除。如果参照关系同时又是另一个关系的被参照关系,则这种删除关系操作会持续级联下去。

2）受限删除

受限删除（restricted delete）就是仅当参照关系中没有任何元组的外码值和被参照关系中要删除元组的主码值相同时，系统才执行删除操作，否则拒绝这个删除操作。例如对于例7-4的情况，系统将拒绝删除 Student 关系中 Sno='03001' 的元组。

3）置空值删除

置空值删除（nullifies delete）就是删除参照关系的元组，并将参照关系中相应元组的外码值置空。例如将例7-4的 SC 关系中所有 Sno='03001' 的元组的 Sno 值置为空值。

这3种处理方法，哪一种是正确的呢？这要从应用环境的语义来定。在学生-选课数据库中，显然第一种方法是对的。因为当一个学生毕业或退学后，他的个人记录就从 Student 表中删除了，他的选课记录也随之从 SC 表中删除。

3. 参照关系中插入元组问题

假设在例7-4中，需要向参照关系 SC 中插入元组('03021',1,95)，而此时 Student 中尚无 Sno='03021' 的学生。一般，当参照关系需要插入某个元组，可以参照目标关系的情况采取如下策略：

（1）受限插入：如果被参照关系中不存在相应元组，其主键值与参照关系插入元组的外键值相同时，系统就拒绝执行插入操作。例如在例7-4中，系统将拒绝向参照关系 SC 插入元组('03021',1,95)。

（2）递归插入：如果被参照关系不存在元组，其主键值等于参照关系插入元组的外键值，则先向被参照关系插入相应元组，然后再向参照关系插入元组。在上例中，系统首先向被参照关系 Student 中插入 Sno='03021' 的元组，接着向参照关系 SC 插入元组('03021',1,95)。

4. 元组中主键值修改问题

根据 DBMS 的特性，有下面两种情况。

1）不允许修改主键

在某些 DBMS 中，不允许进行修改主键的操作，即不能用 UPDATE 语句将 Sno='03021' 修改为 Sno='03038'。如果确实需要修改主键值，只能先删除该元组，再将具有新主键值的元组插入到关系当中。

2）允许修改主键

在另一些 DBMS 中，可以进行修改主键操作，但必须保证主键的唯一性和非空性，否则拒绝修改。

如果允许修改主键，一般可以按照下述途径进行修改操作。

（1）当修改的是被参照关系时，必须检查参照关系中是否存在这样的元组，其外键值等于被参照关系要修改的主键值。例如将关系 Student 中 Sno='03021' 修改为 Sno='03038'，而关系 SC 中有4个元组的 Sno='03021'，这时与被参照关系中删除元组情况类似，可以有相应的3种策略进行选择。

（2）当修改关系是参照关系时，必须检查被参照关系是否存在这样的元组，其主键值等于参照关系将要修改的外键值。例如当把关系 SC 中的元组('03021',3,90)修改为元组('03038',3,90)时，在被参照关系 Student 中还无 Sno='03038' 的学生，这时与在参照关系中插入元组的情况类似,可以有相应的两种策略进行选择。

由上面的讨论得知,在实现参照完整性方面,DBMS 除了需要提供定义主键和定义外键的机制外,还应当提供不同的策略方便用户选择。至于选择何种策略,需要根据具体应用环境的要求确定。

7.2.6 SQL 中的完整性约束机制

1. 实体完整性

在 SQL 中可以使用 PRIMARY KEY 子语句对完整性进行描述。

【例 7-6】 对于关系 Student(Sno,Sname,Sage,Sdept),可以使用如下语句创建表。

```
CREATE TABLE Student
(     Sno,CHAR(8),
      Sname,CHAR(10),
      Sage,NUMBER(3),
      Sdept,CHAR(20),
      PRIMARY KEY(Sno));
```

2. 参照完整性

参照完整性通过使用 FOREIGN KEY 子句来描述,其格式如下:

```
FOREIGN KEY(属性名)REFERENCES 表名(属性名)
[NO DELETE CASCADES | SET NULL]
```

其中:

FOREIGN KEY:定义哪些列为外键。

REFERENCES:指明外键对应于哪个表的主键。

ON DELETE CASCADE:指明删除被参照关系的元组时,同时删除参照关系中元组。

SET NULL:表示置为空值方式。

3. 全局约束

全局约束是指一些比较复杂的完整性约束,这些约束涉及多个属性间的联系或多个不同关系间的联系。可以将它们分为下面的两种情形。

1) 基于元组的检查子语句

这种约束是对单个关系的元组值加以约束。方法是在关系定义中的任何地方加上关键字 CHECK 和约束条件。

【例 7-7】 年龄在 16 岁和 20 岁之间,可用 CHECK(AGE>= 16 AND AGE <=20)来检测。

2) 基于断言

如果完整性约束涉及的面较广,与多个关系有关,或者与聚合操作有关,SQL2 提供"断言(assertions)"机制让用户书写完整性约束,断言可以像关系一样,用 CREATE 语句定义,其格式如下:

```
CREATE ASSERTION <断言名称> CHECK(<条件>)
```

【**例 7-8**】 在教学数据库的课程关系 C 中用断言描述约束"每位教师开设的课程不能超过 10 门"。

```
CREATE ASSERTION ASSE CHECK
    (10 > = ALL(SELECT COUNT(Cno)
    FROM Course
    GROUP BY TEACHER));
```

7.2.7 修改约束

任何时候都可以添加、修改和删除约束。在本部分介绍如何给约束命名以及修改表上的约束。

1. 给约束命名

为了修改和删除一个已经存在的约束,此约束必须有名字。可以直接给约束按自己的意图命名,也可查找系统自动给约束取的名。

【**例 7-9**】 创建学生表,创建 Sno 为主键的约束,另外要求 Ssex 输入的值必须为男或女。

```
CREATE TABLE ST
(    Sno CHAR(8),
    Sname CHAR(10),
    Ssex char(2) CONSTRAINT XINGBIE CHECK(Ssex in ('男','女')),
    Sage SMALLINT,
    Sdept CHAR(20),
    CONSTRAINT PK_NO PRIMARY KEY(Sno))
```

2. 修改表上的约束

ALTER TABLE 语句可以多种方式影响约束。用保留字 DROP 和要删除的约束的名字就可以删除约束。也可以用保留字 ADD,后面加上约束实现约束添加。

【**例 7-10**】 对例 7-9 中的关系添加和删除约束。

```
ALTER TABLE ST DROP CONSTRAINT XINGBIE;
```

此语句删除添加的对性别的约束。

```
ALTER TABLE ST ADD CONSTRAINT XINGBIE CHECK (Ssex in ('男','女'))
```

此语句通过修改关系模式,添加相同的约束。

7.2.8 触发器

1. 触发器概念

触发器(trigger)是近年来数据库中使用较多的一种数据库完整性保护技术,它是建立

(附着)在某个关系(基表)上的一系列能由系统自动执行对数据库进行修改的 SQL 语句的集合即程序,并且经过预编译之后存储在数据库中。

　　进一步说,数据库触发器是一张基表被修改时执行的内嵌过程。它是一种特殊的存储过程,触发器可用来保证当记录被插入、修改和删除时能够执行与一个基表有关的特定的事务规则。由于数据库触发器在数据库上执行并附着在对应的基表上,因此它们激发时将与执行相应操作的应用程序无关。创建数据库触发器能够帮助保证数据的一致性和完整性。数据库触发器不能用于加强关联的完整性,关联完整性可以通过在创建表的时候使用外键(FOREING KEY)约束来定义。如果在触发器上还定义了其他的条件,就在触发器执行前检查这些条件。如果违反了这些条件,触发器将不被执行。因此,要实现一个触发,除了定义触发器的操作外,还必须要求触发器的附加条件成立。

　　通过把事务规则从应用程序代码移到数据库中可以确保事务规则被遵守,并能显著提高性能。事实上,触发器的开销非常低,运行触发器所占用的时间主要花在引用其他存储上。

　　在同一数据库内,可用 CREATE TABLE PRIMARY KEY 命令、CREATE TABLE FOREIGN KEY 命令建立数据关联整体性,不同数据之间,只能用触发来建立数据并联整体性,若是在同一张表内有关联限制和触发,SQL Server 会先审核关联限制,再审核触发。

　　触发器有时也称为主动规则(active rule)或事件-条件-动作规则(event-condition-action rule,ECA)。

2. 触发器结构

　　触发器由 3 部分组成:

　　(1) 事件。即对数据库的插入、删除、修改等操作。

　　(2) 条件。触发器将测试条件是否满足。如果条件满足,就执行相应操作,否则什么也不做。

　　(3) 动作。如果触发器测试满足预定的条件,就由 DBMS 执行这些动作(即对数据库的操作)。这些动作能使触发事件不发生,即撤销事件,例如删除一个插入的元组等。这些动作也可以是一系列对数据库的操作,甚至可以是对触发事件本身无关的其他操作。

3. 触发器的完整性保护功能

　　触发器在数据库完整性保护中起着很大的作用,一般可用触发器完成很多数据库完整性保护的功能,其中触发事件即是完整性约束条件,而完整性约束检查即是触发器的操作过程,最后结果过程的调用即是完整性检查的处理。

　　目前在一般 DBMS 中触发事件大多局限于 UPDATE、DELETE 和 INSERT 等操作。在数据库系统的管理中一般都有创建触发器的功能。

4. SQL 中触发器设计

　　在 SQL 中,触发器设计有如下要点。

　　(1) 触发事件中的时间关键字有 3 种:

　　① AFTER:在触发事件完成之后,测试 WHEN 条件是否满足,若满足则执行动作部

分的操作。

② BEFORE：在触发事件进行以前，测试 WHEN 条件是否满足。若满足则先执行动作部分的操作，然后再执行触发事件的操作(此时可以不管 WHEN 条件是否满足)。

③ INSTEAD OF：在触发事件发生时，只要满足 WHEN 条件，就执行动作部分操作，而触发事件的操作不再执行。

(2) 触发事件分为 3 类：UPDATE、DELETE 和 INSERT。在 UPDATE 时，允许后面跟有"OF(属性)"短语。其他两种情况是对整个元组的操作，不允许后面跟"OF(属性)"短语。INSERT 触发器能使用户向指定的表中插入数据时发出报警。在带有 UPDATE 触发器的表上执行 UPDATE 语句时，原来的记录移到 deleted 表中，更新记录插入到 inserted 表中并更新表。使用 UPDATE 触发器时，应注意触发器对 deleted 和 inserted 表以及被更新的表一起检查以判断是否更新了多行或如何执行触发器动作。值得提出的是，inserted 表和 deleted 表是事务日志的视图，它与创建了触发器的表具有相同的结构，即它们都是当前触发器的局部表。

(3) 动作部分可以只有一个 SQL 语句，也可以有多个 SQL 语句，语句之间用分号隔开。

(4) 如果触发事件是 UPDATE，那么应该用"OLD AS"和"NEW AS"子句定义修改前后的元组变量。如果是 DELETE，那么只要用"OLD AS"子句定义元组变量。如果是 INSERT，那么只要用"NEW AS"子句定义元组变量。

(5) 触发器有两类：元组级触发器和语句级触发器。两者的差别是前者带有"FOR EACH ROW"子句，而后面没有；前者对每一个修改的元组都要检查一次，而后者检查 SQL 语句的执行结果。

在语句级触发器，不能直接引用修改前后的元组，但可以引用修改前后的元组集。旧的元组集由被删除的元组或被修改元组的旧值组成，而新的元组集由插入的元组或被修改元组的新值组成。

【例 7-11】 设计用于关系 SC 的触发器，该触发器规定，如果需要修改关系 SC 的成绩属性值 Sg 时，修改之后的成绩 Sg 不得低于修改之前的成绩 Sg，否则就拒绝修改。使用 SQL3，该触发器的程序可以编写如下(在 SQL Server 中的语法格式有所不同，具体请参考联机帮助)：

```
CREATE TRIGGER TRIG1
AFTER UPDATE OF grade ON SC
REFERENCING
OLD AS OLDTUPLE
NEW AS NEWTUPLE
FOR EACH ROW
WHEN (OLDTUPLE.Sg > NEWTUPLE.Sg)
UPDATE SC
SET Sg = OLDTUPLE.Sg
WHERE Cno = NEWTUPLE.Cno
```

第 1 行说明触发器的名称为 TRIG1。第 2 行给出触发事件，即关系 SC 的成绩修改后激活触发器。第 3~5 行为触发器的条件和动作部分设置必要的元组变量，OLDTUPLE 和

NEWTUPLE 分别为修改前后的元组变量。第 6 行是触发器的条件部分,这里,如果修改后的值比修改前的值小,则必须恢复修改前的旧值。第 7~9 行是触发器的动作部分,这里是 SQL 的修改语句。这个语句的作用是恢复修改之前的旧值。第 10 行表示触发器对每一个元组都要检查一次。如果没有这一行,表示触发器对 SQL 语句的执行结果只检查一次。

5. 触发器是完整性保护的充分条件

触发器是完整性保护的充分条件,具有主动性的特点。若在某个关系上建立了触发器,则当用户对该关系进行某种操作时,比如插入、更新或删除等,触发器就会被激活并投入执行,因此,触发器用作完整性保护,但其功能一般会比完整性约束条件强得多,且更加灵活。一般而言,在完整性约束功能中,当系统检查数据中有违反完整性约束条件时,仅仅给用户必要的提示信息;而触发器不仅给出提示信息,还会引起系统内部自动进行某些操作,以消除违反完整性约束条件所引起的负面影响。另外,触发器除了具有完整性保护功能外,还具有安全性保护功能。

小结

安全性问题是所有计算机系统都有的问题,只是在数据库系统中大量的数据集中存放,而且是多用户共享,使安全性问题更为突出。因此,系统安全保护措施是否有效是数据库系统主要的性能指标之一。

随着计算机特别是计算机网络技术的发展,数据的共享性日益加强,数据的安全性问题也日益突出。DBMS 作为数据库系统的数据管理核心,自身必须具有一套完整而有效的安全性机制。实现数据库安全性的技术和方法有多种,其中最重要的是存取控制技术和审计技术。

数据库的完整性是为了保证数据库中存储的数据是正确的,而"正确"的含义是指符合现实世界语义。不同的数据库产品对完整性的支持策略和支持程度是不同的。关于完整性的基本要点是 DBMS 关于完整性实现机制,其中包括完整性约束机制、完整性检查机制以及违背完整性约束条件时 DBMS 应当采取的措施等。需要指出的是,完整性机制的实施会极大影响系统性能。但随着计算机硬件性能和存储容量的提高以及数据库技术的发展,各种商用数据库系统对完整性约束的支持越来越好,不仅能保证实体完整性和参照完整性而且能在 DBMS 的核心中定义、检查和保证用户定义的完整性约束条件。

在本章的学习中,一定要弄清数据库安全性和数据库完整性两个基本概念的联系与区别。

综合练习七

一、填空题

1. 凡是对数据库的不合法使用,都可以称之为_____。它分为_____和_____两类。

2. 数据库的安全性和完整性属于_____的范畴。

3. 数据库的数据保护包括_____和_____。

4. 数据库的完整性的基本含义是指数据库的_____、_____和_____。

5. 关系模型中有 3 类完整性规则,分别为_____、_____和_____。

二、选择题

1. 常见的数据库保护措施有安全性保护,完整性保护,并发控制及其(   )。

    A. 故障恢复　　　　B. 并行分析　　　　C. 缺失性保护　　　　D. 串行优化

2. 数据库的安全性保护中,常用的使用权鉴别方法有口令和(   )。

    A. 数字计算法　　　B. 函数计算法　　　C. 形式计算法　　　D. 公式计算法

3. 数据库的操作对象权限有(   )以及它们的一些组合。

    A. 查询权　　　　　B. 插入权　　　　　C. 删除权　　　　　D. 修改权

4. 常见的数据库完整性保护措施有(   )。

    A. 完整性约束　　　B. 触发器　　　　　C. 并发控制　　　　D. 故障恢复

三、问答题

1. 什么是数据库的安全性?什么是数据库的完整性?两者之间的联系与区别是什么?

2. 数据库安全性保护通常采用什么方法?

3. 使用视图机制有什么好处?

4. SQL 中的用户权限有哪些?

5. 完整性约束条件可以分为哪几类?

6. DBMS 的完整性保护机制有哪些功能?

四、实践题

1. 针对前几章实践题中你所建立的数据库,考虑在实际使用中你需要对哪些角色赋予哪些权限?

2. 尝试用统计方法对你设计的数据库进行攻击。你能想出些什么方法抵御这些攻击?

第8章

数据库事务管理

事务是一系列的数据库操作,是数据库应用程序的基本逻辑单元。事务处理技术主要包括数据库恢复技术和并发控制技术。数据库恢复机制和并发控制机制是 DBMS 的重要组成部分。本章在介绍事务的基本概念和性质的基础上,讨论数据库恢复的概念和常用技术,以及讨论并发控制的基本技术。

8.1 事务的基本概念

事务并发执行的控制以及数据库的故障恢复都是以事务处理为核心的。本节主要讨论事务概念、事务处理的基本操作和 SQL 中的事务处理语句。这些都是事务并发控制和数据库故障恢复的必需基础。

8.1.1 事务

1. 问题的引入

数据库的共享性与数据库业务的并发执行相关。不严格地讲,同时执行若干个数据库"业务",或者说多个不同"业务",同时对同一数据进行操作的过程就是并发执行。不受控制地并发执行可能会带来许多问题,为了避免这些问题,人们通常要求"同时执行若干业务的效果"应当"等价"于"一个一个"顺序执行的结果,这就是后面所要讨论的"并发执行可串行化"问题。"并发"要与"串行"作比较,其中操作的各个"业务"就应当有必要的刻画,这就需要引入"事务"的概念。

同样,数据库发生的"故障"是附着在相应的"业务"之上的,也应当有一个便于排除故障、进行数据库恢复的不可再分的"标准单位"。例如在银行活动中,"由账户 A 转移资金额 X 到账户 B"是一个典型的银行数据库业务。这个业务可以分解为两个动作:

(1) 从账户 A 中减掉金额 X。

(2) 在账户 B 中加上金额 X。

这两个动作应当构成一个不可分割的整体,不能只做动作 A 而忽略动作 B,否则从账户 A 中减掉的金额 X 就成了问题。也就是说,这个业务必须是完整的,要么完成其中的所有动作,要么不执行其中任何动作,二者必居其一。这种"不可分割"的业务单位对于并发执行和数据库故障恢复非常必要,这也就是下面引进的"事务"概念。

2. 事务的概念

事务(transaction)是用户定义的一个操作序列,这些操作要么全做要么全不做,是一个不可分割的工作单位,是数据库环境中的逻辑工作单位。

事务和程序是两个概念,一般而言,一个数据库应用程序由若干个事务组成,每个事务可以看做是数据库的一个状态,形成了某种一致性,而整个应用程序的操作过程则是通过不同的事务使得数据库由某种一致性不断转换到新的一致性的过程。

3. 事务的性质

事务具有 4 个特性,简称 ACID 特性。

1) 原子性(atomicity)

事务是数据库的逻辑工作单位,事务中包括的诸操作要么都做,要么都不做。事务的原子性质是对事务最基本的要求。

2) 一致性(consistency)

事务执行的结果必须是使数据库从一个一致性状态变到另一个一致性状态。因此当数据库只包含成功事务提交的结果时,就说数据库处于一致性状态。如果数据库系统运行中发生故障,有些事务尚未完成就被迫中断,系统将事务中对数据库的所有已完成的操作全部撤销,回滚到事务开始时的一致性状态。数据的一致性保证数据库的完整性。

3) 隔离性(isolation)

一个事务的执行不能被其他事务干扰。即一个事务内部的操作及使用的数据对其他并发事务是隔离的,并发执行的各个事务之间不能互相干扰。事务的隔离性是事务并发控制技术的基础。

隔离性虽然是事务的基本性质之一,但是彻底的隔离意味着并发操作效率的降低。所以人们设想在避免干扰的前提下,适当地降低隔离的级别,从而提高并发的操作效率。隔离级别越低,并发操作的效率越高,但是产生干扰的可能性也越大;隔离级别越高,则并发操作的效率越低,同时产生干扰的可能性也越小。在设计应用时,可以在所能容忍的干扰程度范围内,尽可能地降低隔离级别,从而提高应用的执行效率。

4) 持续性(durability)

持续性也称永久性(permanence),指一个事务一旦提交,它对数据库中数据的改变就应该是永久性的。接下来的其他操作或故障不应该对其执行结果有任何影响。持久性的意义在于保证数据库具有可恢复性。

事务的 ACID 性质是数据库事务处理的基础,在后面相应的讨论中均以事务为基本执行单位。保证事务在故障时满足 ACID 准则的技术称为恢复。保证事务在并发执行时满足 ACID 准则的技术称为并发控制。后面会分别对这两种技术进行详细讨论。

8.1.2 事务基本操作与活动状态

事务操作可以看作由若干个部分组成。

(1) 事务开始(begin transaction):事务开始执行。

(2) 事务读写(read/write transaction):事务进行数据操作。

(3) 事务提交(commit transaction)：事务完成所有数据操作，同时保存操作结果，它标志着事务的成功完成。

(4) 事务回滚(rollback transaction)：事务未完成所有数据操作，重新返回到事务开始，它标志着事务的撤销。

根据事务的这些基本操作，可以得到事务的基本状态或活动过程。

(1) 使用 BEGIN TRANSACTION 命令显式说明一个事务开始，它说明了对数据库进行操作的一个单元的起始点。在事务完成之前出现任何操作错误和故障，都可以撤销事务，使事务回滚到这个起始点。事务用命令 COMMIT 或 ROLLBACK 结束。

(2) 在事务开始执行后，它不断做 READ 或 WRITE 操作，但是，此时所作的 WRITE 操作，仅将数据写入磁盘缓冲区，而非真正写入磁盘内。

(3) 在事务执行过程中会产生两种状况，一是顺利执行，此时事务继续正常执行其后的内容；二是由于产生故障等原因而终止执行，对这种情况称为事务夭折(abort)，此时根据事务的原子性质，事务需要返回开始处重新执行，这种情况称之为事务回滚(rollback)。在一般情况下，事务正常执行直至全部操作执行完成，在执行事务提交(commit)后整个事务即宣告结束。事务提交即是将所有事务执行过程中写在磁盘缓冲区的数据真正地、物理地写入磁盘内，从而完成整个事务。

(4) SQL 标准还支持"事务保存点"技术，所谓"事务保存点"就是在事务的过程中插入若干标记，这样当发现事务中有操作错误时，可以不撤销整个事务，只撤销部分事务，即将事务回滚到某个事务保存点。

事务的整个活动状态或过程如图 8-1 所示。

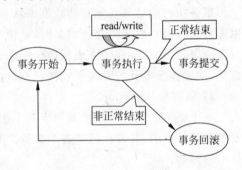

图 8-1　事务活动过程

8.1.3　事务处理 SQL 语句

1. 3 条事务处理语句

一个应用由若干个事务组成，事务一般嵌入在应用中。在 SQL 语言中，对应于事务的基本状态，在应用程序中所嵌入的事务活动由 3 个语句组成，它们分别是：

一条事务开始语句：BEGIN TRANSACTION。

两条事务结束语句：COMMIT 和 ROLLBACK。

1) 事务开始语句

语句 BEGIN TRANSACTION 表示事务从此句开始执行，而该语句也是事务回滚的标志点。在大多数情况下，可以不用此语句，对每个数据库的操作都包含着一个事务的开始。

2) 事务提交语句

当前事务正常结束，用语句 COMMIT 通知系统，表示事务执行成功的结束(应当"提交")，数据库将进入一个新的正确状态，系统将该事务对数据库的所有更新数据由磁盘缓冲区写入磁盘，从而交付实施。需要注意的是，如果其前没有使用"事务开始"语句，则该语句同时还表示一个新事务的开始。

3）事务回滚语句

当前事务非正常结束,用语句 ROLLBACK 通知系统,告诉系统事务执行发生错误,是不成功的结束(应当"退回"),数据库可能处在不正确的状况,该事务对数据库的所有操作必须撤销,数据库应该将该事务回滚到事务的初始状态,即事务的开始之处并重新开始执行。

有一点值得注意的是,SQL Server 还支持"事务保存点技术",设置保存点的命令是SAVE TRANSACTION(在 SQL 标准中是 SAVEPOINT 命令),具体格式是:

```
SAVE TRANSACTION savepoint_name
```

撤销部分事务或回退到事务保存点的命令也是 ROLLBACK TRANSACTION,具体格式是:

```
ROLLBACK TRANSACTION savepoint_name
```

2. 事务的两种类型

对数据库的访问是建立在对数据"读"和"写"两个操作之上的,因此,一般事务中涉及的数据操作主要是由"读"与"写"语句组成,而当事务仅由读语句组成时,事务的最终提交就会变得十分简单。因此,有时可以将事务分成只读型和读写型两种。

1）只读型(read only)

此时,事务对数据库的操作只能是读语句,这种操作将数据 X 由数据库中取出读到内存的缓冲区中。定义此类型即表示随后的事务均是只读型,直到新的类型定义出现为止。

2）读写型(read/write)

此时,事务对数据库可以做读与写的操作,定义此类型后,表示随后的事务均为读/写型,直到新的类型定义出现为止。此类操作可以缺省。

8.2 数据库恢复技术

尽管数据库系统中采取了各种保护措施来防止数据库的安全性和完整性被破坏,保证并发事务的正确执行,但是计算机系统中硬件的故障、软件的错误、操作员的失误以及恶意的破坏仍是不可避免的,这些故障轻则造成运行事务非正常中断,影响数据库中数据的正确性,重则破坏数据库,使数据库中全部或部分数据丢失,因此数据库管理系统必须具有把数据库从错误状态恢复到某一已知的正确状态(亦称为一致状态或完整状态)的功能,这就是数据库的恢复。

数据库恢复技术是一种被动的方法,而数据库完整性、安全性保护及并发控制则是一种主动的保护方法,这两种方法的有机结合才能使数据库得到有效保护。

数据库恢复原理是建立在事务基础之上的,而实现恢复的基本思想是使用存储在另一个系统中"冗余"数据以及事先建立起来的日志文件,重新构建数据库中已经被损坏的数据,或者修复数据库中已经不正确的数据。需要指出的是,数据库恢复的原理和思路虽然简单,但是具体的实现技术却相当复杂。数据库恢复需要有数据库管理系统的恢复子系统的支持。在一个大型数据库产品中,其恢复子系统的代码通常要占整个数据库代码的 10% 以上。

8.2.1　数据库故障分类

所谓数据库恢复就是在各种故障发生后,数据库中的数据都能够从错误的不一致状态恢复到某种逻辑的一致性状态。数据库恢复是从"不一致"到"一致"的过程,因此需要对什么是数据库中数据的"一致性"做出合适说明,并在此基础上展开相应讨论。事务是数据库的基本工作单位,从事务的观点描述"一致性"是合适的。

事务概念的本质在于其中包含的操作要么全做,要么全不做,这就意味着每个运行事务对数据库的影响要么都反映在数据库中,要么都不反映在数据库中,二者不可兼得。当数据库中只包含成功事务提交的结果时,就说该数据库中的数据处于一致性状态。由事务的原子性质来看,这种意义上的数据一致性应当是对数据库的最基本要求。

反过来看,数据库系统在运行当中出现故障时,有些事务就会尚未完成而被迫中断。如果这些未完成事务对数据库所作的修改有一部分已经写入到数据库的物理层面,就认为数据库处于一种不正确的状态,或者说不一致状态,就需要根据故障类型采取相应的措施,将数据库恢复到某种一致状态。

由于事务是数据库基本操作的逻辑单元,数据库中的故障具体表现为事务执行的成功与失败。从这种考虑出发,需要基于事务的观点对数据库的故障进行描述和讨论。常见数据库的故障可以分为事务级故障、系统级故障和介质级故障等若干类。

1. 事务级故障

事务级故障也称为小型故障,其基本特征是故障产生的影响范围在一个事务之内。

事务故障为事务内部执行所产生的逻辑错误与系统错误,它由诸如数据输入错误、数据溢出、资源不足(以上属逻辑错误)以及死锁、事务执行失败(以上属系统错误)等引起,使得事务尚未运行到终点即告夭折。事务故障影响范围在事务之内,属于小型故障。

例如:银行转账事务。这个事务把一笔金额从一个账户甲转给另一个账户乙。

```
BEGIN TRANSACTION
读账户甲的余额 BALANCE;
BALANCE = BALANCE - AMOUNT;(Amount 为转账金额)
IF (BALANCE < 0) THEN
{
    打印 '金额不足,不能转账';
    ROLLBACK;(撤销刚才的修改,恢复事务)
}
ELSE
{
    读账户乙的余额 BALANCE1;
    BALANCE1 = BALANCE1 + AMOUNT;
    写回 BALANCE1;
    COMMIT;
}
```

这个例子说明事务是一个"完整的"工作单位,它所包括的一组更新操作要么全做要么全不做,否则就会使数据库处于不一致状态,例如只把账户甲的余额减少了而没有把账户乙的余额增加。在这段程序中若产生账户甲余额不足的情况,应用程序可以发现并让事务回滚,撤销错误的修改,恢复数据库到正确状态。事务内部更多的故障是非预期的,是不能由应用程序处理的。如运算溢出、并行事务发生死锁而被选中撤销该事务等,以后,事务故障仅指这一类故障。事务故障意味着事务没有到达预期的终点(COMMIT 或者显式的 ROLLBACK),因此,数据库可能处于不正确状态。系统就要强行回滚此事务,即撤销该事务已经作出的任何对数据库的修改,使得该事务好像根本没有启动一样。这类恢复操作称为事务撤销(UNDO)。

2. 系统级故障

系统故障是指造成系统停止运转的任何事件,使得系统要重新启动,通常称为软故障(soft crash)。

1) 系统故障

此类故障是由于系统硬件如 CPU 故障、操作系统、DBMS 以及应用程序代码错误所造成的故障,此类故障可以造成整个系统停止工作,内存破坏,正在工作的事务全部非正常终止,但是磁盘数据不受影响,数据库不至于遭到破坏,此类故障属中型故障。

2) 外部故障

此类故障主要是由于外部原因(如停电)所引起,它也造成系统停止工作,内存丢失,正在工作的事务全部非正常终止。

系统级故障的影响范围是各个事务,即某些事务要重做,某些事务要撤销,但是它不需要对整个数据库做全面的恢复,可以认为是中型故障。

3. 介质级故障

介质故障也称为硬故障(hard crash),指的是外存故障。

如磁盘损坏、磁头碰撞、瞬时强磁场干扰等。这类故障将破坏数据库或部分数据库,并影响正在存取这部分数据的所有事务。介质级故障发生的可能性比前两类要小,但由于计算机的内存、磁盘受损,整个数据库遭到严重破坏,其危害性最大。此类故障属于大型故障。

4. 计算机病毒

计算机病毒是具有破坏性、可以自我复制的计算机程序。计算机病毒已成为计算机系统的主要威胁,自然也是数据库系统的主要威胁。因此数据库一旦被破坏仍要用恢复技术把数据库加以恢复。

5. 黑客入侵

黑客入侵可以造成主机、内存及磁盘数据的严重破坏。

从发生的故障对数据库造成的破坏程度来看,事务级和系统级故障使得某些事务在运行时中断,数据库有可能包含未完成事务对数据库的修改,破坏了数据库正确性,使得数据库处于不一致状态,而数据库本身没有破坏;介质级故障由于是硬件的损坏,从而导致数据库本身的破坏。

了解了这一点十分重要,因为需要对不同的故障采取不同的恢复技术。

8.2.2　数据库恢复的主要技术

1. 数据库恢复的基本原理

数据库恢复就是将数据库从被破坏、不正确和不一致的故障状态,恢复到最近一个正确的和一致的状态。数据库恢复的基本原理是建立"冗余"数据,对数据进行某种意义之下的重复存储。换句话说,确定数据库是否可以恢复的依据就是其包含的每一条信息是否都可以利用冗余的、存储在其他地方的信息进行重构。基本方法是:实行数据转储和建立日志文件。

(1) 实行数据转储:定时对数据库进行备份,其作用是为恢复提供数据基础。

(2) 建立日志文件:记录事务对数据库的更新操作,其作用是将数据库尽量恢复到最近状态。

事务级和系统级故障只是使得数据库中某些数据变得不正确,未对整个数据库造成破坏,可以利用日志文件撤销或者重做事务,即可完成故障恢复。介质级故障对整个数据库造成破坏,只能利用数据库的数据备份,依据日志文件重新执行事务对数据库的修改。

需要注意的是,这里所讲的"冗余"是物理级的,通常认为在逻辑级的层面上是没有冗余的。

下面分别讨论这些恢复技术。

2. 数据转储

数据转储就是 DBA 定期地将整个数据库复制到磁带或另一个磁盘上保存起来的过程。这些备用的数据文本称为后备副本或后援副本。

当数据库遭到破坏后可以将后备副本重新装入,但重装后备副本只能将数据库恢复到转储时的状态,要想恢复到故障发生时的状态,必须重新运行自转储以后的所有更新事务。

(1) 从转储运行的状态来看,数据转储可以分为静态转储和动态转储两种。

① 静态转储:指的是转储过程中无事务运行,此时不允许对数据执行任何操作(包括存取与修改操作),转储事务与应用事务不可并发执行。静态转储得到的必然是具有数据一致性的副本。

② 动态转储:即转储过程中可以有事务并发运行,允许对数据库进行操作,转储事务与应用程序可以并发执行。

静态转储执行比较简单,但转储事务必须等到应用事务全部结束之后才能进行,常常降低数据库的可用性,并且带来一些麻烦。动态转储克服了静态转储的缺点,不用等待正在运行的用户事务结束,也不会影响正在进行事务的运行,可以随时进行转储业务。但转储业务与应用事务并发执行,容易带来动态过程中的数据不一致性,因此技术上要求比较高。例如,为了能够利用动态转储得到的后备副本进行故障恢复,需要将动态转储期间各事务对数据库进行的修改活动逐一登记下来,建立日志文件。通过后备副本,结合日志文件就可以将数据库恢复到某一时刻的正确状态。

(2) 从转储进行的方式来看,数据转储可以分为海量转储与增量转储两种。

① 海量转储是每次转储数据库的全部数据。

② 增量转储是每次转储数据库中自上次转储以来产生变化的那些数据。

从数据库恢复考虑,使用海量转储得到后备副本进行恢复会十分方便;但从工作量角度出发,当数据库很大,事务处理又十分频繁时,海量转储的数据量就相当惊人,具体实现不易进行,因此增量转储往往更为实用和有效。

3. 日志文件

1) 日志

日志(logging)是系统为数据恢复而建立的一个文件,用以记录事务对数据库的每一次插入、删除等更新操作,同时记录更新前后的值,使得以后在恢复时"有案可查"、"有据可依"。

2) 日志记录

日志文件中每个事务的开始标志(BEGIN TRANSACTION)、结束标志(COMMIT 或 ROLLBACK)和修改标志构成了日志的一个日志记录(log record)。日志文件由日志记录组成。具体来说,每个日志记录包含的主要内容为:事务标识、操作时间、操作类型(增、删、或修改操作)、操作目标数据、更改前的数据旧值和更改后的数据新值。

3) 运行记录优先原则

日志以事务为单位,按执行的时间次序进行记录,同时遵循"运行记录优先"原则。在恢复处理过程中,将对数据进行的修改写到数据库中和将表示该修改的运行记录写到日志当中是两个不同的操作,这样就有一个"先记录后执行修改"还是"先执行修改再记录"的次序问题。如果在这两个操作之间出现故障,先写入的一个可能保留下来,另一个就可能丢失日志。如果保留下来的是数据库的修改,而在运行记录中没有记录下这个修改,以后就无法撤销这个修改。由此看来,为了安全,运行记录应该先记录下来,这就是"运行记录优先"原则。其基本点有二:

(1) 只有在相应运行记录已经写入日志之后,方可允许事务对数据库写入修改。

(2) 只有事务所有运行记录都写入运行日志后,才能允许事务完成"提交"处理。

4) 日志文件在恢复中的作用

日志文件在数据库恢复中有着非常重要的作用,其表现为:

(1) 事务级故障和系统级故障的恢复必须使用日志文件。

(2) 在动态转储方式中必须建立日志文件,后备副本和日志文件结合起来才能有效恢复数据库。

(3) 在静态转储方式中也可以建立和使用日志文件。如果数据库遭到破坏,此时日志文件的使用过程为:通过重新装入后备副本将数据库恢复到转储结束时的正确状态;利用日志文件对已经完成的事务进行重新处理,对故障尚未完成的事务进行撤销处理。这样就可不必运行那些已经完成的事务程序就可把数据库恢复到故障前某一时刻的正确状态。

综上所述,日志是对备份的补充,它可以看作是一个值班日记,它将记录下所有对数据库的更新操作。这样就可以在备份完成时立刻刷新并启用一个数据库日志,数据库日志是实时的,它将忠实地记录下所有对数据库的更新操作。当磁盘出现故障造成数据库损坏时,就可以首先利用备份恢复数据库(恢复大部分数据),然后再运行数据库日志,即将备份后所做的更新操作再重新做一遍,从而将数据库完全恢复。为了保证日志的安全,应该将日志和主数据库安排在不同的存储设备上,否则日志和数据库可能会同时遭到破坏,日志也就失去了它本来的作用。

4．事务撤销与重做

数据库故障恢复的基本单位是事务,因此在数据恢复时主要使用事务撤销(UNDO)与事务重做(REDO)两个操作。

1) 事务撤销操作

在一个事务执行中产生故障,为了进行恢复,首先必须撤销该事务,使事务恢复到开始处,其具体过程如下:

(1) 反向扫描日志文件,查找应该撤销的事务。

(2) 找到该事务更新的操作。

(3) 对更新操作做逆操作,即如果是插入操作则做删除操作,如果是删除操作则用更新前的数据旧值做插入,如是修改操作则用修改前值替代修改后值。

(4) 按上述过程反复进行,即反复做更新操作的逆操作,直到事务开始标志出现为止,此时事务撤销结束。

2) 事务重做操作

当一个事务已经执行完成,它的更改数据也已写入数据库,但是由于数据库遭受破坏,为恢复数据需要重做,所谓事务重做实际上是仅对其更改操作重做。重做过程如下:

(1) 正向扫描日志文件,查找重做事务。

(2) 找到该查找事务的更新操作。

(3) 对更新操作重做,如果是插入操作则将更改后新值插入至数据库;如果是删除操作,则将更改前旧值删除;如果是修改则将更改前旧值修改成更新后新值。

(4) 如此正向反复做更新操作,直到事务结束标志出现为止,此时事务的重做操作结束。

8.2.3　数据库恢复策略

利用后备副本、日志以及事务的 UNDO 和 REDO 可以对不同的数据实行不同的恢复策略。

1．事务级故障恢复

小型故障属于事务内部故障,恢复方法是利用事务的 UNDO 操作,将事务在非正常终止时利用 UNDO 恢复到事务起点。具体有下面两种情况。

(1) 对于可以预料的事务故障,即在程序中可以预先估计到的错误,例如银行存款余额透支、商品库存量达到最低量等,此时继续取款或者发货就会出现问题。因此,可以在事务的代码中加入判断和回滚语句 ROLLBACK,当事务执行到 ROLLBACK 语句时,由系统对事务进行回滚操作,即执行 UNDO 操作。

(2) 对于不可预料的事务故障,即在程序中发生的未估计到的错误,例如运算溢出,数据错误,由并发事务发生死锁而被选中撤销该事务等。此时由系统直接对 UNDO 处理。

2．系统级故障恢复

中型故障所需要恢复的事务有两种：

（1）事务非正常终止。

（2）已经提交的事务，但其更新操作还留在内存缓冲区尚未来得及写入，由于故障使内存缓冲区数据丢失。

对于这些非正常结束的事务，系统必须在重新启动时进行处理，将数据库恢复到正确状态。其中，对第一种事务采用 UNDO 操作，使其恢复到事务起点，对第二种事务使用 REDO 操作，使其重新进行。

3．介质级故障恢复

大型故障是指使整个磁盘、内存都遭到破坏的故障，因此它的恢复就较为复杂，可以分为下述步骤：

（1）将后备副本拷贝到磁盘。

（2）进行事务恢复第 1 步：检查日志文件，将拷贝后的所有执行完成的事务作 REDO。

（3）进行事务恢复第 2 步：检查日志文件，将未执行完成（即事务非正常终止）的事务做 UNDO。

经过以上 3 步处理后，可以较好完成数据库中数据的恢复。数据库中的恢复一般由 DBA 执行。数据库恢复功能是数据库的重要功能，每个数据库管理系统都有这样的功能。

8.2.4　数据库的复制与镜像

1．数据库的复制

数据库复制是使得数据库更具有容错性的技术，主要用于分布式结构的数据库系统中。其特点是在多个地方保留数据库的多个副本，这些副本可以是整个数据库的备份，也可以是部分数据库的备份。各个地方的用户可以并发存取不同的数据库副本。其作用在于：

（1）当数据库出现故障时，系统可以用副本对其及时进行联机恢复。在恢复过程中，用户可以继续访问该数据库的副本，不必中断应用。

（2）同时还可以提高系统的并发程度。如果一个用户修改数据而对数据库施加了 X 锁，其他用户可以访问副本，不需要等待该用户释放 X 锁。当然，DBMS 应当采取一定手段保证用户对数据的修改能及时反映到数据库的所有副本之上。

数据库的复制通常有 3 种方式：对等复制、主从复制和级联复制。不同的复制方式提供不同程度的数据一致性。

2．数据库镜像

存储介质故障属于数据库的大型故障，对系统破坏最为严重，其恢复方式也相当复杂。随着磁盘容量的增大和价格趋低，数据库镜像（mirror）的恢复方法得到了重视，并且逐渐为人们所接受。

　　数据库镜像方法即是由 DBMS 提供日志文件和数据库的镜像功能,根据 DBA 的要求,DBMS 自动将整个数据库或者其中的关键数据以及日志文件实时复制到另一个磁盘,每当数据库更新时,DBMS 会自动将更新的数据复制到磁盘镜像中,并保障主要数据与镜像数据的一致性。

　　数据库镜像方法的基本功能在于:

　　(1) 一旦出现存储介质故障,可由磁盘镜像继续提供数据库的可使用性,同时由 DBMS 自动利用磁盘镜像对数据库进行修补恢复,而不需要关闭系统和重新装载数据库后备副本。

　　(2) 即使没有出现故障,数据库镜像还可以用于支持并发操作,即当一个用户对数据库加载 X 锁修改数据时,其他用户也可以直接读镜像数据库,而不必等待该用户释放 X 锁。

　　数据库镜像方法是一种较好的方法,它不需要进行繁琐的恢复工作。但是它利用复制技术会占用大量系统时间开销,从而影响数据库的运行效率,因此只能是可以选择的方案之一。

8.3　并发控制

　　事务的并发执行是数据共享性的重要保证,但并发执行应当加以适当控制,否则就会出现数据不一致现象,破坏数据库的完整性。为了在并发执行过程中保持完整性的基本要求,需要讨论并发控制技术。

8.3.1　并发的概念

　　在事务活动过程中,只有当一个事务完全结束,另一事务才开始执行,这种执行方式称为事务的串行执行或者串行访问,如图 8-2 所示。

　　在事务执行过程中,如果 DBMS 同时接纳多个事务,使得事务在时间上可以重叠执行,这种执行方式称为事务的并发执行或者并发访问,如图 8-3 所示。

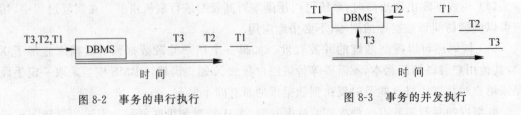

图 8-2　事务的串行执行　　　　　　图 8-3　事务的并发执行

由于计算机系统的不同,并发执行又可分为两种类型。

　　(1) 在单 CPU 系统中,同一时间只能有一个事务占用 CPU,实际情形是各个并发执行的事务交叉使用 CPU,这种并发方式称为交叉或分时并发。

　　(2) 在多 CPU 系统中,多个并发执行的事务可以同时占用系统中的 CPU,这种方式称为同时并发。

　　我们只讨论交叉并发执行。

8.3.2 并发操作引发的问题

1. 并发执行中的 3 类问题

数据库的基本优势之一就是其中数据具有共享性,多个用户可以同时使用数据库中的数据是数据库共享性的主要体现。在同一时刻,多个用户存取同一数据,由于使用时间的相互重叠和使用方式的相互影响,如果对并发操作不加以适当控制,就有可能引发数据不一致问题,导致错误的结果,使得数据库由于并发操作错误而出现故障。通常将由于实行并发控制而产生的数据不一致问题分为下面 3 类。

1) 丢失修改

丢失修改(lost update)是指两个事务 T1 和 T2 从数据库读取同一数据并进行修改,其中事务 T2 提交的修改结果破坏了事务 T1 提交的修改结果,导致了事务 T1 的修改被丢失。丢失修改是由于两个事务对同一数据并发地进行写入操作所引起的,因而称为写-写冲突(write-write conflict)。

这种情形如图 8-4(a)所示。此时,事务 T1 与事务 T2 进入同一数据并且修改,T2 提交的结果破坏了 T1 提交的结果;导致 T1 的修改丢失。

	T1	T2
1	Read:y=5	
2		Read:y=5
3	y←y−1 Write:y=4	
4		y←y−1 Write:y=4

(a) 修改丢失

	T1	T2
1	Read:C=100 C←C*2 Write:C=200	
2		Read:C=200
3	Rollback 快复为100	

(b) 读"脏数据"

	T1	T2
1	Read:A=60 Read:B=100 A+B=160	
2		Read:B=100 B←B*2 Write:B=200

(c) 不可重复读取

图 8-4 并发执行产生的问题

2) 读"脏"数据

读"脏"数据(dirty read)是指事务 T1 将数据 a 修改成数据 b,然后将其写入磁盘;此后事务 T2 读取该修改后的数据,即数据 b;接下来 T1 因故被撤销,使得数据 b 恢复到了原值 a。这时,T2 得到的数据就与数据库内的数据不一致。这种不一致或者不存在的数据通常就称为"脏"数据。

读"脏"数据是由于一个事务读取的另一个事务尚未提交的数据所引起的,因而称之为读-写冲突(read-write conflict)。这种情形如图 8-4(b)所示。

3) 不可重复读取(non-repeatable read)

不可重复读取(non-repeatable read)是指当事务 T1 读取数据 a 后,事务 T2 进行读取并进行更新操作,使得 T1 再读取 a 进行校验时,发现前后两次读取值发生了变化,从而无法再读取前一次读取的结果,如图 8-4(c)所示。

不可重复读取包括 3 种情形。

(1) 事务 T1 读取某一数据后,事务 T2 对其进行了修改,当事务 T1 再次读该数据时,得到与前一次不同的值。图 8-4 中(c)说明的就是这种情况。

(2) 事务 T1 按一定条件从数据库中读取某些数据记录后,事务 T2 删除了其中的部分记录,当事务 T1 再次按照相同条件读取该数据时,发现某些记录已经不存在了。

(3) 事务 T1 按一定条件从数据库中读取某些数据记录后,事务 T2 插入了一些记录,当事务 T1 再次按照统一条件读取数据,就会发现多出了某些数据。

不可重复读取也是由读写冲突引起的。

2.3 类问题的分析

从事务操作的角度来看,在并发执行过程中之所以出现丢失修改、读脏数据和不可重复读取等问题,主要来自于"写-写"冲突和"读-写"冲突。这里,问题的出现都与"写"操作密切相关,而并发执行中事务的读操作一般不会产生相应问题。由此可见,并发控制的主要任务,就是避免访问过程中由写冲突引发的数据不一致现象。

从事务的 ACID 性质角度考虑,上述 3 项错误的出现的根本原因在于一个事务对某数据库操作尚未完成,而另一个事务就加入了对同一数据库应用的操作,从而违反了事务 ACID 性质中的各项原则。例如隔离性原则实际上要求一个正在执行的事务,在到达终点即被提交(COMMIT)之前,中间结果是不可以被另外的事务所引用的;同时当一个事务引用了已被回滚(ROLLBACK)事务的中间结果,即使该事务的执行到达终点即被提交(COMMIT)时,DBMS 为了保证数据库一致性,也会将其撤销,由此产生的结果与持久性原则矛盾。

为了保证事务并发的正确执行,必须采取一定的控制手段,保障事务并发执行中一个事务的执行不受其他事务的影响。这就需要讨论事务并发控制,其中最基本的就是所谓封锁(locking)技术。

3. 并发控制的意义

并发执行中 3 类问题的产生说明为了保证数据库中数据的一致性,需要对并发操作进行控制,这是从数据库系统数据完整性角度考虑的。另外还可以从数据库应用的角度出发来认识并发控制的意义。

(1) 并发控制改善系统的资源利用率:对一个事务而言,在不同的执行阶段需要不同的资源。有时需要 CPU,有时需要访问磁盘,有时需要 I/O,有时需要进行通信。如果事务串行执行,有些资源可能会空闲;如果事务并发执行,则可以交叉利用这些资源,有利于提高系统资源的利用率。

(2) 并发控制改善短事务响应时间:设有两个事务 T1 和 T2,其中 T1 为长事务,交付系统在先;T2 是短事务,交付系统在后。如果串行执行,则需要等待 T1 执行完成之后方可执行 T2,T2 的响应时间就会很长。一个长事务的响应时间较长可以得到用户的理解,而一个短事务响应时间过长,一般用户就很难接受。如果 T1 和 T2 并发执行,则 T2 可以和 T1 同时执行,T2 能够较快结束,明显地改善了响应时间,如图 8-5 所示。

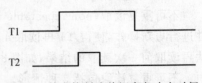

图 8-5　并发控制改善短事务响应时间

8.3.3 事务的并发控制

事务是由一些相关数据操作组成的独立的工作整体或单元,多个事务并发执行的控制实际上可以看作是对各个事务组成集合中所有操作执行顺序的合理安排。在讨论并发控制之前,需要对操作排序进行描述。这就是下面引入的"调度"概念。

1. 事务并发执行的调度

在数据库应用中,经常存在多个事务的执行过程。由于每个事务都含有若干有序的操作,当这些事务处于并发状态时,DBMS就必须对这些操作的执行顺序做出安排,即需要进行"调度"。

如果数据库系统在某一时刻存在一个并发执行的 n 个事务集,则对这 n 个事务中所有操作的一个顺序安排就称为对该并发执行事务集的一个调度(schedule)。

在调度中,不同事务的操作可以交叉,但必须保持每个事务中的操作顺序不变。

对于同一个事务集,可以有不同的调度。如果其中两个调度在数据库的任何初始状态下,当所有读出的数据都一样时,留给数据库的最终状态也一样,则称这两个调度是等价的。

应当注意,调度概念是针对事务集的并发执行而言的,但是为了建立下面的并发控制正确性准则,我们还需要引入串行调度概念。

2. 串行调度

当数据库有多个事务进行操作时,如果对数据库进行的操作以事务为单位,多个事务按顺序依次执行,即一个事务执行完全结束之后,另一个事务才开始,则称这种执行方式为串行调度。

对于串行调度,各个事务的操作没有重叠,相互之间不会产生干扰,自然不会产生上述的并发问题。如前所述,事务对数据库的作用是将数据库从一个一致状态转变为另一个一致状态。多个事务串行执行后,数据库仍旧保持一致状态。一个调度如果与事务的某个串行执行等价,它也就保持了数据库的一致状态。事务的并发执行不能保证事务的正确性,因此需要采用一定的技术,使得并发执行时像串行执行时一样正确。对于一个并发事务集来说,如果一个调度与一个串行调度等价,则称该调度是可串行化的,这种执行称为并发事务的可串行化,而采用的技术称之为并发控制(concurrent control)技术。在一般的 DBMS 中,都以可串行化作为并发控制的正确性准则,而其中并发控制机构的任务就是调度事务的并发执行,使得这个事务等价于一个串行调度。

下面给出串行执行、并发执行(不正确)以及并发执行可以串行化(正确)的例子。

【例 8-1】 以银行转账为例。事务 T1 从账号 A(初值为 20000)转 10000 到账号 B(初值为 20000),事务 T2 从账号 A 转 10% 的款项到账号 B,其具体过程如下:

```
T1:
Read (A)
A: = A - 10000
Write (A)
Read (B)
```

```
B: = B + 10000
Write (B)
T2:
Read (A)
Temp: = A * 0.1
A: = A - Temp
Write (A)
Read (B)
B: = B + Temp
Write (B)
```

例 8-1 中事务 T1 和事务 T2 串行化调度的方案如图 8-6 所示。

	T1	T2
01	Read(A)	
02	A := A－10000	
03	Write(A)	
04	Read(B)	
05	B := B+10000	
06	Write(B)	
07		Read(A)
08		Temp := A * 0.1
09		A := A－Temp
10		Write(A)
11		Read(B)
12		B := B+Temp
13		Write(B)

（a）串行可执行之一

	T1	T2
01	Read(A)	
02	Temp := A * 0.1	
03	A := A－Temp	
04	Write(A)	
05	Read(B)	
06	B := B+Temp	
07	Write(B)	
08		Read(A)
09		A := A－10000
10		Write(A)
11		Read(B)
12		B := B+10000
13		Write(B)

（b）串行可执行之二

	T1	T2
01	Read(A)	
02	A := A－10000	
03	Write(A)	
04		Read(A)
05		Temp := A * 0.1
06		A := A－Temp
07		Write(A)
08	Read(B)	
09	B := B+10000	
10	Write(B)	
11		Read(B)
12		B := B+Temp
13		Write(B)

（c）并发执行（正确）

	T1	T2
01	Read(A)	
02	A := A－10000	
03		Read(A)
04		Temp := A * 0.1
05		A := A－Temp
06		Write(A)
07		Read(B)
08	Write(A)	
09	Read(B)	
10	B := B+10000	
11	Write(B)	
12		B := B+Temp
13		Write(B)

（d）并发执行（不正确）

图 8-6　可串行化调度

8.3.4　封锁

我们已经知道,并发控制技术实际上就是对多事务并发执行中的所有操作进行正确的调度,这里"正确性"的标准就是"可串行化"准则。有了可串行化准则,不等于在实际系统中可以简单的实现对每次并发事务调度的串行化。

可串行化只是对并发事务调度的一种评价手段,实际应用中还必须寻求一种灵活、有效和可操作的技术手段保证调度的可串行化。封锁技术就是一种最常用的并发控制技术。为此,先引入"封锁"的基本概念。

1. 封锁的基本概念

封锁是系统对事务并发执行的一种调度和控制技术,是保证系统对数据项的访问以互斥方式进行的一种手段。

封锁技术的基本特点在于对数据对象的操作实行某种专有控制。在一段时间之内,防止其他事务访问指定资源,禁止某些用户对数据对象做某些操作以避免不一致性,保证并发执行的事务之间相互隔离,互不干扰,从而保障并发事务的正确执行。

具体而言就是:

(1) 当一个事务 T 需要对某些数据对象进行操作(读写)时,必须向系统提出申请,对其加以封锁;在获得加锁成功之后,即具有对此类数据的一定操作权限与控制权限,此时,其他事务不能对加锁的数据随意操作。

(2) 当事务 T 操作完成之后即释放锁,此后数据即可为其他事务操作服务。

2. 封锁的两种类型

目前常用的有两种锁:排他锁和共享锁。

1) 排他锁

排他锁(exclusive lock)又称写锁或 X 锁,其要点为:

(1) 事务 T 对数据 A 加 X 锁后,T 可以对加 X 锁的 A 进行读写。

(2) 除 T 之外的其他事务只有等到 T 解除 X 锁之后,才能对 A 进行封锁和操作(包括读写)。

排他锁实质是保证事务对数据的独占性,排除了其他事务对其执行过程的干扰。换句话来说,当一个事务对某数据 A 加上 X 锁之后,其他事务就不得再对该数据对象 A 施加任何锁和进行任何操作,在这种意义下,X 锁是排他的。

2) 共享锁

由于只允许一个事务独自封锁数据,其他申请封锁的事务只能排队等待,所以采用 X 锁的并发程度较低。基于这种情况,可以适当降低封锁要求,引入共享锁概念。

共享锁(sharing lock)又称读锁或 S 锁。其要点是:

(1) 事务 T 对数据 A 加 S 锁之后,T 可以读 A 但不能写 A。

(2) 除 T 之外的其他事务可以对 A 再加 S 锁但不能加 X 锁。

共享锁的实质是保证多个事务可以同时读 A,但在施加共享封锁的事务 T 释放 A 上的 S 锁之前,它们(包括 T 本身)都不能写 A。

由两种锁的定义可知,共享锁适用于读操作,因而也称作读锁;排他锁适用于写操作,也称作写锁。

排他锁和共享锁的控制方式可以用图 8-7 所示的相容矩阵表示。

T1＼T2	X	S	——
X	N	N	Y
S	N	Y	Y
——	Y	Y	Y

图 8-7　相容矩阵

其中,Y＝YES,表示相容的请求;N＝NO,表示不相容的请求。

在上述封锁类型的相容矩阵中,最左边一列表示事务 T1 在数据对象上已经获得锁的类型,其中横线——表示没有加锁。最上面一行表示另一事务 T2 对同一数据对象发出的封锁请求。T2 的封锁请求能否满足用 Y 或者 N 表示,其中 Y 表示 T2 的封锁请求与 T1 已有的相容,封锁请求可以满足;N 表示 T2 的封锁请求与 T1 已持有的发生冲突,T2 的请求被拒绝。

一个事务在做读写操作前必须申请加锁(X 或者 S 锁)。如果此时 A 正在被其他事务加锁,则 A 加锁不成功,则应当等待,直至其他事务将锁释放后,方可获得加锁成功并执行操作。在操作完成后 A 必须释放锁,这样的事务称为合适(well formed)事务。合适事务是为保证正确的并发执行所必需的基本条件。

8.3.5　封锁粒度

在实行封锁时,有一个封锁对象或目标的"大小"问题。封锁对象不同将会导致封锁效果不同。实行事务封锁的数据目标的大小称为该封锁的封锁粒度(granularity)。在关系数据库中封锁粒度一般有如下几种。

(1) 属性(值)。

(2) 属性(值)集合。

(3) 元组。

(4) 关系表。

(5) 物理页面。

(6) 索引。

(7) 关系数据库。

从上面 7 种不同粒度中可以看出,事务封锁粒度有大有小。一般而言,封锁粒度小则并发性高但开销大,封锁粒度大则并发性低但开销小。综合平衡不同需求、合理选取封锁粒度是非常重要的。如果在一个系统中能同时存在不同大小的封锁粒度对象供不同事务选择使用,应当说是比较理想的。一般来说,一个只处理少量元组的事务,以元组作为封锁粒度比较合适;一个处理大量元组的事务,则以关系作为封锁粒度较为合理;而一个需要处理多个关系的事务,则应以数据库作为封锁粒度最佳。

8.3.6　封锁协议

利用封锁的方法可以使得并发事务正确执行,但这仅是一个原则性方法,真正要做到正

确执行,还需要有多种具体的考虑,其中包括:

(1) 事务申请锁的类型(X 或 S 锁)。

(2) 事务的持锁时间。

(3) 事务何时释放锁。

因此,在运用 X 锁和 S 锁这两种基本封锁时,还需要根据上述情况约定一些规则。通常称这些规则为封锁协议(locking protocol)。由不同封锁方式出发可以组成各种不同的封锁协议;不同封锁协议又可以防止不同的错误发生,它们在不同程度上为并发操作的正确性提供了一定保证。

1. 三级封锁协议

封锁协议可以分为 3 级。

1) 一级封锁协议

一级封锁协议的要点是:

(1) 事务 T 在对数据 A 写操作之前,必须对 A 加 X 锁。

(2) 直到事务 T 结束(包括 commit 与 rollback)后方可释放加在 A 上的 X 锁。

一级封锁协议可以防止"修改丢失"所产生的数据不一致性问题。这是由于采用一级封锁协议之后,事务在对数据 A 做写操作时必须申请 X 锁,以保证其他事务对 A 不能做任何操作,直至事务结束,此时 X 锁才能释放。以图 8-4(a)为例,对它做一级封锁后即可避免修改丢失,如图 8-8 所示。

2) 二级封锁协议

我们还考虑如下封锁方式:事务 T 在对数据 A 做读之前必须先对 A 加 S 锁,在读完之后即释放加在 A 上的 S 锁。

此种封锁方式与一级封锁协议联合构成了二级封锁协议。

二级封锁协议包含一级封锁协议内容。按照二级封锁协议,事务对数据 A 做读、写操作时使用 X 锁,从而防止了丢失数据;做读操作时使用 S 锁,从而防止了读"脏"数据。以图 8-4(b)为例,对它做二级封锁,即可防止读"脏"数据,如图 8-9 所示。

	T1	T2
1	Xlock y	
2	Read：y＝5	
3	y←y−1 Write：y＝4 Commit Unlock y	Xlock y Wait Wait Wait
4		Get Xlock y Read：y＝4 y←y−1 Write：y＝3 Commit Unlock y

图 8-8　使用一级封锁协议防止丢失修改

	T1	T2
1	Xlock C Read：C＝100 C←C＊2 Write：C＝200	
2		Slock C
3	ROLLBACK (C return to 100) Unlock C	Wait Wait Wait
4		Get Slock C Read：C＝100 Commit Unlock C

图 8-9　使用二级封锁协议可以防止读"脏"数据

3）三级封锁协议

我们再考虑这样的封锁方式：事务 T 在对数据 A 做读之前必须先对 A 加 S 锁，直到事务结束才能释放加在 A 上的 S 锁。

上述封锁方式与一级封锁协议联合构成了三级封锁协议。

按照三级封锁协议的概念，由于包含一级封锁协议，所以防止了丢失修改；同时由于包含了二级封锁协议，防止了读"脏"数据；另外由于在对数据 A 做写操作时以 X 锁封锁，做读操作时以 S 锁封锁，这两种锁都是直到事务结束后才释放，由此就防止不可重复读。所以三级封锁协议同时防止并发执行中的 3 类问题。以图 8-4(c)为例，对它做三级封锁，防止了不可重复读取，如图 8-10 所示。

	T1	T2
1	Slock A Slock B Read：A＝60 Read：B＝100 A＋B＝160	
2		Xlock B
3	Read：A＝60 Read：B＝100 A＋B＝160 Commit Unlock A	Wait Wait Wait Wait Wait
4	Unlock B	Get Xlock B Read：B＝100 B←B * 2 Write：B＝200 Commit Unlock B

图 8-10　使用三级协议防止不可重复读

2. 两段封锁协议

由前述可知，实行三级封锁协议就可以防止事务并发执行的 3 类错误发生，但防止错误发生并不是并发调度可串行化的充分条件。为了保证调度一定等价于一个串行调度，必须使用一个附加规则来限制封锁的操作时机。

我们来看下面的例子：

【例 8-2】　设有两个事务 T1 和 T2，其初始值为：x＝20，y＝30。如图 8-11 中的左栏是先执行 T1 后执行 T2 的串行结果，得到 x＝50，y＝80；右栏是先执行 T2 后执行 T1 的串行结果，得到 x＝70，y＝50，如图 8-11 所示。

T1	T2	T2	T1
Slock y	Slock x	Slock x	Slock y
Read：y＝30	Read：x＝50	Read：x＝20	Read：y＝50
Unlock y	Unlock x	Unlock x	Unlock y
Xlock x ;	Xlock y	Xlock y;	Xlock x
Read：x＝20	Read：y＝30	Read：y＝30	Read：x＝20
x：＝x＋y	y：＝x＋y	y：＝x＋y	x：＝x＋y
Write x	Write y	Write y	Write x
Unlock x	Unlock y	Unlock y	Unlock x

图 8-11　串行执行

如果我们再按图 8-12 进行并发执行，其中 T1、T2 的执行是满足封锁协议的，如图 8-12 所示。

这里执行的结果为：x＝50，y＝50，显然不是可串行化的。

问题出在哪里呢？按照封锁协议，对于未提交更新的封锁必须保持到事务的终点，但其他的锁可以较早解除，然而如果在解除一个锁之后，继续去获得另一个封锁的事务仍然会出现错误,不能够实现可串行化。图 8-12 中的问题就在于 T1 对 y 的解锁和 T2 对 x 的解锁操作进行的太早。为了消除这种错误现象,也为了管理上方便,需要引入两段封锁协议。

两段封锁协议基本点就是规定在一个事务中所有的封锁操作必须出现在第一个释放锁操作之前。这就意味着,在一个事务执行中必须把锁的申请与释放分为两个阶段。其中:

（1）第一个阶段是申请并获得新的封锁,但此阶段不能释放锁,即事务申请其整个执行过程中所需要数据的锁,也称其为扩展阶段。

（2）第二阶段是释放所有原申请并且获得的锁,但此阶段不能添加新锁,也称其为收缩阶段。

依照上述两个阶段设置封锁的方法称为两段封锁协议(two-phase locking protocol)。

遵守两阶段封锁协议的封锁可以表示如下:

T: Slock A　Slock B…Slock C Unlock B　UnlockA Unlock C

|←扩展阶段→|　　　　　|←收缩阶段→|

不遵守两个阶段封锁协议的封锁序列可以表示如下:

T: Slock A　Unlock A　Slock B　Xlock C　　　Unlock C　Unlock B

按照两段封锁协议,对于例 8-2 中的 T_1 和 T_2 事务中的操作进行适当调整,就得到如图 8-13 所示中的 T_1' 和 T_2'。

此时,按照图 8-14 并发执行,就得到可串行化结果。如图 8-14 所示。

	T1	T2
1	Slock y Read：y=30 Unlock y	
2		Slock x Read：x=20 Unlock x Xlock y Read：y=30 y：=x+y； Write y=50 Unlock y
3	Xlock x Read：x=20 x：=x+y Write x=50 Unlock x	

图 8-12　T1、T2 的并发执行

T1′	T2′
Slock y	Slock x
Read：y	Read：x
Xlock x	Xlock y
Unlock y	Unlock x；
Read：x	Read：y
x：=x+y；	y：=x+y
Write x	Write y
Unlock x	Unlock y

图 8-13　遵守两段协议情形

	T1′	T2′
1	Slock y Read：y=30 Xlock x	
2		Slock x Wait
3	Unlock y Read：x=20 x：=x+y Write x=50 Unlock x	
4		Read：x=50 Xlock y Unlock x Read：y=30； y：=x+y； Write y=80 Unlock y

图 8-14　遵守两段协议的并发执行

此时,x=50,y=80,上述并发执行就是可串行化的。

在并发执行中,当一个事务遵守两阶段协议进行封锁时,它一定能正确执行,此时事务并发执行与事务串行执行具有相同的效果,即事务在并发执行中如果按两阶段封锁协议执行,此时便是可串行化事务。

已经证明,如果在一个调度中的所有事务均遵循两段封锁协议,该调度一定是可串行化的。但是两段封锁协议也会限制事务的并发执行,产生下面将要讨论的死锁问题。也就是说,基于各种封锁协议的封锁技术在解决并发控制各种问题同时,也有可能出现一些新的问题,必须进行深入讨论。

8.3.7 活锁与死锁

1. 活锁与死锁的概念

采用封锁方法可以有效减少并发执行中错误的发生,保证并发事务的可串行化。但是封锁本身也会带来一些麻烦,最主要的就是由于封锁引起的活锁和死锁问题。

(1) 活锁(live lock):在封锁过程中,系统可能使某个事务永远处于等待状态,得不到封锁机会。

具体而言,如果事务 T_1 封锁了数据对象 A 后,事务 T_2 也请求封锁 A,于是 T_2 等待,接着 T_3 也请求封锁 A;当 T_1 解除 A 上的封锁之后,系统却首先批准了 T_3 的请求,T_2 只好继续等待,此时 T_4 也请求对 A 的封锁,当 T_3 释放对 A 的封锁之后,系统又先批准了 T_4 的请求,T_2 又只好等待,依此类推。T_2 只能永远的等待下去。这种情形就称之为活锁。

(2) 死锁(dead lock):若干个事务都处于等待状态,相互等待对方解除封锁,结果造成这些事务都无法进行,系统进入对锁的循环等待。

具体而言,多个事务申请不同锁,申请者又都拥有一部分锁,而它们又都在等待另外事务所拥有的锁,这样相互等待,从而造成它们都无法继续执行。一个典型的死锁实例如图 8-15 所示。在该例中,事务 T_1 占有 X 锁 A,而申请 X 锁 B,事务 T_2 占有 X 锁 B 而申请 X 锁 A,这样就出现无休止地相互等待的局面。

	T1	T2
01	Xlock A	
02		Xlock B
03	Read: A	
04		Read: B
05	Xlock B	
06	Wait	
07	Wait	Xlock A
08	Wait	Wait
09	Wait	Wait

图 8-15 死锁实例

2. 活锁与死锁的解除

1) 活锁的解除

解决活锁问题的最有效办法是采用"先来先执行"、"先到先服务"的控制策略,也就是采取简单的排队方式。当多个事务请求封锁同一数据对象时,封锁子系统按照先后次序对这些事务进行请求排队;该数据对象上的锁一旦释放,首先批准申请队列中的第一个事务获得锁。

2) 死锁的解除

目前解决死锁的办法有多种,常用的有预防法和死锁解除法。

（1）预防法。即预先采用一定的操作模式以避免死锁的出现，主要有以下两种途径。

顺序申请法。即将封锁的对象按顺序编号，事务在申请封锁时按顺序编号（从小到大或者反之）申请，这样就可避免死锁发生。

一次申请法。事务在执行开始时将它需要的所有锁一次申请完成，并在操作完成后一次性归还所有的锁。

（2）死锁解除法。死锁解除方法允许产生死锁，在死锁产生后通过一定手段予以解除。此时有两种方法可供选用。

定时法。对每个锁设置一个时限，当事务等待此锁超过时限后即认为已经产生死锁，此时调用解锁程序，以解除死锁。

死锁检测法。在系统内设置一个死锁检测程序，该程序定时启动检查系统中是否产生死锁，一旦发现死锁，即刻调用程序以解除死锁。

3. 死锁现象的讨论

在 DBS 运行时，死锁的出现本身就是一件相当麻烦的事情，人们自然不希望死锁现象发生。但是，如果采取严格措施，杜绝死锁发生，让事务任意并发地做下去，就有可能破坏数据库中的数据，或者使得用户读取错误的数据。从这个意义上讲，死锁的发生也有可以防止错误发生的作用。

在发生了死锁之后，系统的死锁处理机制和恢复程序就开始启动，发挥作用，即抽取某个事务作为牺牲品，将其撤销，执行回滚（ROLLBACK）操作，使得系统有可能摆脱死锁状态，继续运行下去。

小结

事务作为数据库的逻辑工作单元是数据库管理中的一个基本概念。如果数据库只包含成功事务提交的结果，就称数据库处于一致状态。保证数据的一致性是数据库的最基本要求。

只要能够保证数据库系统一切事务的 ACID 性质，就可以保证数据库处于一致性状态。为了保证事务的隔离性和一致性，DBMS 需要对事务的并发操作进行控制；为了保证事务的原子性、持久性，DBMS 必须对事务故障、系统故障和介质故障进行恢复。

事务既是并发控制的基本单位，也是数据库恢复的基本单位。数据库事务并发控制的基本出发点是处理并发操作中出现的 3 类问题，并发控制的基本技术是实行事务封锁；数据库恢复的基本原理是使用适当存储在其他地方的后备副本和日志文件中的"冗余"数据重建数据库，数据库恢复的最常用技术是数据库转储和登记日志文件。

综合练习八

一、填空题

1. 事务的基本操作包括＿＿＿＿、＿＿＿＿、＿＿＿＿以及＿＿＿＿。

2. 事务的_____是数据共享性的重要保证。

3. 事务的并发操作可能会导致 3 种问题,即_____、_____和_____。

4. 封锁有两种主要类型,即_____和_____。

5. 从转储运行状态来看,数据转储可以分为_____和_____两种。从转储进行方式来看,数据转储可以分为_____与_____。

二、选择题

1. 在 DBS 中,DBMS 和 OS 之间的关系是(　　)。

　　A. 相互调用　　　　　　　　　　B. DBMS 调用 OS

　　C. OS 调用 DBMS　　　　　　　　D. 并发运行

2. DBMS 中实现事务持久性的子系统是(　　)。

　　A. 安全性管理子系统　　　　　　B. 完整性管理子系统

　　C. 并发控制子系统　　　　　　　D. 恢复管理子系统

3. 常用的数据库恢复技术有(　　)。

　　A. 转储　　　　　B. 复制　　　　　C. 剪辑　　　　　D. 日志

三、问答题

1. 什么是事务?事务有哪些重要属性?

2. 什么是事务的并发操作,并发操作有哪几种类型?

3. 试述死锁和活锁的产生原因和解决方法。

4. 数据库故障有哪几种?

5. 数据库恢复的基本原理是什么?

四、实践题

1. 试区别串行调度与可串行化调度。请各举一例。描述现实中 ATM 系统中的事务过程。如果事务并发执行,可能发生哪些冲突?

2. 有两个事务:

T1——时间标记为 20

T2——时间标记为 30

如果 T1、T2 对数据对象 R1、R2 按下列次序申请锁:

T1　x-lockR1, T2　x-lockR2, T1　x-lockR2, T2 x-lockR1

请说明 T1、T2 在下列情况下的执行过程:

(1) 一般的两段封锁;

(2) 具有 wait-die 策略的两段封锁;

(3) 具有 wound-wait 策略的两段封锁;

(4) 如果 T1,T2 可以执行,则上述 3 种情况的等效串行执行次序如何?

数据库设计

数据库设计是建立数据库及其应用系统的核心和基础,它要求对于给定的应用环境,构造出较优的数据库模式,建立数据库及其应用,使系统能有效地存储数据,并满足用户的各种应用需求。

一般按照规范化的设计方法,常将数据库设计分为若干阶段,包括需求分析,概念设计,逻辑设计,物理设计和系统实施。数据库设计好并工作后,还需要对其进行维护。下面我们将逐步对数据库设计的各个方面进行讲述。

9.1 数据库设计概述

数据库设计是指对于一个给定的应用环境,构造最优的数据库模式,建立数据库及其应用系统,使之能够有效地存储数据,满足各种用户的应用需求(信息要求和处理要求)。数据库设计的问题是数据库应用领域中最基本的研究与开发课题。

9.1.1 数据库设计的任务、内容和特点

1. 数据库设计的任务

数据库设计的基本任务是根据用户的信息需求、处理需求和数据库的支持环境(包括硬件、操作系统、系统软件与 DBMS)设计出相应的数据模式。

信息需求:主要是指用户对象的数据及其结构,它反映数据库的静态要求。

处理需求:主要是指用户对象的数据处理过程和方式,它反映数据库的动态要求。

数据模式:是以上述二者为基础,在一定平台(支持环境)制约之下进行设计得到的最终产物。

2. 数据库设计的内容

数据库设计的内容包括数据库的结构设计和数据库的行为设计。

数据库的结构设计是根据给定的应用环境,进行数据库的模式或子模式的设计。由于数据库模式是各应用程序共享的,因此数据库结构设计一般是不变化的,所以结构设计也称为静态模型设计。数据库结构设计主要包括:概念设计、逻辑设计和物理设计。

数据库的行为设计用于确定数据库用户的行为和动作,即用户对数据库的操作。数据

库的行为设计就是应用程序设计。

3. 数据库设计的特点

数据库设计的特点主要表现在两个"结合"上。数据库设计与建设是"三件"的结合。"三件"即是计算机应用领域常常涉及的计算机硬件、计算机软件和计算机干件这3个基本要素,其中"干件"就是技术与管理的界面。数据库设计是与应用系统设计的结合,即整个设计过程中要把数据结构设计和行为处理设计密切结合起来。

9.1.2　数据库系统的生命周期

人们把数据库应用系统从开始规划、设计、实现、维护到最后被新的系统取代而停止使用的整个过程,称为数据库系统的生命周期(life cycle),它的要点是将数据库应用系统的开发分解成若干个目标独立的阶段:

(1) 需求分析阶段。

需求分析阶段主要是通过收集和分析,得到用数据字典描述的数据需求和用数据流图描述的处理需求。其目的是为了准确了解与分析用户的需求(包括数据与处理),是整个设计过程的基础,是最困难、最耗费时间的一步。

(2) 概念设计阶段。

概念设计阶段主要是对需求进行综合、归纳与抽象,形成一个独立于具体 DBMS 的概念模型(用 E-R 图表示)。概念设计是整个数据库设计的关键。

(3) 逻辑设计阶段。

逻辑设计阶段主要是将概念结构转换为某个 DBMS 所支持的数据模型(例如关系模型),并对其进行优化。

(4) 物理设计阶段。

物理设计阶段主要是为逻辑数据模型选取一个最适合应用环境的物理结构(包括存储结构和存取方法)。

(5) 数据库实施阶段(编码、测试阶段)。

数据库实施阶段主要是运用 DBMS 提供的数据语言(例如 SQL)及其宿主语言(例如 C),根据逻辑设计和物理设计的结果建立数据库,编制与调试应用程序,组织数据入库,并进行测试。

(6) 运行维护阶段。

数据库应用系统经过测试成功后即可投入正式运行。在数据库系统运行过程中必须不断地对其进行评价、调整与修改。

在设计过程中我们必须把数据库的设计和对数据库中数据处理的设计紧密结合起来,将这两个方面的需求分析、抽象、设计、实现在各个阶段同时进行,相互参照,相互补充,以完善两方面的设计。还有一点值得我们注意的是,设计一个完善的数据库应用系统是不可能一蹴而就的,它往往是上述 6 个阶段的不断反复。其中,概念设计和逻辑设计是重点。下面我们将对各个阶段进行讲述。

9.2 需求分析

需求分析是指从调查用户单位着手,深入了解用户单位的数据流程和数据使用情况,以及数据的规模、流量和流向等性质,并且进行分析,最终按照一定的规范要求以文档的形式做出数据的需求说明书。

需求分析结构图如图 9-1 所示。

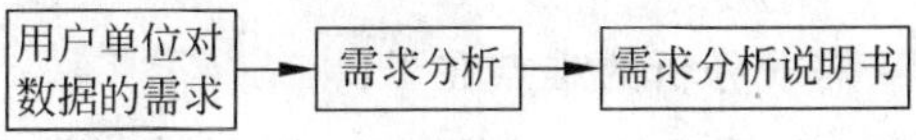

需求分析是设计数据库的起点,需求分析的结果是否准确地反映了用户的实际要求,将直接影响到后面各个阶段的设计,并影响到设计结果是否合理和实用。

图 9-1 需求分析结构

9.2.1 需求分析的任务

1. 需求分析的任务

对系统要处理的对象,包括组织、部门、企业等进行详细调查,在了解现行系统的概况,确定新系统功能的过程中,收集支持系统目标的基础数据及其处理方法。需求分析是在用户调查的基础上,通过分析,逐步明确用户对系统的需求,包括数据需求和围绕这些数据的业务需求。

在需求分析中,通过自顶向下,逐步分解的方法分析系统。任何一个系统都可以抽象为图 9-2 所示的数据流图(data flow diagram,DFD)形式。

图 9-2 数据流图

数据流图是从"数据"和"处理"两方面来表达数据处理过程中的一种图形化的表示方法。在数据流图中,用椭圆表示数据处理(加工);用箭头表示数据的流动及流动方向,即数据的来源和去向;用"书行框"表示要求在系统中存储的数据。在系统分析阶段,不必确定数据的具体存储方式。在此后的实现中,这些数据的存储形式可能是数据库中的关系,也可能是操作系统的文件。

数据流图中的"处理"抽象表达了系统的功能要求,系统的整体功能要求可以分解为系统的若干个子功能要求,通过逐步分解的方法,一直可以分解到系统的工作过程表达清楚为止。在功能分解的同时,每个子功能在处理时所用的数据存储也被逐步分解,从而形成若干层次的数据流图。

2. 调查的重点

调查的重点是得到用户对"数据"和"处理"的需求,包括:

(1)信息需求。指用户需要从数据库中获得信息的内容与性质。通过信息要求可以导出数据要求,即在数据库中需要存储哪些数据,对这些数据将做如何处理,描述数据间本质上和概念上的联系,描述信息的内容和结构以及信息之间的联系等。

(2)处理需求。定义系统数据处理的功能,描述操作的优先次序,包括操作执行的频率和场合,操作与数据之间的联系等。处理需求还包括弄清用户要完成什么样的处理功能,每种处理的执行频率,用户要求的响应时间以及处理的方式是联机处理还是批处理等。

(3) 安全性与完整性约束。

(4) 企业的环境特征。指企业的规模与结构和部门的地理分布。这包括主管部门对机构的规定与要求,对系统费用、利益的限制。

3. 需求分析的难点

需求分析的难点在于:

(1) 用户缺少计算机知识,开始时无法确定计算机究竟能为自己做什么,不能做什么,因此无法一下子准确地表达自己的需求,他们所提出的需求往往不断地变化。

(2) 设计人员缺少用户的专业知识,不易理解用户的真正需求,甚至误解用户的需求。

(3) 新的硬件、软件技术的出现也会使用户需求发生变化。

因此,设计人员必须采用有效的方法,与用户不断深入地进行交流,才能逐步确定用户的实际需求。

9.2.2　需求分析的主要内容

需求分析的主要内容是:

(1) 数据边界的确定。

确定整个需求的数据范围,了解系统所需要考虑的数据边界和不属于系统考虑的数据范围,由此建立整个系统的数据边界。数据边界确立了整个系统所注释的目标与对象,建立了整个数据领域所涉及的范围。

(2) 数据环境的确定。

以数据边界为基础,确定系统周边环境,包括上/下、左/右、入/出和内/外间的数据及其关系,从而建立系统的整体联系。

(3) 数据内部关系。

数据内部关系包括数据的流动规律、流向、流量、频率、形式、存储量和存储周期。

(4) 数据字典。

数据字典包括数据元素和数据类。

① 数据元素:数据元素是数据的基本单元,如姓名、性别和年龄等,其特征是具有不可分解性。

② 数据类:数据类是数据元素的有机集合,它构成数据的逻辑单元,如人事系统中的人员基本情况,它由姓名、性别、年龄、党派和参加工作日期等数据元素构成,是一个基本的数据逻辑单位。

数据字典中的数据元素和数据类还包括它们自身的一些性质,如数据类型、数量、安全性要求、完整性约束要求和数据来源等。

(5) 数据性能需求。

数据性能需求包括数据的精度要求、时间要求、灵活性要求、安全性、完整性、可靠性和运行环境要求,此外还包括数据的可维护性、可恢复性和可转换性要求等。

9.2.3　需求分析的步骤

（1）需求收集：需求收集是指收集数据、发生时间、频率、发生规则、约束条件、相互关系、计划控制及决策过程等。注意不仅要注重收集弄清处理流程还要注重规约。收集方法可以采用面谈、书面填表、开会调查、查看和分析业务记录、实地考察或资料分析法等。

（2）数据分析结果描述：除 DFD 外，还有一些规范表格做补充描述。一般有：数据清单（数据元素表）、业务活动清单（事务处理表）、完整性及一致性要求、响应时间要求、预期变化的影响等。它们是数据字典的雏形，主要包括：

数据项。是数据的最小单位，包括项名、含义、别名、类型、长度、取值范围等。

数据结构。是若干数据项的有序集合，包括数据结构名，含义，组成的成分等。

数据流说明。可以是数据项，也可以是数据结构，表示某一加工的输入/输出数据，包括数据流名、说明、流入的加工名、流出的加工名、组成的成分等。

数据存储说明。说明加工中需要存储的数据，包括数据存储名、说明、输入数据流、输出数据流、组成的成分、数据量、存储方式，操作方式等。

加工过程。包括加工名、加工的简要说明、输入/输出数据流等。

（3）数据分析统计：指将收集的数据按基本的输入数据（包括人工录入、系统自动采集、转入等）、存储数据（包括一次性存储量、递增量）、输出数据（包括报表输出、转出等）分别进行统计。

（4）分析围绕数据的各种业务处理功能，并以带说明的系统功能结构图形给出。

（5）阶段成果。需求分析的阶段成果是系统需求说明书，需求说明书主要包括数据流图、数据字典的雏形表格、各类数据的同类表格、系统功能结构图和必要的说明，系统需求说明书将作为数据库设计全过程的重要依据文件。

9.2.4　需求分析说明书

在调查与分析的基础上依据一定的规范要求编写数据需求分析说明书。

数据分析需求说明书需要依据一定的规范要求编写。我国有国家标准与部委标准，也有企业标准，其制定的目的是为了规范说明书的编写，规范需求分析的内容，同时也为了统一编写格式。

数据需求分析说明书一般用自然语言并辅之必要的表格书写，目前也有一些用计算机辅助的书写工具，但由于使用上存在一些问题，应用尚不够普及。

数据需求分析说明书大致包括以下内容：

（1）需求调查原始资料。

（2）数据边界、环境及数据的内部关系。

（3）数据数量分析。

（4）数据字典。

（5）数据性能分析。

根据不同规范，数据需求分析说明书在细节上可以有所不同，但是总体要求不外乎上述 5 点。

9.3　概念设计

将需求分析得到的用户需求抽象为信息结构及概念模型的过程就是数据库的概念结构设计,简称为数据概念设计,它的主要目的就是分析数据之间的内在语义关联,并在此基础上建立数据的抽象模型。

9.3.1　概念结构设计概述

1. 概念设计的基本要求

一般来说,概念设计具有如下一些基本要求:

(1) 真实、充分地反映现实世界及其事物与事物之间的联系,能满足用户对数据的处理要求,是现实世界的一个真实模型。

(2) 易于理解,从而可以用它和非计算机专业用户交换意见,用户的积极参与是数据库设计能否成功的关键。

(3) 易于更改,当应用环境和应用要求发生改变时,容易对概念模型进行修改和扩充。

(4) 易于向关系、网状、层次等其他数据模型转换。

数据的概念模型是其他各种数据模型的共同基础,它独立于机器,独立于数据库的逻辑结构,也独立于 DBMS,是现实世界与机器世界的中介。概念设计是整个数据库设计的关键所在。

2. 概念设计的两种主要思路

一个部门或者单位的规模有大也有小,其中的组织结构和人员组成有简单也有复杂,相应信息数据的内在逻辑关系和语义关联可以相对简单也可以非常复杂。在需求调查的基础上,设计所需要的概念模型一般有下述两种方法。

(1) 集中式模式设计法。

这是一种统一的模式设计方法,它根据需求由一个统一机构或人员设计一个综合的全局模式,其特点是设计方法简单方便,强调统一和一致,适用于小型或不太复杂的单位或部门,但对大型的单位及其相应语义关联复杂的数据不甚适合。

(2) 视图集成设计法。

这种方法是将一个单位分解为若干部分,先对每个部分作局部模式设计,建立各个部分的视图,然后以各个视图为基础进行集成,在集成过程中可能会出现一些冲突,这主要是由于视图设计的分散性形成的不一致所造成的,需要对视图进行修正,最终形成全局模式。

视图设计实际上就是局部概念模式设计,所以视图集成设计是一个由分散到集中的过程,它的设计过程复杂但却能较好地反映需求,适合于大型与复杂的单位。这种方法可以避免设计过程中的粗放和考虑不周,故使用较多。下面将主要基于视图集成设计法介绍数据库概念设计的过程。

3. 概念设计的策略和主要步骤

设计概念结构的策略有以下几种：

（1）自顶向下。首先定义全局概念结构的框架，再做逐步细化。

（2）自底向上。首先定义每一局部应用的概念结构，然后按一定的规则把它们集成，从而得到全局概念结构。

（3）由里向外。首先定义最重要的那些核心结构，再逐渐向外扩充。

（4）混合策略。把自顶向下和自底向上结合起来，它先自顶向下设计一个概念结构的框架，然后以它为骨架再自底向上设计局部概念结构，并把它们集成。

这里简单介绍对常用的自底向上设计策略给出的数据库概念设计的主要步骤：

（1）通过数据抽象进行局部概念模式（视图）的设计。

局部用户的信息需求是构造全局概念模式的基础。因此，先要从个别用户的需求出发，为单个用户以及多个具有相同或相似数据观点与使用方法的用户建立一个相应的局部概念结构。在建立局部概念结构时，要对需求分析的结果进行细化、补充和修改。例如，有的数据要分为若干个子项，有的数据定义要重新核实等。

设计概念结构时，常用的数据抽象方法是"聚集"和"概括"。聚集是将若干对象和它们之间的联系组合成一个新的对象，概括是将一组具有某些共同特性的对象合并形成更高层面意义上的对象。

（2）局部概念模式综合为全局概念模式。

综合各个局部的概念结构就可以得到反映所有用户需求的全局概念结构。在综合过程中，主要处理各局部视图对各种对象定义不一致的问题，包括同名异义、异名同义和同一事物在不同视图中被抽象为不同类型的对象（例如，有的作为实体，有的又作为属性）等问题。把各个局部结构合并，还会产生冗余问题，这些可能导致对信息需求的再调整与分析，用以决定其确切的含义。

（3）提交审定。

消除了所有的冲突后，就可以把全局结构提交审定。审定分为用户审定和 DBA 及应用开发人员审定两部分。用户审定的重点放在确认全局概念结构是否准确完整地反映了用户的信息需求和现实世界事物的属性间的固有联系；DBA 和应用开发人员的审定则侧重于确认全局结构是否完整、各种成分划分是否合理、是否存在不一致性以及各种文档是否齐全等。文档应包括局部概念结构描述、全局概念描述、修改后的数据清单和业务活动清单等。

概念设计中最著名的方法就是实体-联系方法，即 E-R 方法（包括 E-R 方法的推广 EE-R 方法），人们正是通过建立 E-R 模型，使用 E-R 图表示概念结构，从而得到数据库的概念模型。

9.3.2 数据抽象与局部概念设计

1. 数据抽象

概念结构是对现实世界的一种抽象。

抽象是对实际的人、物、事和概念进行人为处理,抽取所关心的共同特征,忽略非本质的细节,并把这些特征用各种概念精确地加以描述,这些概念组成了某种模型。

在分解过程中,一般使用下述3种类型的抽象:

1) 分类

分类(classification)就是定义某一类概念作为现实世界中的一组对象的类型。这些对象具有某些共同的特性与行为。它抽象了对象值和型之间的"is member of"的语义。在 E-R 模型中,实体型就是这种抽象。

2) 聚集

聚集(aggregation)就是定义某一类型的组成部分,它抽象了对象内部类型和成分之间的"is part of"的语义。在 E-R 模型中,若干属性的聚集组成了实体型,就是这种抽象。

3) 概括

概括(generalization)就是定义类型之间的一种子集联系,它抽象了类型之间的"is subset of"的语义。

2. 局部概念设计

根据需求分析的结果(数据流图、数据字典等)对现实世界的数据进行抽象,设计各个局部视图,即分 E-R 图。

1) 局部视图设计次序考虑

局部视图设计可以有以下3种设计次序:

(1) 自顶向下。首先从抽象级别高且普遍性强的对象开始逐步细化、具体化与特殊化。

如学生这个视图可以从一般学生开始,再分成大学生,研究生等。进一步再由大学生细化为大学本科与专科,研究生细化为硕士生与博士生等,还可以再细化成学生姓名、年龄、专业等细节。

(2) 自底向上。首先从具体的对象开始,逐步抽象化、普遍化与一般化,最后形成一个完整的视图设计。

(3) 自内向外。首先从最基本最明显的对象开始,逐步扩充至非基本的不明显的其他对象,如学生视图可以从最基本的学生开始逐步扩展至学生所读的课程,上课的教室与上课的老师等其他对象。

上面3种方法为绘制视图设计提供了具体的操作方法,设计者可以根据实际情况灵活掌握,可以单独使用也可以混合使用各种方法。

2) 设计中实体与属性的区分

实体与属性是视图中的基本单位,它们之间并无绝对的区分标准。一般而言,人们从实践中总结出以下3个原则用于分析时参考:

(1) 原子性原则。实体需要进一步描述,而属性大多不具有描述性质,因此,如果一个对象的数据项是不可分解的,则可以作为属性处理。

(2) 依赖性原则。属性单向依赖于某个实体,并且此种依赖是包含性依赖,例如学生实体中的学号和学生姓名等属性均单向依赖于学生,因此,如果一个对象单向依赖于另一个对象,则前一个对象可以看作属性。

(3) 一致性原则。一个实体由若干个属性组成,这些属性之间有着某种内在的关联性与一致性,例如学生实体有学号、姓名、年龄和专业等属性,它们分别独立表示实体的某种独特个性,并在总体上协调一致,互相配合,构成一个完整的整体。因此,如果有一组对象具有某种一致性,而且其中若干个对象可以当作属性处理,则其他对象也可以当作属性来处理。

需要特别说明的是,现实世界的事物能够作为属性看待的,应当尽量作为属性对待。

3) 设计中联系、嵌套与继承的区分

联系、嵌套和继承建立了视图中属性与实体间的语义关联,从定义中来看,它们的语义是清楚的。

(1) 联系:是实体(集、型)之间的一种广泛的语义联系,反映所考虑对象之间的内在逻辑关联,而在一定意义下,嵌套和继承都可以看作是一种特殊的联系。

(2) 嵌套:指实体通过属性对另一个实体的依赖联系,反映了实体之间聚合与分解联系。

(3) 继承:指实体之间的包含联系。

需要注意联系与嵌套间的关系。实际上嵌套也可以由联系实现,联系是一种在语义上更为广泛的联系,只是为了求得设计上的完整性与独立性才用嵌套表示。此外,还需要注意联系与继承有着较大的差异,二者通常不做相互替代。

4) 局部概念设计的过程

局部概念设计过程如图 9-3 所示。

5) 局部概念设计的实例

下面给出两个局部视图设计的例子。

【例 9-1】 教务处关于学生的视图,如图 9-4 所示。

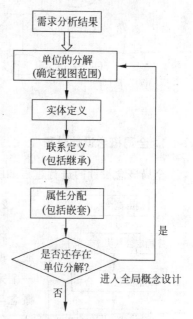

图 9-3 局部概念设计过程

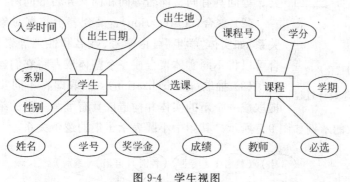

图 9-4 学生视图

【例 9-2】 研究生院关于研究生的局部视图,如图 9-5 所示。

9.3.3 全局概念设计

全局概念设计是指各个局部视图即分 E-R 图建立好后,还需要对它们进行合并,集成为一个整体的数据概念结构即总 E-R 图,因此全局概念设计也称为视图集成。

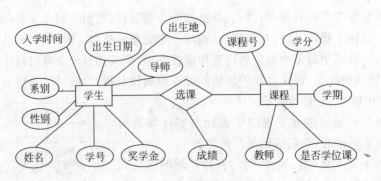

图 9-5   研究生视图

1. 全局概念设计过程

全局概念设计的进行过程如图 9-6 所示。

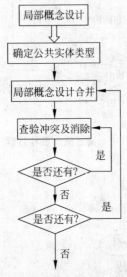

图 9-6   全局概念设计过程

2. 原理与策略

将局部概念设计综合为全局概念设计的过程称为视图集成。视图集成的实质是将所有局部概念设计即视图统一合并成一个完整的全局数据模式。在此综合过程中主要使用 3 种集成概念与方法,它们分别是等同、聚合、抽取。

(1) 等同(identity):等同是指两个或者多个数据对象有相同的语义。等同包括简单的属性等同、实体等同及其语义等同。等同的对象及其语法形式表示可以不一致,例如某单位职工按身份证编号,属性"职工编号"与"职工身份证编号"有相同的语义。等同具有同义同名等同和同义异名等同两类。

(2) 聚合(aggregation):聚合表示数据对象间的一种组成关系,如实体"学生"可由学号、姓名和性别等聚合而成,通过聚合可以将不同实体聚合成一个整体或者将它们连接起来。

(3) 抽取(generalization):抽取即将不同实体中相同属性提取成一个新的实体并构造成具有继承关系的结构。

聚合与抽取的示例如图 9-7 所示。其图中小圆表示子集的逻辑关系。

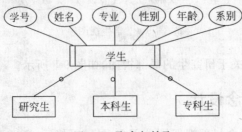

图 9-7   聚合与抽取

3．视图集成的原则

视图集成后形成一个整体的数据库概念结构，对该整体概念结构还必须进行进一步验证，确保它能够满足下列条件：

（1）整体概念结构内部必须具有一致性，即不能存在互相矛盾的表达。

（2）整体概念结构能准确地反映原来的每个视图结构，包括属性、实体及实体间的联系。

（3）整体概念结构能满足需求分析阶段所确定的所有要求。

4．视图集成的步骤

1）预集成

预集成步骤的主要任务是：

（1）确定总的集成策略，包括集成的优先次序、一次集成的视图数及初始集成的序列等。

（2）检查集成过程需要用到的信息是否齐全完整。

（3）揭示和解决冲突，为下阶段视图归并奠定基础。

2）最终集成

最终集成步骤的主要任务是：

（1）完整性和正确性。全局视图必须是每一个局部视图正确全面的反映。

（2）最小化原则。原则上是实现同一概念只在一个地方表示。

（3）可理解性。应选择最易被用户理解的模式结构。

5．冲突及其解决

在集成过程中由于每个局部视图在设计时的不一致性，可能会产生冲突与矛盾。常见的冲突有下列几种：

（1）命名冲突。分为同名异义冲突与异名同义冲突。在"学生视图"和"研究生视图"中的学生分别表示"大学生"和"研究生"，这是同名异义冲突；而其中的属性"何时入学"和"入学时间"，这是异名同义冲突。

（2）概念冲突。同一概念在一处为实体而在另一处为属性或者联系。

（3）属性域冲突。相同的属性在不同视图中有不同的域，如学号在某视图中的域为字符串而在另一个视图中却为整数，有些属性采用不同的度量单位也属于域冲突。

（4）约束冲突。不同视图可能有不同的约束，例如"选课"，这个联系大学生与研究生的最少与最多的数可能不一样。

上述冲突一般在集成时需要做统一处理，形成一致的表示，其办法即是对视图做适当的修改，如将前述两个视图中的"学生"，一个改为"大学生"，另一个改成"研究生"；又如将"入学时间"和"何时入学"统一改成"入学时间"，从而达到一致。

将图 9-4 学生局部视图和图 9-5 研究生视图集成后的视图如图 9-8 所示。在此视图的集成中使用了等同、聚合与抽取，并对命名冲突作了一致性处理。

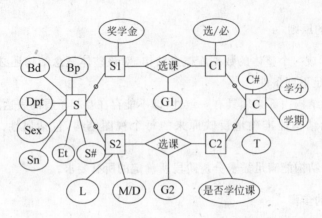

图 9-8　学生视图与研究生视图集成

6. 验证整体概念结构

视图集成后形成一个整体的数据库概念结构,对该整体概念结构还必须进行进一步验证,确保它能够满足下列条件:

(1)整体概念结构内部必须具有一致性,不存在互相矛盾的表达。

(2)整体概念结构能准确地反映原来的每个视图结构,包括属性、实体及实体间的联系。整体概念结构能满足需要分析阶段所确定的所有要求。

整体概念结构最终还应该提交给用户,征求用户和有关人员的意见,进行评审、修改和优化,然后把它确定下来,作为数据库的概念结构,作为进一步设计数据库的依据。

9.4　逻辑设计

设计逻辑结构应该选择最适于描述与表达相应概念结构的数据模型,然后选择最合适的 DBMS。设计逻辑结构时一般要分 3 步进行:

(1)将概念结构转换为一般的关系、网状、层次模型。

(2)将转化来的关系、网状、层次模型向特定 DBMS 支持下的数据模型转换。

(3)对数据模型进行优化。

由于新设计的数据库系统普遍采用支持关系数据模型的 RDBMS,所以下面介绍 E-R 图向关系数据模型的转换原则与方法。

9.4.1　E-R 图向关系模型的转换

关系模型的逻辑结构是一组关系模式的集合。E-R 图则是由实体、实体的属性和实体之间的联系 3 个要素组成的。所以将 E-R 图转换为关系模型实际上就是要将实体、实体的属性和实体之间的联系转化为关系模式,这种转换主要集中在下述几个方面:

1. 命名与属性域的处理

关系模式中的命名可以用 E-R 图中原有的命名,也可以另行命名,但是应当尽量避免重名。RDBMS 一般只支持有限的数据类型,而 E-R 中的属性域则不受此限制,如出现有 RDBMS 不支持的数据类型时则要进行类型转换。

2. 非原子属性的处理

E-R 图中允许出现非原子属性,但在关系模式中应符合第一范式,故不允许出现非原子属性。非原子属性主要有集合类型和元组类型。当出现这种情况时可以进行转换,其转换办法是集合属性纵向展开,而元组属性横向展开。

【例 9-3】　学生实体有 Sno、Sname 和 Cno 等 3 个属性,其中前两个为原子属性而最后一个为集合型非原子属性。这是由于一个学生可以选读若干门课程,设有学生学号为 011841064,姓名为刘振,选读 Database、Operating system 和 Computer network 3 门课程。此时,可以将其纵向展开用关系形式如表 9-1 所示。

表 9-1　学生实体

Sno	Sname	Cno
011841064	刘振	Database
011841064	刘振	Operating system
011841064	刘振	Computer network

3. 联系的转换

在一般情况下联系可以用关系表示,但是在有些情况下联系可以归并到相关的实体中。

1) 1∶1 联系的转换

在 1∶1 联系中,可以在两个实体型所转换成的两个关系模式中的任意一个关系模式属性中加入另一个关系模式的键(作为外键)和联系类型的属性,如图 9-9 所示。其中"k"和"E_1"间及"h"和"E_2"间的"|"表示对主键的标记。

这里,可将 E_1 与 E_2 转换成关系模式 R1 和 R2:

$$R1(k, a, h, s); R2(h, b)$$

其中 h 是外键,并且在此模式中,联系 r 可以看作被 R1 所吸收。

2) 1∶n 联系的转换

在 1∶n 联系中,在"n"端实体型转换成的关系模式中加入"1"端实体型的键(作为外键)和联系类型的属性,如图 9-10 所示,可以将 E_1 与 E_2 转换成关系模式 R1、R2:R1(k, a),R2(h, b, k, s)(k 是外键)。在此模式中,联系 r 可以看作被 R2 吸收。所述转换如图 9-10 所示。

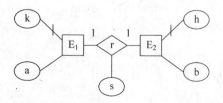

图 9-9　1∶1 联系的处理

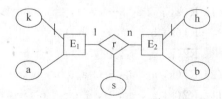

图 9-10　1∶n 联系的处理

3) n：m 联系的转换

在 n：m 的情况下,将对应的两个实体转换为两个关系模式,同时还需要构成一个新的关系模式,该关系模式由联系的属性集合和两端实体的键属性构成,而其键则由两端实体键组合构成。如图 9-11 所示,可以将 E_1 与 E_2 分别转换成关系模式 R1(k, a)和 R2(h, b),同时,构成一个新的关系模式 R3(h, b, s)。

4. 嵌套的转换

嵌套中的被嵌套属性可以先转换为联系,再将嵌套涉及的两个实体转换为相应的关系模式。嵌套的示例如图 9-12 所示。

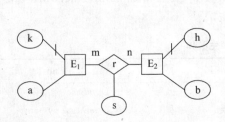

图 9-11　m：n 联系的处理

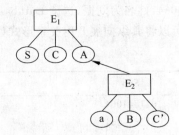

图 9-12　嵌套情形

该嵌套的转换如图 9-13 所示。

5. 继承的转换

在 E-R 图中继承可以有多种转换方式,如图 9-14 所示。

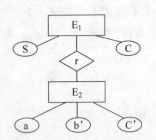

图 9-13　嵌套的联系表示

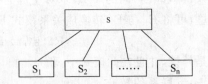

图 9-14　继承的转换

在图 9-14 中,为简单起见,不妨设 n＝2,此时,超实体 S 的属性为 $\{k, a_1, a_2, \cdots, a_n\}$,子实体 S_1 属性为 $\{k, b_1, b_2, \cdots, b_m\}$,子实体 S_2 的属性为 $\{k, c_1, c_2, \cdots, c_p\}$。

此时,图 9-14 所示的 E-R 图可以有下面 3 种表示方法:

(1) $R(k, a_1, a_2, \cdots, a_n)$,

　　 $R1(k, b_1, b_2, \cdots, b_m)$,

　　 $R2(k, c_1, c_2, \cdots, c_p)$;

(2) $R1(k, a_1, a_2, \cdots, a_n; b_1, b_2, \cdots, b_m)$,

　　 $R2(k, a_1, a_2, \cdots, a_n; c_1, c_2, \cdots, c_p)$;

(3) $R(k, a_1, a_2, \cdots, a_n; b_1, b_2, \cdots, b_m; c_1, c_2, \cdots, c_p)$。

上述 3 种方案在实现时有一定限制。

（1）采用方案（1），为得到每个实体需要做一次连接，即 RR1 和 RR2，它们构成两个关系视图。

（2）采用方案（2），一般将仅限于子实体间不相交或者子实体全覆盖超实体，如子实体相交在一个元组可能会属于多个子实体，此时其超实体能继承的属性值在多个子实体中存储，从而造成冗余，进一步导致异常，如果不是子实体全覆盖超实体，则存在一些元素不属于任何子实体而造成丢失。

（3）采用方案（3），可能会有许多的 NULL，如果子实体中其特殊属性不多则可用此种方法。

9.4.2　关系模型向 RDBMS 支持的数据模型转换

为满足 RDBMS 的性能、存储空间等要求的调整以及适应 RDBMS 限制条件的修改，还需要进行如下工作：

（1）调整性能以减少连接运算。

（2）调整关系大小，使每个关系数量在一个合理的水平，以提高存取效率。

（3）尽量采用快照（snapshot），因为在应用中经常仅需要某个固定时刻的值，此时，可用快照将某时刻值固定成快照，并定期更换，从而显著提高查询效率。

需要说明的是，由关系模型向特定 DBMS 支持的数据模型转换，要求熟悉所用 DBMS 的功能与限制，所以依赖于机器，不可能给出一个普遍的规则，在这方面可以参考其他内容。

9.4.3　数据模型的优化

数据库逻辑设计的结果不是唯一的。为了进一步提高数据库应用系统的性能，通常以规范化理论为指导，根据应用适当地修改、调整数据模型的结构，这就是数据模型的优化。

规范化理论为数据库设计人员判断关系模式的优劣提供了理论标准，可用来预测模式可能出现的问题，使数据库设计工作有严格的理论基础。

数据模型优化的方法为：

（1）确定数据依赖。用数据依赖分析和表示数据项之间的联系，写出每个数据项之间的数据依赖。

（2）对于各个关系模式之间的数据依赖进行极小化处理，消除冗余的联系。

（3）按照数据依赖的理论对关系模式逐一进行分析，考查是否存在部分函数依赖、传递函数依赖、多值依赖等，确定各关系模式分别属于第几范式。

（4）按照需求分析阶段得到的各种应用对数据处理的要求，分析对于这样的应用环境这些模式是否合适，确定是否要对它们进行合并或分解。

值得注意的是，并不是规范化程序越高的关系就越优，对于一个具体应用，需要权衡时间、空间、完整性等各方面的利弊。例如，当一个应用的查询中经常涉及两个或多个关系模式的属性时，系统必须经常地进行连接运算，而连接运算的代价是相当高的，可以说关系模型低效的主要原因就是做连接运算引起的，因此在这种情况下，第二范式甚至第一范式也许是最好的。非 BCNF 的关系模式虽然从理论上分析会存在不同程度的更新异常，但如果在实际应用中对此关系模式只是查询，并不执行更新操作，则就不会产生实际影响。

（5）按照需求分析阶段得到的各种应用对数据处理的要求，对关系模式进行必要的分解或合并，以提高数据操作的效率和存储空间的利用率。

9.4.4　设计用户子模式

将概念模型转换为逻辑模型后，即生成了整个应用系统的模式后，还应该根据局部应用需求，结合具体 DBMS 的特点，设计用户的外模式。

目前关系数据库管理系统一般都提供了视图的概念，支持用户的虚拟视图。我们可以利用这一功能设计更符合局部用户需要的用户外模式。

定义数据库模式主要是从系统的时间效率、空间效率、易维护等角度出发。由于用户外模式与模式是独立的，因此在定义用户外模式时应该更注重考虑用户的习惯与方便。包括：

（1）使用更符合用户习惯的别名。

合并各分 E-R 图曾做了消除命名冲突的工作，以使数据库系统中同一关系和属性具有唯一的名字。这在设计数据库整体结构时是非常必要的。但对于某些局部应用，由于改用了不符合用户习惯的属性名，可能会使他们感到不方便，因此在设计用户的子模式时可以重新定义某些属性名，使其与用户习惯一致。当然，为了应用的规范化，我们也不应该一味地迁就用户。例如，负责学籍管理的用户习惯于称教师模式的职工号为教师编号。因此可以定义视图，在视图中职工号重定义为教师编号。

（2）针对不同级别的用户定义不同的外模式，以满足系统对安全性的要求。

例如，假定教师关系模式中包括职工号、姓名、性别、出生日期、婚姻状况、学历、学位、政治面貌、职称、职务、工资、工龄、教学效果等属性。

学籍管理应用只能查询教师的职工号、姓名、性别、职称数据。

课程管理应用只能查询教师的职工号、姓名、性别、学历、学位、职称、教学效果数据。

教师管理应用则可以查询教师的全部数据。

定义两个外模式：

教师_学籍管理（职工号，姓名，性别，职称）。

教师_课程管理（职工号，姓名，性别，学历，学位，职称，教学效果）。

授权学籍管理应用只能访问教师_学籍管理视图。

授权课程管理应用只能访问教师_课程管理视图。

授权教师管理应用能访问教师表。

这样就可以防止用户非法访问本来不允许他们查询的数据，保证了系统的安全性。

（3）简化用户对系统的使用。

如果某些局部应用中经常要使用某些很复杂的查询，为了方便用户，可以将这些复杂查询定义为视图。

9.5　数据库的物理设计

所谓数据库的物理设计就是为一个给定数据库的逻辑结构选取一个最适合应用环境的物理结构和存取方法，其主要目标是对通过对数据库内部物理结构作调整并选择合理的存取路径,提高数据库的访问速度及有效利用存储空间。在关系数据库中已大量屏蔽了内部物理结构,因此留给用户参与物理设计的余地不多,一般 RDBMS 中留给用户参与物理设计的内容大致有下面几种:

(1) 集簇设计。

(2) 索引设计。

(3) 分区设计。

9.5.1　集簇设计

集簇(cluster)是将有关的数据元组集中存放于一个物理块、若干个相邻的物理块或同一柱面内,以提高查询效率的数据存取结构,目前的 RDBMS 中都提供按照一个或几个属性进行集簇存储的功能。

集簇一般至少定义在一个属性之上,也可以定义在多个属性之上。

集簇设计,就是根据用户需求确定每个关系是否需要建立集簇,如果需要,则应确定在该关系的哪些属性列上建立集簇。集簇对某些特定应用特别有效,它可以明显提高查询效率,但是对于与集簇属性无关的访问则效果不佳。而且建立集簇开销很大,涉及这个关系的改造与重建,只有在下述特定的情形之下方可考虑建立集簇:

(1) 当对一个关系的某些属性列的访问是该关系的主要应用,而对其他属性的访问很少或者是次要应用时,可以考虑对该关系在这些属性列上建立集簇。

(2) 如果一个关系在某些属性列上的值重复率很高,则可以考虑对该关系在这些属性列上建立集簇。

(3) 如果一个关系一旦装入数据,某些属性的值很少改动,也很少增加或者删除元组,则可以考虑对该关系在这些属性列上建立集簇。

另外,在建立集簇时,还应当考虑如下因素:

(1) 集簇属性的对应数据量不能太少也不宜过大,太少效果则不明显,过大则要对盘区采用多种连接方式,对提高效率会产生负面效果。

(2) 集簇属性的值应当相对稳定以减少修改集簇所引起的维护开销。

9.5.2　索引设计

索引(index)设计是数据库物理设计的基本问题,给关系选择有效的索引对提高数据库的访问效率有很大的作用。索引也是按照关系的某些属性列建立的,它主要用于常用的或重要的查询中。索引与集簇的不同之处在于:

(1) 当索引属性列发生变化,或增加和删除元组时,只有索引发生变化,而关系中原先元组的存放位置不受影响。

(2) 每个元组值能建立一个集簇,但是却可以同时建立多个索引。

对于一个确定的关系,通常在下述条件之下可以考虑建立索引:

(1) 主键及外键之上一般都可以分别建立索引,以加快实体间的连接查询速度,同时有助于引用完整性检查以及唯一性检查。

(2) 以查询为主的关系表尽可能多的建立索引。

(3) 对于等值连接,而且满足条件的元组有较少的查询可以考虑建立索引。

(4) 有些查询可以从索引中直接得到结果,不必访问数据块,这种查询可以建立索引,如查询某属性的 MIN、MAX、AVG、SUM 和 COUNT 等函数值,可以在该属性列上建立索引,查询时,按照属性索引的顺序扫描直接得到结果。

9.5.3　分区设计

数据库数据,包括关系、索引、集簇和日志等一般都存放在磁盘内,由于数据量的增大,往往需要用到多个磁盘驱动器或磁盘阵列,从而产生数据在多个磁盘上进行分配的问题,这就是磁盘的分区设计。磁盘分区设计的实质是确定数据库数据的存放位置,其目的是提高系统性能,它是数据库物理设计的内容之一。

分区设计的一般原则是:

(1) 减少访盘冲突,提高 I/O 并行性。多个事务并发访问同一磁盘组会产生访盘冲突而引发等待,如果事务访问数据能均匀分布在不同磁盘组上并可以并发执行 I/O,从而提高数据库访问速度。

(2) 分散热点数据,均衡 I/O 负担。在数据库中数据被访问的频率是不均匀的,有些经常被访问的数据称为热点数据(hot spot data),此类数据宜分散存放于各个磁盘组上以均衡各个盘组的负担。

(3) 保证关键数据的快速访问,缓解系统瓶颈。对于数据库中的某些数据,如数据字典和数据目录等,由于对其访问的频率很高,如果难以保证对它们的访问速率,就有可能直接影响到整个系统的效率。在这种情况下,可以将某个盘组固定专供使用,以保证对其快速访问。

根据上述原则并结合应用情况亦可将数据库数据的易变部分与稳定部分、经常存取部分和存取频率较低的部分分别放在不同的磁盘之中。例如:

(1) 可以将关系和索引放在不同的磁盘上,在查询时,由于两个磁盘驱动器并行工作,可以提高物理 I/O 的效率。

(2) 可以将比较大的关系放在不同的磁盘上,以加快存取速度。

(3) 可以将日志文件与数据库本身放在不同的磁盘上以改进系统性能。

(4) 由于数据库的数据备份和日志文件备份等只是在故障恢复时才会被使用,它们的数据量巨大,可以存放在磁盘之内。

9.5.4　评价物理设计

数据库物理设计的过程中需要对时间效率、空间效率、维护代价和各种用户要求进行权衡,其结果可以产生多种方案,数据库设计人员必须对这些方案进行细致的评价,从中选择一个较优的方案作为数据库的物理结构。

评价物理数据库的方法完全依赖于所选用的 DBMS,主要是从定量估算各种方案的存储空间、存取时间和维护代价入手,对估算结果进行权衡、比较,选择出一个较优的合理的物理结构。如果该结构不符合用户需求,则需要修改设计。

在性能测量上设计者能灵活地对初始设计过程和未来的修整作出决策。假设数据库性能用"开销(cost)",即时间,空间及可能的费用来衡量,则在数据库应用系统的生存期中,总的开销包括规划开销,设计开销,实施和测试开销,操作开销和运行维护开销。

对物理设计者来说,主要考虑操作开销,即为使用户获得及时数据的开销和计算机资源的开销。可分为如下几类:

(1)查询和响应时间。响应时间定义为从查询开始到查询结果开始显示之间所经历的时间,它包括 CPU 服务时间,CPU 队列等待时间,I/O 队列等待时间,封锁延迟时间和通信延迟时间。

一个好的应用程序设计可以减少 CPU 服务时间和 I/O 服务时间,例如,如果有效地使用数据压缩技术,选择好访问路径和合理安排记录的存储等,都可以减少服务时间。

(2)更新事务的开销。主要包括修改索引、重写物理块或文件、写校验等方面的开销。

(3)报告生成的开销。主要包括检索、重组、排序和结果显示方面的开销。

(4)主存储空间开销。包括程序和数据所占有的空间的开销。一般对数据库设计者来说,可以对缓冲区分配(包括缓冲区个数和大小)做适当的调整,以减少空间开销。

(5)辅助存储空间。分为数据块和索引块两种空间。设计者可以控制索引块的大小、装载因子、指针选择项和数据冗余度等。

实际上,数据块设计者能有效控制 I/O 服务和辅助空间;有限地控制封锁延迟、CPU时间和主存空间;而完全不能控制 CPU 和 I/O 队列等待时间、数据通信延迟时间。

9.6 数据库的实施

数据库实施主要包括定义数据库结构,组织数据入库,编制与调试应用程序以及数据库的试运行。

1. 定义数据库结构

确定了数据库的逻辑结构与物理结构后,就可以用所选用的 DBMS 提供的数据定义语言(DDL)来严格描述数据库结构。

2. 组织数据入库

数据库结构建立好后,就可以向数据库中装载数据。组织数据入库是数据库实施阶段最主要的工作。对于数据量不是很大的小型系统,可以用人工完成数据的入库,其步骤为:

(1)筛选数据。需要装入数据库中的数据通常都分散在各个部门的数据文件或原始凭证中,所以首先必须把需要入库的数据筛选出来。

(2)转换数据格式。筛选出来的需要入库的数据,其格式往往不符合数据库要求,还需要进行转换。这种转换有时可能很复杂。

(3)输入数据。将转换好的数据输入计算机中。

(4)校验数据。检查输入的数据是否有误。

对于大中型系统,由于数据量极大,用人工方式组织数据入库将会耗费大量的人力物力,而且很难保证数据的正确性。因此应该设计一个数据输入子系统由计算机辅助数据的入库工作。

3．编制与调试应用程序

数据库应用程序的设计应该与数据设计并行进行。在数据库实施阶段，当数据库结构建立好后，就可以开始编制与调试数据库的应用程序，也就是说，编制与调试应用程序是与组织数据入库同步进行的。调试应用程序时由于数据入库尚未完成，可先使用模拟数据。

4．数据库试运行

应用程序调试完成，并且已有一小部分数据入库后，就可以开始数据库的试运行。数据库试运行也称为联合调试，其主要工作包括：

功能测试：实际运行应用程序，执行对数据库的各种操作，测试应用程序的各种功能。

性能测试：测量系统的性能指标，分析是否符合设计目标。

由于数据库的物理设计阶段在评价数据库结构的估算时间、空间指标时，做了许多简化和假设，忽略了许多次要因素，因此结果必然很粗糙。数据库试运行则是要实际测量系统的各种性能指标(不仅是时间、空间指标)，如果结果不符合设计目标，则需要返回物理设计阶段，调整物理结构，修改参数；有时甚至需要返回逻辑设计阶段，调整逻辑结构。

在数据库试运行阶段，系统还不稳定，硬、软件故障随时都可能发生，而且系统的操作人员对新系统还不熟悉，误操作也不可避免，因此必须做好数据库的转储和恢复工作，尽量减少对数据库的破坏。

9.7 数据库的维护

数据库试运行结果符合设计目标后，数据库就可以真正投入运行。

数据库投入运行标志着开发任务的基本完成和维护工作的开始，并不意味着设计过程的终结，由于应用环境在不断变化，数据库运行过程中物理存储也会不断变化，对数据库设计进行评价、调整、修改等维护工作是一个长期的任务，也是设计工作的继续和提高。

在数据库运行阶段，对数据库经常性的维护工作主要是由 DBA 完成的，主要包括：

1．数据的转储与恢复

转储和恢复是系统正式运行后最重要的维护工作之一。

DBA 要针对不同的应用要求制定不同的转储计划，定期对数据库和日志文件进行备份。

一旦发生介质故障，即利用数据库备份及日志文件备份，尽快将数据库恢复到某种一致性状态，并尽可能减少对数据库的破坏。

2．数据库的安全性、完整性控制

DBA 必须对数据库的安全性和完整性控制负起责任。根据用户的实际需要授予不同的操作权限。另外，由于应用环境的变化，数据库的完整性约束条件也会变化，也需要 DBA 不断修正，以满足用户要求。数据的安全性包括以下内容：

(1) 通过设置权限管理、口令、跟踪及审计功能以保证数据的安全性。

（2）通过行政手段，建立一定的规章制度以确保数据的安全。

（3）数据库应备有多个副本并且保存在不同的安全地点。

（4）应采取措施防止病毒入侵并能及时查毒、杀毒。

数据库的完整性控制包括如下内容：

（1）通过完整性约束检查等 RDBMS 的功能以保证数据的正确性。

（2）建立必要的规章制度进行数据的按时正确采集及校验。

数据库的安全性和完整性内容十分重要，我们在第 7 章已经进行了讨论。

3. 数据库的性能监督、分析和改造

在数据库运行过程中，DBA 必须监督系统运行，对监测数据进行分析，找出改进系统性能的方法。

目前许多 DBMS 产品都提供了监测系统性能参数的工具，DBA 可以利用这些工具方便地得到系统运行过程中一系列性能参数的值。DBA 应该仔细分析这些数据，通过调整某些参数来进一步改进数据库性能。

4. 数据库的重组织与重构造

数据库运行一段时间后，由于记录的不断增、删、改，会使数据库的物理存储变坏，从而降低数据库存储空间的利用率和数据的存取效率，使数据库的性能下降。这时 DBA 就要对数据库进行重组织，或部分重组织（只对频繁增、删的表进行重组织）。数据库的重组织不会改变原设计的数据逻辑结构和物理结构，只是按原设计的要求重新安排存储位置，回收垃圾，减少指针链，提高系统性能。DBMS 一般都提供了供重组织数据库使用的实用程序，帮助 DBA 重新组织数据库。

当数据库应用环境发生变化时，会导致实体及实体间的联系也发生相应的变化，使原有的数据库设计不能很好地满足新的需求，从而不得不适当调整数据库的模式和内模式，这就是数据库的重构造。DBMS 都提供了修改数据库结构的功能。

重构造数据库的程度是有限的。若应用变化太大，已无法通过重构数据库来满足新的需求，或重构数据库的代价太大，则表明现有数据库应用系统的生命周期已经结束，应该重新设计新的数据库系统，开始新的数据库应用系统的生命周期。

小结

本章主要讨论数据库设计的全过程，指出了其中的重要方法和基本步骤，详细介绍了数据库设计各个阶段的目标、方法和应当注意的事项。本章的重点是数据库结构的概念设计和逻辑设计。

设计一个数据库应用系统需要经历需求分析、概念设计、逻辑结构设计、物理设计、实施、运行维护 6 个阶段，设计过程中往往还会有许多反复。

概念设计要求设计能反映用户需求的数据库概念结构，即概念模式。概念设计是数据库设计的关键技术。概念设计使用的方法主要是 E-R 方法，结果为 E-R 模型和 E-R 图。概念设计分析的基本步骤是先设计出局部概念视图，再将它们整合为全局概念视图，最后将全

局概念视图提交评审和进行优化。

　　逻辑设计的主要任务是把概念设计阶段得到的 E-R 模型转换成为与选用的具体机器上的 DBMS 所支持的数据模型相符合的逻辑结构,其中包括数据库模式和外模式。逻辑设计的基本步骤是将概念模型转换为一般关系(或层次、网状和对象)模型;再将一般关系(或层次、网状和对象)模型转换为特定的 DBMS 所支持的数据模型。最后对数据模型进行优化。

综合练习九

一、填空题

1. 按照规范化的设计方法,常将数据库设计分为 _____、_____、_____、_____ 和系统实施这几个阶段。

2. 数据流图是从 _____ 和 _____ 两方面来表达数据处理过程的一种图形化的表示方法。

3. 数据字典包括 _____ 和 _____。

二、选择题

1. 在数据字典中,反映了数据之间的组合关系的是(　　)。
   A. 数据结构　　　　B. 数据逻辑　　　　C. 数据存储方式　　D. 数据记录

2. 在数据字典中,反映了数据结构在系统内传输路径的是(　　)。
   A. 数据存储过程　　B. 数据流　　　　　C. 数据通路　　　　D. 数据记录

3. 在数据字典中,能同时充当数据流的来源和去向的是(　　)。
   A. 数据记录　　　　B. 数据通路　　　　C. 数据存储　　　　D. 数据结构

4. 以下关于数据字典的叙述不正确的是(　　)。
   A. 数据字典中只需要描述处理过程的说明性信息
   B. 数据字典是关于数据库中数据的描述,即元数据,而不是数据本身
   C. 数据字典是在需求分析阶段建立,在数据库设计过程中不断修改、充实、完善的
   D. 数据字典通常包括数据项、数据结构、数据通路、数据存储和处理过程五个部分

5. 以下项目中,不属于调查用户需求具体步骤的是(　　)。
   A. 听取组织机构对系统边界的建议
   B. 调查各部门的业务活动情况
   C. 在熟悉了业务活动的基础上,协助用户明确对新系统的各种要求,包括信息要求、处理要求、完全性与完整性要求,这是调查的又一个重点
   D. 确定新系统的边界

6. 设计概念结构通常用的 4 类方法是(　　)。
   A. 自顶向下　　　　B. 自底向上　　　　C. 逐步扩张
   D. 自内向外　　　　E. 混合策略

7. 各分 E-R 图之间的冲突主要有(　　)。
   A. 精度冲突　　　　B. 逻辑冲突　　　　C. 属性冲突
   D. 命名冲突　　　　E. 结构冲突

8. 在数据库运行阶段,由 DBA 完成的经常性的维护工作包括的内容有( )。

    A. 数据库的转储和恢复   B. 数据库内核的重构造

    C. 数据库的安全性、完整性控制   D. 数据库性能的监督、分析和改进

    E. 数据库的重组和重构造

三、问答题

1. 简述数据库设计的任务。

2. 简述数据库设计的内容。

3. 简述数据库系统的生命周期。

4. 简述数据需求分析说明书大致内容。

四、实践题

1. 调研某各企业或自行设计一个信息系统,根据本章所学知识,为其设计一个数据库。

2. 试述你如何对该数据进行维护和重构。

第10章 数据库设计工具

数据库设计(database design)是指对于一个给定的应用环境,构造最优的数据库模式,建立数据库及其应用系统,使之能够有效地存储数据,满足各种用户的应用需求(信息需求和处理需求)。数据库结构设计主要涉及 3 个阶段,即概念设计、逻辑设计和物理设计阶段。

概念设计是整个数据库设计的关键,通过对用户需求进行综合、归纳与抽象,形成一个独立于具体 DBMS 的概念模型。逻辑设计阶段将概念结构转换为某个 DBMS 所支持的数据模型,对其进行优化。物理设计阶段为逻辑数据模型选取一个最适合应用环境的物理结构(包括存储结构和存取方法)。为加速数据库的设计,目前有很多数据库辅助工具(CASE 工具),如 Rational 公司的 Rational Rose,CA 公司的 ERwin 和 BPwin,Sybase 公司的 PowerDesigner 以及 Oracle 公司的 Oracle Designer 等。

在本章介绍的是业界非常著名的数据库建模工具 ERwin,包括 ERwin 涉及的基本概念,以及如何建立数据模型,如何实施正向工程与逆向工程。

10.1 ERwin 概述

ERwin 的全称是 AllFusion ERwin Data Modeler,是 CA 公司 AllFusion 品牌下的建模套件之一,用于数据库建模。CA 公司的建模套件还包括业务过程建模工具 AllFusion Bpwin Process Modeler,组件建模工具 AllFusion Component Modeler,建模管理工具 AllFusion Model Manager 和数据模型审验工具 AllFusion Data Model Validator。

ERwin 用来建立实体-关系即 E-R 模型,可以方便地构造实体和联系,表达实体间的各种联系,并根据模板创建相应的存储过程、包、触发器、角色等,还可编写相应的 PB 扩展属性,如编辑样式、显示风格、有效性验证规则等。

ERwin 主要用来建立数据库的概念模型和物理模型。它能用图形化的方式,描述出实体、联系及实体的属性。ERwin 支持 IDEF1x(integration definition for information modeling)方法和 IE(information engineering)方法建模。通过使用 ERwin 建模工具自动生成、更改和分析 IDEF1x 模型,不仅能得到优秀的业务功能和数据需求模型,而且可以实现从 IDEF1x 模型到数据物理设计的转变。

ERwin 工具绘制的 ERwin 模型框图(diagram)主要由 3 种组件块组成:实体、属性和关系,正好对应于 IDEF1x 模型的 3 种主要成分。可以把框图看成是表达业务语句的图形语言。而 ERwin 模型框图所在的主题区域(subject area)相应于 IDEF1x 的视图,其重点是整个数据模型中的某个计划或企业内部的某一范围间实体的关联。一个 IDEF1x 的模型包括一个或多个视图,而 ERwin 中的主域区(main subject areas)组合了各个主题区域,覆盖了数据建模的整个范围,也即 IDEF1x 模型的整个范围。

ERwin 工具绘制的模型对应于逻辑模型和物理模型两种。在逻辑模型中,IDEF1x 工具箱可以方便地用图形化的方式构建和绘制实体联系及实体的属性。在物理模型中,ERwin 可以定义对应的表、列,并可针对各种数据库管理系统自动地转换为适当的类型。

在此基础上,ERwin 可以实现将已建好的 E-R 模型转换为数据库物理设计,即可在多种数据库服务器(如 ORACLE、SQL SERVER、DB2、ACCESS、MySQL 等)上自动生成库结构,提高数据库的开发效率。

另外,ERwin 可以进行逆向工程、能够自动生成文档、支持与数据库同步、支持团队式开发,所支持的数据库达 20 多种。ERwin 数据库设计工具可以用于设计生成客户机/服务器、Web、Intranet 和数据仓库等应用程序数据库。

10.2　ERwin 的工作空间

1. 概述

ERwin 的工作空间包括以下几个部分:

- 绘图区,也称为绘图窗口,主要用于创建和修改数据模型;
- 模型导航器;
- 菜单和工具条;
- 存储显示区。

ERwin 的工作区间如图 10-1 所示。

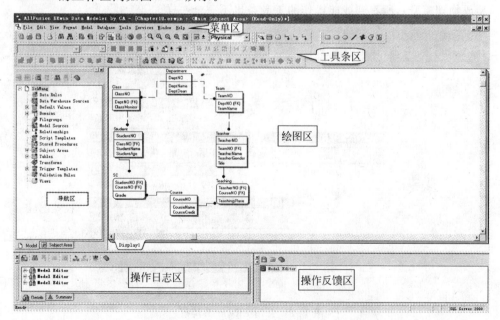

图 10-1　ERwin 工作空间

2. ERwin 的菜单和工具条

ERwin 的菜单和工具条中包含了用于管理模型文件、构建模型、数据库正向工程和逆向工程等命令。ERwin 的菜单栏如图 10-2 所示,包括了 File、Edit、View、Format、Model、Tools、Services、Window 和 Help,各菜单的主要功能如表 10-1 所示。

File Edit View Format Model Tools Services Window Help

图 10-2 ERwin 的主菜单栏

表 10-1 ERwin 菜单总结

菜　单	说　明
File	包含用于新建、打开和关闭模型文件、输入输出模型、打印等命令
Edit	包含复制、剪切、粘贴、查找、替换等命令
View	包含用于显示工具栏、放大缩小显示等命令
Format	包含用于调整显示内容的层次、格式等命令
Model	包含用于维护模型对象中涉及的对象以及模型属性等命令
Tools	包含模型比较、数据库双向工程、生成报表、自定义附加工具等命令
Services	包含打开、关闭、连接和会话等命令
Window	包含排列和显示窗口的命令
Help	包含获取 ERwin 帮助的命令

对于常用命令,为简便操作,ERwin 提供了许多面向任务的工具条(如图 10-3 所示),用于快速执行常用任务。值得注意的是,由于选择的模型对象的不同以及模型类型的不同(逻辑模型或物理模型),所看到或能操作的工具条也不完全一样。

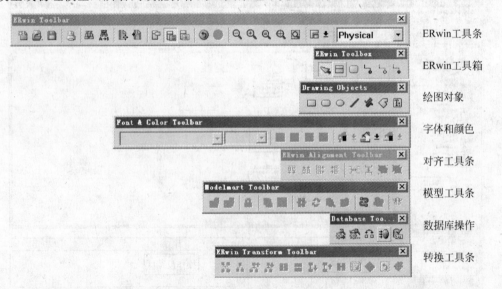

图 10-3 常用 ERwin 工具条

10.3 基本概念

1. 3种设计模型

(1) 逻辑模型(logical model)。在 ERwin 中有 3 个层次的逻辑模型来表示逻辑上的业务信息需求,它们是实体-联系图(E-R 图)、基于键的模型(KB)和全属性模型(FA),如果将 3 个模型整合就成为完整的概念模型。如果只做文档,可以选择只建立 logical model,即完成数据库设计阶段的概念设计,得到概念模型。

(2) 物理模型(physical model)。物理模型可用来精确地描述物理数据库设计的模型,包括字段的数据类型、数据库约束、索引、反规范化的表、物理存储分配和特定数据库的其他物理特征。构建物理模型的目的主要是为数据库管理员创建有效的物理数据库提供足够的信息。一旦构建了物理模型,ERwin 都会用正确的语法为所选的目标数据库服务器生成所有模型对象,或者直接在数据库服务器的系统目录中创建这些对象,或者采用间接生成方式创建一个数据库模式的 DDL 脚本文件。

(3) 逻辑模型/物理模型(logical/physical model)。如果是实施数据库设计项目,需要同时使用 logical model 和 physical model。

2. 实体

客观存在并可相互区别的事物,由方角盒来指定,如图 10-4 所示。

3. 实体间的 3 种关系

逻辑模型中,实体间的联系分为标识关系,多对多关系和非标识关系,在 ToolBox 工具条右边从左到右排列: Logical ⌄ ⌖ ☐ ☐ ⟨∵∵⟩ 。

(1) 标识关系(identifying relationship):把实体 1 中的主键作为实体 2 中的外键,且作为实体 2 的主键。在 ERwin 中,实体间联系的线用实线表示,如图 10-5 所示。

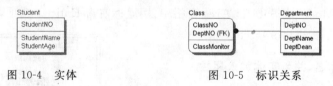

图 10-4 实体　　　　　　　　　　图 10-5 标识关系

(2) 多对多关系(many-to-many relationship)。用于标识实体间的多对多联系,通常将多对多联系转换为实体,如图 10-6 所示。

(3) 非标识关系(non-identifying relationship)。把实体 1 中的主键作为实体 2 中的外键,但不作为实体 2 的主键,如图 10-7 所示。

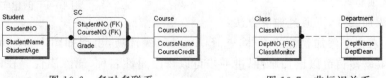

图 10-6 多对多联系　　　　　　　　图 10-7 非标识关系

10.4　建立 ERwin 数据模型

在 ERwin 中建立数据模型的主要步骤如下：

1. 建立空的数据模型文件

单击 File/New 弹出"建模"对话框如图 10-8 所示，可根据具体情况做出相应选择（选择的目标数据库最好有驱动程序）。

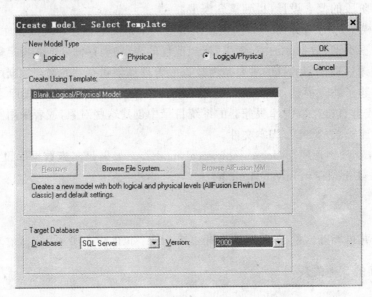

图 10-8　模型创建对话框

2. 添加实体

方法 1：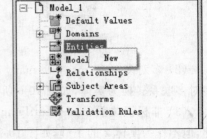。

方法 2：在 Model 或 Subject Area 窗格中，用鼠标右击 Entities 选项，然后单击 New 按钮可以新建实体，如图 10-9 所示。

3. 修改实体名，并为实体加入属性

修改实体可按以下方法：

方法 1：单击实体名，按 F2 键可以对实体名称进行修改。

方法 2：右击欲进行修改的实体，选择 Entity Properties 选项。

图 10-9　创建实体

为实体添加属性，可通过如下方法：

方法 1：右击要添加属性的实体，选择 Attributes 选项，出现如图 10-10 所示的属性对话框，单击 New 按钮可以增加属性，进一步可以修改属性名称，删除属性。在此 Attributes

弹出的对话框中可以指定属性是否为主键（Primary Key），直接确定属性的数据类型，如图 10-11 所示。

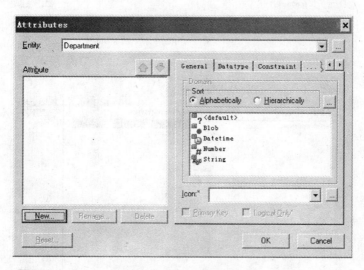

图 10-10 属性对话框

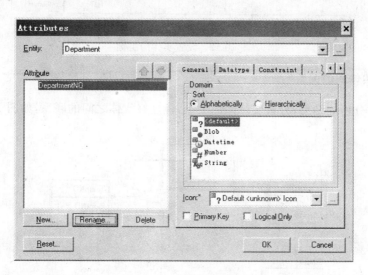

图 10-11 属性管理窗口

方法 2：单击所选实体，按 Tab 键也可以进行添加，删除或修改操作。

4．设置实体的主键

方法 1：右击所选实体，然后单击 Key Groups 选项，然后选择实体的主键，在可选的主键属性中选择属性添加到 Key Group Members，如图 10-12 所示。

方法 2：在实体上单击选择属性，当鼠标指针变为手形指针时将属性直接拖到实体框上部主键区域即可。

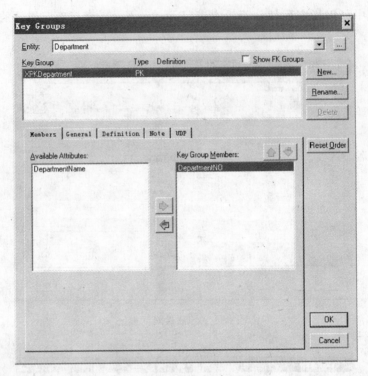

图 10-12　设置实体的主键

5. 建立实体间的关系

根据需求分析的结果,分析实体间的关系,建立好实体之间的联系,如图 10-13 所示。

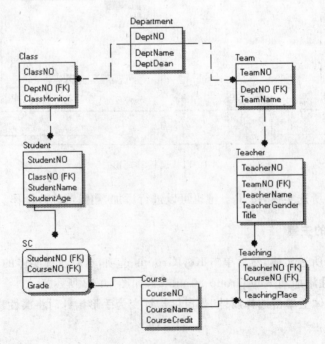

图 10-13　实体间的联系图

6. 产生数据库报表

步骤一：单击 Tools \ Report templates Builder\ Report Builder，弹出对话框如图 10-14 所示。可以直接选择可用的模板，如 HTML Physical Only Column. rtb，再单击 Run 按钮。也可新建模板或修改现有模板，单击 New 按钮，接着进行步骤二。

步骤二：如现在创建模型的 Picture，选择左边的 picture，再单击 ▶ ，则右边区域出现 picture section 一项，单击工具栏上的运行按钮 ↓ 则可得到该模型的 E-R 图，如图 10-15 所示。

步骤三：单击 Logic 下的 Entity 按钮，如上操作后，右击 Entity Section\Properties 选项，选择欲输出的内容，如图 10-16 所示。

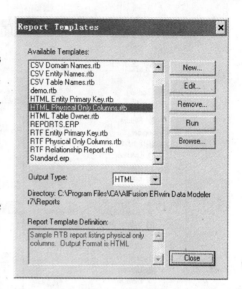

图 10-14 报表模板

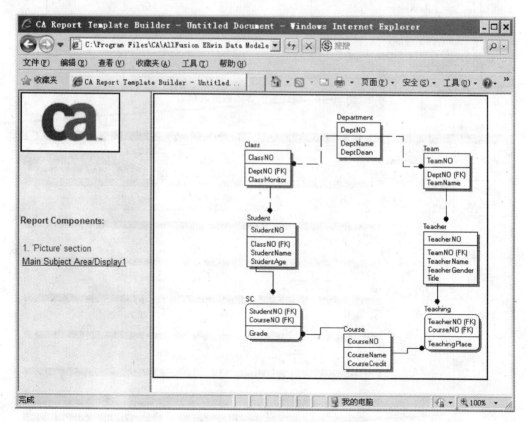

图 10-15 E-R 图报表

步骤四：运行后即可得到一个数据字典，如图 10-17 所示。

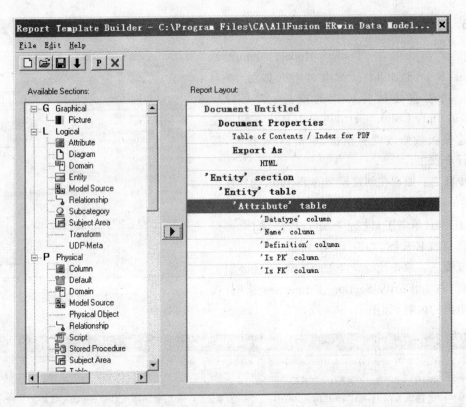

图 10-16　创建基于实体的报表模板

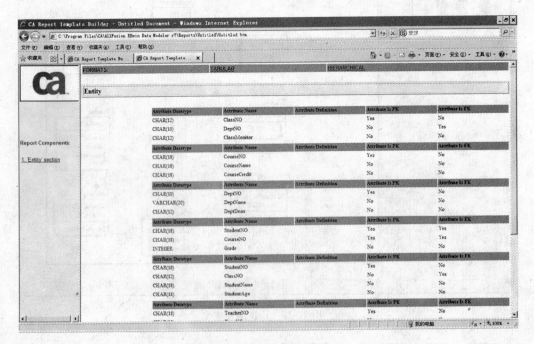

图 10-17　数据字典

10.5 正向工程

实施 ERwin 的正向工程，可以根据物理模型联机建立数据库表或者生成 DDL 脚本。

步骤一：在物理模型状态下，选择 Tools\Forward Engineer\Schema Generation 命令，如图 10-18 所示。

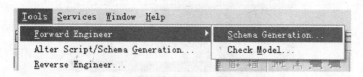

图 10-18 选择正向工程操作

步骤二：在出现的窗口中，可设置相应的选项，如图 10-19 所示。

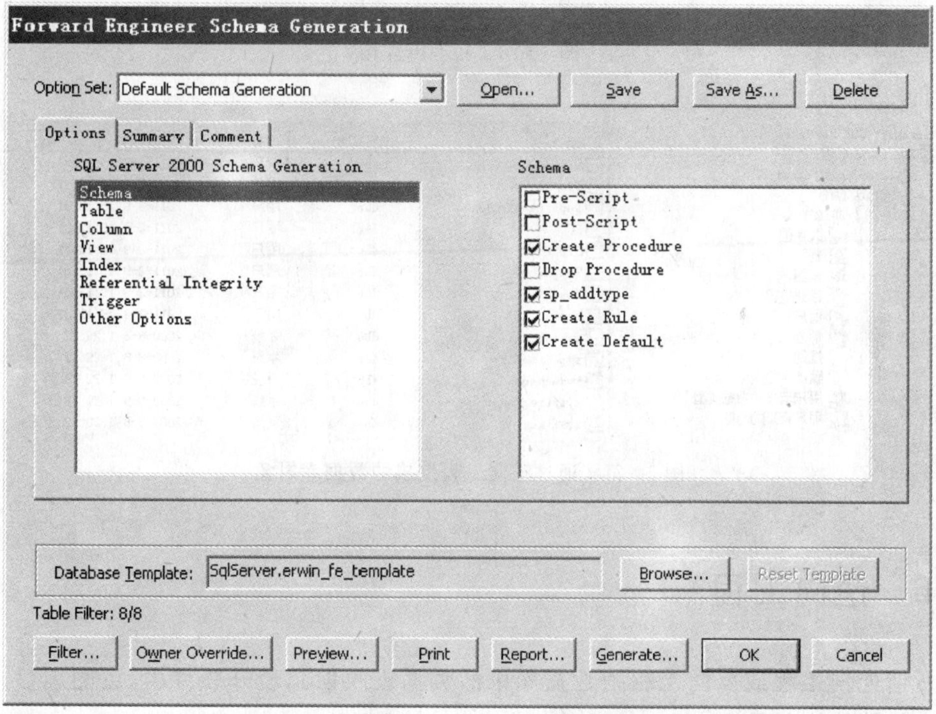

图 10-19 设置正向工程的选项

步骤三：如果预览生成脚本，可单击 Preview 按钮。如果直接在数据库中生成相应的数据库对象，单击 Generate 按钮，如果出现 SQL Server Connection 弹出窗口，在弹出的窗口中设置有关服务器和数据库的参数，如图 10-20 所示。

步骤四：再单击 Connect 按钮，即可在相应的数据库服务器指定的数据库中生成模型中设计的相关对象包括表等，如图 10-21 所示。

图 10-20　数据库连接

名称	所有者	类型	创建日期 ▽
Class	dbo	用户	2011-3-9 15:13:31
Course	dbo	用户	2011-3-9 15:13:31
Department	dbo	用户	2011-3-9 15:13:31
SC	dbo	用户	2011-3-9 15:13:31
Student	dbo	用户	2011-3-9 15:13:31
Teacher	dbo	用户	2011-3-9 15:13:31
Teaching	dbo	用户	2011-3-9 15:13:31
Team	dbo	用户	2011-3-9 15:13:31
syscolumns	dbo	系统	2000-8-6 1:29:12
syscomments	dbo	系统	2000-8-6 1:29:12
sysdepends	dbo	系统	2000-8-6 1:29:12
sysfilegroups	dbo	系统	2000-8-6 1:29:12
sysfiles	dbo	系统	2000-8-6 1:29:12

图 10-21　通过正向工程生成的数据库对象

10.6　逆向工程

所谓逆向工程或反向工程把数据库中的数据表映射到设计软件中,以图表显示,在 ERwin 设计软件中可以对相应的模型作进一步地修改。

步骤一:选择 Tools\Reverse Engineer 选项,如图 10-22 所示。

步骤二:在弹出窗口中选择模型 Logical/Physical 选项,如图 10-23 所示。

步骤三:确定逆向工程的相关选项,如果从数据库实施逆向工程,则选择 Database 选项,如图 10-24 所示。

步骤四:单击 Next 按钮后,出现数据库连接窗口,确定相关的选项,单击 Connect 按钮,即可生成对应数据库对象的数据模型,如图 10-25 所示。

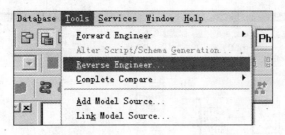

图 10-22 逆向工程操作

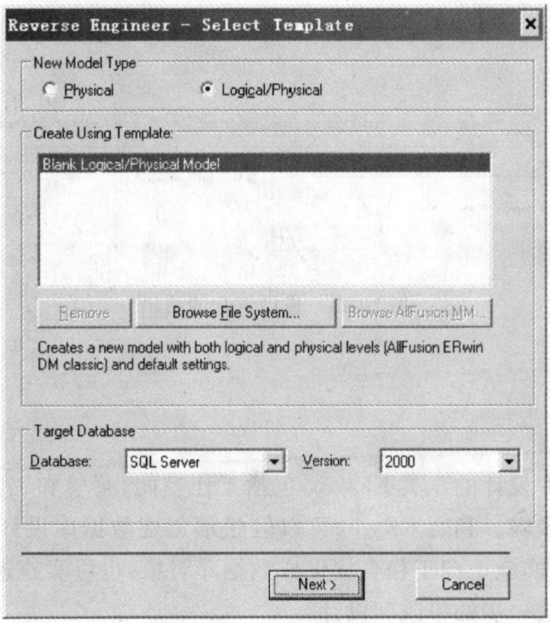

图 10-23 选择模型

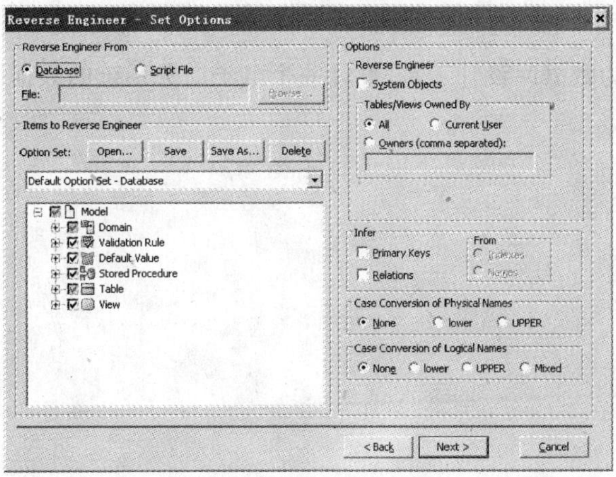

图 10-24 设置逆向工程的选项

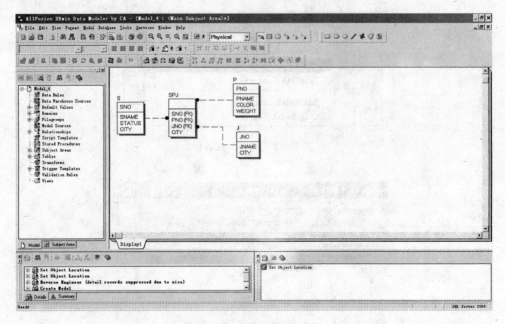

图 10-25   逆向工程的结果

 小结

　　本章介绍了数据库设计的工具 ERwin,包括工作空间、菜单和工具条、涉及基本概念和建立数据模型的基本步骤。利用 ERwin 可以轻松地创建数据库设计的逻辑模型和物理模型,并可根据物理模型实施正向工程直接生成数据库对象,也可实施逆向工程将数据库对象转换成数据模型以作进一步的修改和设计。

综合练习十

　　利用 ERwin 作为数据库设计工具,设计一个电子商务系统的数据模型。

第11章

Java数据库连接

Java 数据库编程是 Java 的核心技术之一,当前所有的电子商务网站都是对数据库进行操作的。要进行基于数据库系统的 Java 开发,首先必须学习数据库知识和 Java 与数据库之间的交互操作。

本章主要介绍 JDBC 技术及其相关知识,同时还介绍了 ODBC 数据源的创建步骤,并通过编程实例详细讲解了 Java 与数据库互联的编程技术。

11.1 JDBC 概述

JDBC(java data base connectivity)的意思是 Java 程序连接和存取数据库的应用程序接口(API),此接口是 Java 核心 API 的一部分。JDBC 是由一群类和接口组成的,它支持 ANSI SQL-92 标准,因此,通过调用这些类和接口所提供的成员方法,我们可以方便地连接各种不同的数据库,进而使用标准的 SQL 命令对数据库进行查询、插入、删除、更新等操作。

通过使用 JDBC,开发人员可以很方便地将 SQL 语句传送给几乎任何一种数据库。也就是说,开发人员可以不必写一个程序访问 Sybase,写另一个程序访问 Oracle,再写一个程序访问 Microsoft 的 SQL Server。用 JDBC 写的程序可以在任何支持 Java 的平台上运行,不必在不同的平台上编写不同的应用。Java 和 JDBC 的结合可以让开发人员在开发数据库应用时真正实现 Write Once,Run Everywhere!

Java 具有安全、易用等特性,而且支持自动网上下载,本质上是一种很好的数据库应用的编程语言,但是 Java 需要一个桥梁同各种各样的数据库连接,JDBC 正是实现这种连接的关键。

JDBC 扩展了 Java 的能力,如使用 Java 和 JDBC API 就可以公布一个 Web 页,页中带有访问远程数据库的 Applet。或者企业可以通过 JDBC 让全部的职工(他们可以使用不同的操作系统,例如 Windows、UNIX 和 Machintosh)在 Intranet 上连接到几个全球数据库上,而这几个全球数据库可以是不相同的。随着越来越多的程序开发人员使用 Java 语言,对 Java 访问数据库易操作性的需求越来越强烈。

简单地说,JDBC 能完成下列 3 件事:

- 同一个数据库建立连接。
- 向数据库发送 SQL 语句。
- 处理数据库返回的结果。

JDBC 是一种底层 API,这意味着它将直接调用 SQL 命令。JDBC 完全胜任这个任务,而且比其他数据库互连更加容易实现。同时它也是构造高层 API 和数据库开发工具的基础。高层 API 和数据库开发工具使用户页面更加友好,使用更加方便,更易于理解。但所有这样的 API 将最终被翻译为像 JDBC 这样的底层 API。

11.2　JDBC 结构

用 JDBC 连接数据库实现了与平台无关的客户机/服务器的数据库应用。由于 JDBC 是针对"与平台无关"设计的,因此我们只要在 Java 数据库应用程序中指定使用某个数据库的 JDBC 驱动程序,就可以连接并存取指定的数据库了。而且,当我们要连接几个不同的数据库时,只需修改程序中的 JDBC 驱动程序,无须对其他的程序代码做任何改动。JDBC 的基本结构由 Java 程序、JDBC 管理器、驱动程序和数据库 4 部分组成,如图 11-1 所示。在这 4 部分中,根据数据库的不同,相应的驱动程序又可分为 4 种类型。

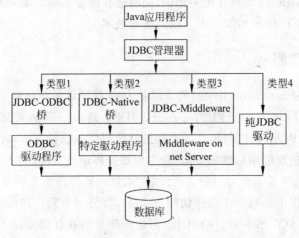

图 11-1　JDBC 结构

1. Java 应用程序

Java 程序包括 Java 应用程序和小应用程序,主要功能是根据 JDBC 方法实现对数据库的访问和操作。完成的主要任务有:请求与数据库建立连接,向数据库发送 SQL 请求,为结果集定义存储应用和数据类型,查询结果,处理错误,控制传输,提交及关闭连接等操作。

2. JDBC 管理器

JDBC 管理器为我们提供了一个"驱动程序管理器",它能够动态地管理和维护数据库查询所需要的所有驱动程序对象,实现 Java 程序与特定驱动程序的连接,从而体现 JDBC 的"与平台无关"这一特点。它完成的主要任务有:为特定的数据库选择驱动程序,处理 JDBC 初始化调用,为每个驱动程序提供 JDBC 功能的入口,为 JDBC 调用执行参数等。

3. 驱动程序

驱动程序处理 JDBC 方法,向特定数据库发送 SQL 请求,并为 Java 程序获取结果。在必要的时候,驱动程序可以翻译或优化请求,使 SQL 请求符合 DBMS 支持的语言。驱动程序可以完成下列任务:建立与数据库的连接,向数据库发送请求,用户程序请求时执行翻译,将错误代码格式化成标准的 JDBC 错误代码等。

JDBC 是独立于数据库管理系统的,而每个数据库系统均有自己的协议与客户机通信,因此,JDBC 利用数据库驱动程序来使用这些数据库引擎。JDBC 驱动程序由数据库软件商和第三方的软件商提供,因此,编程所使用的数据库系统不同,所需要的驱动程序也有所不同。

4. 数据库

这里的数据库是指 Java 程序需要访问的数据库及其数据库管理系统。

11.3　JDBC 驱动程序

JDBC 驱动程序介于前端应用程序与后端数据源之间,作为数据访问沟通的桥梁,依其特性的不同共分为 4 种类型,如图 11-1 所示。

- 类型 1:JDBC-ODBC 桥驱动程序。
- 类型 2:JDBC-Native API 桥驱动程序。
- 类型 3:JDBC-Middleware 驱动程序。
- 类型 4:Pure JDBC 驱动程序。

1. 类型 1:JDBC-ODBC 桥驱动程序

应用程序通过 JDBC-ODBC 桥,以调用 ODBC 连接数据源,由于 Microsoft Windows 操作系统中 ODBC 大多已支持各种类型的数据源,如 Microsoft SQL Server、Oracle、Sybase、Access 等,因此在构建上较为方便,可直接使用 JDK 所附的驱动程序进行连接。

但由于必须经过桥的转换,因此在效率上并不是十分理想,而且由于 ODBC 是以 C 语言编写而成,一有错误便会出现 DR. Watson 之类的严重错误而非 Java 的 SQL Exception,使得 Java 程序无法控制这个错误而无法继续正常执行。

由于是经过 JDBC-ODBC 桥,因此服务器端需设置系统的 ODBC,但是一旦服务器端有所变动时,此 ODBC 必须重新设置,在可移植性上也不是十分理想,因此类型 1 驱动程序一般多用于测试阶段,不太适合于企业应用上。

2. 类型 2:JDBC-Native API 驱动程序

此类型驱动与类型 1 驱动程序类似,同样需要经过类似桥的机制连接数据源,所不同的是,类型 2 的桥为原生函数库,是软件厂商针对其数据库自行开发的,此 Library 由 C 或 C++所编写而成的,由于软件厂商是针对其数据库特性专门量身定做的,因此在效率上优于类型 1。

3. 类型 3:JDBC-Middleware 驱动程序

使用这类驱动程序时不需要在我们的计算机上安装任何附加软件,但是必须在安装数据库管理系统的服务器端装中介软件(middleware),这个中介软件会负责所有存取数据库时必要的转换。

4. 类型 4：Pure JDBC 驱动程序

此类型 JDBC 驱动程序不需通过任何中介机制,直接转换 JDBC 调用,成为 DBMS 的网络协议,直接访问数据源。

由以上的陈述可以知道,最佳的 JDBC 驱动程序类型是类型 4,因为使用类型 4 的 JDBC 驱动程序不会增加任何额外的负担,而且类型 4 的 JDBC 驱动程序是由纯 Java 语言开发而成的,因此拥有最佳的兼容性。反观类型 1 和类型 2 的 JDBC 驱动程序,它们都必须事先安装其他附加的软件,若我们有 30 台计算机就必须安装 30 次附加软件,这将使 Java 数据库程序的兼容性大打折扣。使用类型 3 的 JDBC 驱动程序也是不错的选择,因为类型 3 的 JDBC 驱动程序也是由纯 Java 语言开发而成的,并且中介软件也仅需要在服务器上安装。因此,建议最好以类型 3 和类型 4 的 JDBC 驱动程序为主要选择,类型 1 和类型 2 的 JDBC 驱动程序为次要选择。

11.4　JDBC 访问数据库

JDBC 访问数据库可以分为连接数据库和操作数据库两个步骤。图 11-2 显示了一个用简单的 JDBC 模型进行连接、执行和获取数据的过程。

1. JDBC 连接数据库

JDBC 连接数据库分为加载驱动程序和建立连接两个步骤。

1)加载驱动程序

为了与特定的数据源或者数据库相连,JDBC 必须加载相应的驱动程序。驱动程序可以是 JDBC-ODBC 桥驱动程序,或者是由数据库厂商提供的驱动程序。可以通过设置 Java 属性中的 SQL. driver 来指定驱动程序列表,这个属性是一系列用冒号隔开的 driver 类的名称,

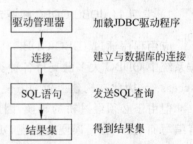

图 11-2　通过 JDBC 访问数据库的过程

JDBC 将按照列表搜索驱动程序,并使用第一个能成功与给定的 URL 相连的驱动程序。在搜索驱动程序列表时,JDBC 将跳过那些包含不可信任代码的驱动程序,除非它与要打开的数据库来自于同一个服务器主机。

也可以不设置 SQL. driver 属性,而使用 Class. forName 方法显式加载一个驱动程序,例如：

```
Class.forName("sun.jdbc.odbc.JdbcOdbcDriver");
```

上面的语句直接加载了 Sun 公司提供的 JDBC-ODBC Bridge 驱动程序,由驱动程序负责向 DriverManager 登记。在与数据库相连接时,DriverManager 将试图使用驱动程序。

2）建立连接

DriverManager 类的 getConnection 方法用于建立与某个数据源的连接，例如：

```
String url = "jdbc:odbc:testDB";
String userName = "scut";
String usePassword = "1234";
Connection con = DriverManager.getConnection(url, userName, usePassword);
```

上面的语句用来与 url 对象指定的数据源建立连接，若连接成功，则返回一个 Connection 类的对象 con。以后对这个数据源的操作都是基于 con 对象的。getConnection 方法是 DriverManager 类中的静态方法，所以使用时不用生成 DriverManager 类的对象，直接使用类名调用就可以了。

2. JDBC 操作数据库

JDBC 连接数据库之后，就可以对数据库中的数据进行操作了，可以按以下步骤进行。

1）执行 SQL 语句

建立数据库连接后，就能够向数据库发送 SQL 语句了。JDBC 提供了 Statement 类来发送 SQL 语句，Statement 类的对象用 createStatement 方法创建，SQL 语句发送后，返回的结果通常存放在一个 ResultSet 类的对象中，ResultSet 可以看作是一个表，这个表包含由 SQL 返回的列名和相应的值，ResultSet 对象中维持一个指向当前行的指针，通过一系列的 getXXX 方法可以检索当前行的各个列，并显示出来。

2）检索结果

对比 ResultSet 对象进行处理后，才能将查询结果显示给用户。ResultSet 对象包括一个由检索语句返回的表，这个表中包含所有查询结果。对 ResultSet 对象的处理必须逐行进行，ResultSet.next 方法使指针下移一行。而对每一行中的各个列，则可以按任何顺序进行处理。ResultSet 类的 getXXX 方法可将结果集中的 SQL 数据类型转换为 Java 数据类型，如 getInt，getString 等。

3）关闭连接

在对象使用完毕后，应关闭连接。虽然 Java 有垃圾收集机制，但建议自行关闭 JDBC 对象。

11.5 常用的 JDBC 接口类和对象

JDBC 的作用就是为 Java 提供访问数据库的通道，前面讲述了 JDBC 连接数据库的方法，但是连接数据库还只是第一步，还需要对数据库中的数据进行各种各样的操作，这样就要用到 JDBC 中的各个类和接口创建相应的对象。

JDBC API 提供的类和接口在 java.sql 包中定义，JDBC API 所包含的类和接口非常多，这里我们只介绍几个常用类及它们的成员方法。

1. DriverManage 类

DriverManager 类是 JDBC 的管理器，负责管理 JDBC 驱动程序，跟踪可用的驱动程序并在数据库和相应驱动程序之间建立连接。如果我们要使用 JDBC 驱动程序,必须加载 JDBC 驱动程序并且在 DriverManage 注册后才能使用。加载和注册驱动程序可以使用 Class. forName()这个方法来完成。此外,DriverManager 类还处理如驱动程序登录时间限制及登录和跟踪消息的显示等事务。DriverManager 类提供的常用成员方法如下:

(1) public static synchronized Connection getConnection(String url) throws SQLException。这个方法的作用是使用指定的数据库 URL 创建一个连接,使 DriverManager 从注册的 JDBC 驱动程序中选择一个适当的驱动程序。如果发生数据库访问错误则程序抛出一个 SQLException 异常。

(2) public static synchronized Connection getConnection(String url, Properties info) throws SQLException。这个方法使用指定的数据库 URL 和相关信息(用户名、用户密码等属性列表)来创建一个连接,使 DriverManager 从注册的 JDBC 驱动程序中选择一个适当的驱动程序。如果发生数据库访问错误则程序抛出一个 SQLException 异常。

(3) public static synchronized Connection getConnection(String url, String user, String password) throws SQLException。使用指定的数据库 URL、用户名和用户密码创建一个连接,使用 DriverManager 从注册的 JDBC 驱动程序中选择一个适当的驱动程序。如果发生数据库访问错误则程序抛出一个 SQLException 异常。

(4) public static Driver getDriver(String url) throws SQLException。定位在给定 URL 下的驱动程序,让 DriverManager 从注册的 JDBC 驱动程序选择一个适当的驱动程序。如果发生数据库访问错误则程序抛出一个 SQLException 异常。

(5) public static void deregisterDriver(Driverdriver) throws SQLException。这个方法的作用是从 DriverManager 列表中删除指定的驱动程序,如果发生数据库访问错误则程序抛出一个 SQLException 异常。

(6) public static int getLoginTimeout()。获取连接数据库时驱动程序可以等待的最大时间,以秒为单位。

(7) public static PrintStream getLogStream()。获取 DriverManager 和所有驱动程序使用的日志 PrintStream 对象。

(8) public static void println(String message)。给当前 JDBC 日志流输出指定的消息。

2. Connection 类

Connection 类负责建立与指定数据库的连接。Connection 类提供的常用成员方法如下:

(1) public Statement createStatement() throws SQLException 方法。它用来创建 Statement 类对象。

(2) public Statement createStatement(int resultSetType, int resultSetConcurrecy) throws SQLException。按指定的参数创建 Statement 类对象。

(3) public DatabaseMetaData getMetaData() throws SQLException。它用来创建 DatabaseMetaData 对象。不同数据库系统拥有不同的特性,DatabaseMetaData 类不但可以保存数据库的所有特性,并且还提供一系列成员方法获取数据库的特性。例如,取得数据库名称、JDBC 驱动程序名、版本代号及连接数据库的 JDBC URL。

（4）public PreparedStatement prepareStatement（String sql）throws SQLException。它用来创建 PreparedStatement 类对象。关于该类对象的特性在后面介绍。

（5）public void commit（）throws SQLException。提交对数据库执行添加、删除或修改记录（Record）的操作。

（6）public boolean getAutoCommit（）throws SQLException。它用来获取 Connection 类对象的 Auto_Commit（自动提交）状态。

（7）public void setAutoCommit（boolean autoCommit）throws SQLException。它用来设定 Connection 类对象的 Auto_Commit（自动提交）状态。如果将 Connection 类对象的 autoCommit 设置为 true，则它的每一个 SQL 语句将作为一个独立的事务被执行和提交。

（8）public void rollback（）throws SQLException。它用来取消对数据库执行过的添加、删除或修改记录等操作，将数据库恢复到执行这些操作前的状态。

（9）public void close（）throws SQLException。它用来断开 Connection 类对象与数据库的连接。

（10）public boolean isClosed（）throws SQLException 它用来测试是否已关闭 Connection 类对象与数据库的连接。

3. Statement 类

Statement 类的主要功能是将 SQL 命令传送给数据库，并将 SQL 命令的执行结果返回。Statement 类提供的常用成员方法如下：

（1）public ResultSet executeQuery（String sql）throws SQLException。执行指定的 SQL 查询语句，返回查询结果。如果发生数据库访问错误则程序抛出一个 SQLException 异常。

（2）public int executeUPdate（String sql）throws SQLException。执行 SQL 的 INSERT、UPDATE 和 DELETE 语句，返回值是插入、修改或删除的记录行数或者是 0。如果发生数据库访问错误则程序抛出一个 SQLException 异常。

（3）public boolean execute（String sql）throws SQLException。执行指定的 SQL 语句，执行结果有多种情况。如果执行结果为一个结果集对象，则返回 true，其他情况返回 false。如果发生数据库访问错误则程序抛出 SQLException 异常。

（4）public ResultSet getResultSet（）throws SQLException。获取 ResultSet 对象的当前结果集。对于每一个结果只调用一次。如果发生数据库访问错误则程序抛出一个 SQLException 异常。

（5）public int getUpdateCount（）throws SQLException。获取当前结果的更新记录数，如果结果是一个 ResultSet 对象或没有更多的结果，返回 -1。对于每一个结果只调用一次。如果发生数据库访问错误则程序抛出一个 SQLException 异常。

（6）public void clearWarnings（）throwsSQLException。清除 Statement 对象产生的所有警告信息。如果发生数据库访问错误则程序抛出一个 SQLException 异常。

（7）public void close（）throws SQLException。释放 Statement 对象的数据库和 JDBC 资源。如果发生数据库访问错误则程序抛出一个 SQLException 异常。

4. PreparedStatement 类

PreparedStatement 类的对象可以代表一个预编译的 SQL 语句,它是 Statement 接口的子接口。由于 PreparedStatement 类会将传入的 SQL 命令编译并暂存在内存中,所以当某一 SQL 命令在程序中被多次执行时,使用 PreparedStatement 对象执行速度要快于 Statement 对象。因此,将需要多次执行的 SQL 语句创建为 PreparedStatement 对象,可以提高效率。

PreparedStatement 对象继承 Statement 对象的所有功能,另外还添加一些特定的方法。PreparedStatement 类提供的常用成员方法如下。

(1) public ResultSet executeQuery() throws SQLException。使用 SQL 指令 SELECT 对数据库进行记录查询操作,并返回 ResultSet 对象。

(2) public int executeUpdate() throws SQLException。使用 SQL 指令 INSERT、DELETE 和 UPDATE 对数据库进行添加、删除和修改记录(Record)操作。

(3) public void setDate(int parameterIndex, Date x) throws SQLException。给指定位置的参数设定日期型值。

(4) public void setTime(int parameterIndex, Time x) throws SQLException。给指定位置的参数设定时间型数值。

(5) public void setDouble(int parameterIndex, double x) throws SQLException。给指定位置的参数设定 Double 型值。

(6) public void setFloat(int parameterIndex, float x) throws SQLException。给指定位置的参数设定浮点数型数值。

(7) public void setInt(int parameterIndex, int x) throws SQLException。给指定位置的参数设定整数型数值。

(8) public void setNull(int parameterIndex, int sqlType) throws SQLException。给指定位置的参数设定 NULL 型数值。

5. ResultSet 类

ResultSet 类表示从数据库中返回的结果集。当我们使用 Statement 和 PreparedStatement 类提供的 executeQuery()方法来下达 Select 命令以查询数据库时,executeQuery()方法会将数据库响应的查询结果存放在 ResultSet 类对象中供我们使用。ResultSet 类提供的常用成员方法如下:

(1) public boolean absolute(int row) throws SQLException。移动记录指针到指定记录。

(2) public boolean first() throws SQLException。移动记录指针到第一个记录。

(3) public void beforeFirst() throws SQLException。移动记录指针到第一个记录之前。

(4) public boolean last() throws SQLException。移动记录指针到最后一个记录。

(5) public void afterLast() throws SQLException。移动记录指针到最后一个记录之后。

（6）public boolean previous() throws SQLException。移动记录指针到上一个记录。

（7）public boolean next() throws SQLException。移动记录指针到下一个记录。

（8）public void insertRow() throws SQLException。插入一个记录到数据表中。

（9）public void updateRow() throws SQLException。修改数据表中的一个记录。

（10）public void deleteRow() throws SQLException。删除记录指针指向的记录。

（11）public int get 类型(int ColumnIndex) throws SQLException。取得数据表中指定字符的值。

11.6　ODBC 数据源

尽管在 4 类 JDBC 驱动程序中，以选择类型 3 和类型 4 的 JDBC 驱动程序为最好，但由于目前国内应用较广的数据库是 Microsoft SQL Server 等微软的产品。为此，本小节以 SQL Server 为例，说明创建 ODBC 用户数据源的步骤。

（1）在 SQL Server 数据库中，新建一个名为 MyBase 的数据库。

（2）打开控制面板，双击"管理工具"图标打开管理工具，然后双击"数据源（ODBC）"图标，这时便会弹出"ODBC 数据源管理器"对话框。

（3）单击"ODBC 数据源管理器"对话框上的"用户 DSN"选项卡，出现如图 11-3 所示的对话框。

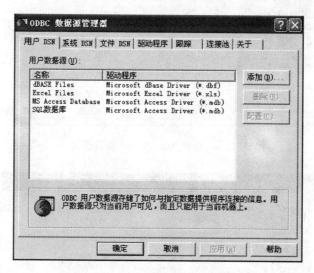

图 11-3　"ODBC 数据源管理器"对话框

（4）单击"添加"按钮，打开"创建新数据源"对话框，如图 11-4 所示。

（5）在对话框中选择 SQL Server 驱动程序，然后单击"完成"按钮，这时出现如图 11-5 所示的"创建 SQL Server 的新数据源"对话框，输入新数据源的名称、描述和服务器。

（6）单击"下一步"按钮，此后会出现多个对话框，要求定制数据源的各种属性。要指定用户认证方式，还要指定一个默认数据库，如图 11-6 所示。这里选择创建 MyBase 数据库作为默认数据库，其他选项保持默认值。

图 11-4　创建新数据源

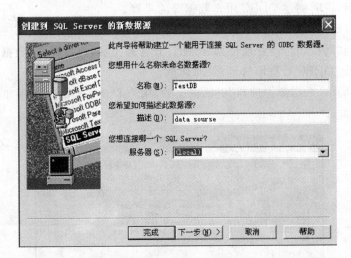

图 11-5　创建 SQL Server 新数据源

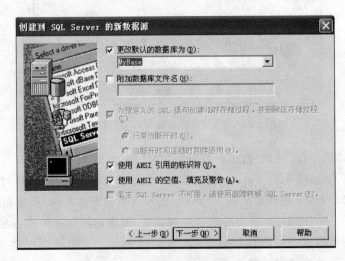

图 11-6　改变默认数据库对话框

（7）连续单击对话框中的"下一步"按钮，保持默认设置不变。在单击"完成"按钮后，便会出现如图 11-7 所示的"ODBC Microsoft SQL Server 安装"对话框，这里提供了"测试数据源"按钮，如果测试成功则表示数据源创建成功。

图 11-7　"ODBC Microsoft SQL Server 安装"对话框

（8）单击对话框中的"确定"按钮完成数据源的创建，这样就建立了一个名为 TestDB 的新数据源，可以使用这个数据源连接到 SQL Server 中的 MyBase 数据库。

11.7　Java 连接数据库编程实例

本节我们以前面建立的用户数据源为例，讲述 Java 应用程序中使用 SQL 语言进行数据库操作的具体问题。

1. 创建数据表

【例 11-1】　创建成绩表 grade。此表有 3 个字段：学生姓名（Sname）、课程名（Cname）及成绩（Score）。

```
import java.sql. * ;
public class c11_1{
 public static void main(String[ ] args) {
     String JDriver = "sun.jdbc.odbc.JdbcOdbcDriver";
     String conURL = "jdbc:odbc:TestDB";
     try{
         Class.forName(JDriver);
     }
     catch(java.lang.ClassNotFoundException e) {
         System.out.println("ForName:" + e.getMessage());
     }
     try{
     Connection con = DriverManager.getConnection(conURL);
     Statement s = con.createStatement();
```

```
        String query = "create table grade (" + "Sname char(10)," + "Cname char(15)," + "Score
integer" + ")";
        s.executeUpdate(query);
        s.close();
        con.close();
      }
      catch(SQLException e){
        System.out.println("SQLException: " + e.getMessage());
      }
    }
  }
```

其中: create table grade (Sname char(10),Cname char(15),Score integer); 这段 SQL 语句的作用是建立一个名为 grade 的表,包含 id、name 与 score 3 个字段。

这段程序的操作结果是创建了一个数据库中 grade 表的结构,其中还没有任何记录。运行结果见 MyBase 数据库中的 grade 表。

2. 向数据表中插入数据

【例 11-2】 在例 11-1 创建的成绩表 grade 中插入 3 条学生成绩记录。

```
import java.sql. * ;
public class c11_2{
  public static void main(String[] args){
    String JDriver = "sun.jdbc.odbc.JdbcOdbcDriver";
    String conURL = "jdbc:odbc:TestDB";
    try {
      Class.forName(JDriver);
    }
    catch(java.lang.ClassNotFoundException e){
      System.out.println("ForName:" + e.getMessage());
    }
    try{
      Connection con = DriverManager.getConnection(conURL);
      Statement s = con.createStatement();
      String r1 = "insert into grade values(" + "'李华','数据库',85)";
      String r2 = "insert into grade values(" + "'刘玉','计算机网络',92)";
      String r3 = "insert into grade values(" + "'孙磊','数学',82)";
      s.executeUpdate(r1);
      s.executeUpdate(r2);
      s.executeUpdate(r3);
      s.close();
      con.close();
    }
    catch(SQLException e){
      System.out.println("SQLException: " + e.getMessage());
    }
  }
}
```

该程序运行后,数据库中 grade 表中的结果如图 11-8 所示。

3. 更新数据

【例 11-3】 修改例 11-2 成绩表 grade 中学生成绩字段值，并把修改后的成绩表的内容输出到屏幕上。

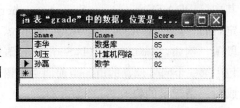

图 11-8. 程序 11_2 的运行结果

```java
import java.sql. * ;
public class c11_3{
  public static void main(String[] args){
    String JDriver = "sun.jdbc.odbc.JdbcOdbcDriver";
    String conURL = "jdbc:odbc:TestDB";
    String[] Sname = {"刘玉","孙磊"};
    int[] Score = {87,65};
    try {
      Class.forName(JDriver);
    }
    catch(java.lang.ClassNotFoundException e){
      System.out.println("ForName:" + e.getMessage());
    }
    try{
      Connection con = DriverManager.getConnection(conURL);
      PreparedStatement ps = con.prepareStatement ("UPDATE grade set Score = ? where Sname = ? ");
      int i = 0,Snamelen = Sname.length;
      do{
        ps.setInt(1,Score[i]);
        ps.setString(2,Sname[i]);
        ps.executeUpdate();
        ++i;
      }
      while(i < Sname.length);
        ps.close();
      Statement s = con.createStatement();
      ResultSet rs = s.executeQuery("select * from grade");
      while(rs.next()){
        System.out.println(rs.getString("Sname") + "\t" + rs.getString ("Cname") + "\t" +
rs.getInt("Score"));
      }
      s.close();
      con.close();
    }
    catch(SQLException e){
      System.out.println("SQLException: " + e.getMessage());
    }
  }
}
```

在这个程序中使用了 PreparedStatement 类，它提供了一系列的 set 方法来设定位置。请注意程序中 preparedStatement() 方法中的参数"?"。程序中的语句：

```java
PreparedStatement ps = con.prepareStatement ("UPDATE grade set Score = ? where Sname = ? ");
ps.setInt(1,Score[i]);
ps.executeUpdate();
```

其中"UPDATE grade set Score＝? where Sname＝?"这个 SQL 语句中各字段的值并没指定,而是以"?"表示。程序必须在执行 ps. executeUpdate()语句之前指定各个问号位置的字段值。例如,用 ps. setInt(1,Score[i])语句中的参数 1 指出这里的 Score[i]的值是 SQL 语句中第一个问号位置的值。当前面两条语句执行完后,才可执行 ps. executeUpdate()语句,完成对一条记录的修改。

程序中用到查询数据库并把数据表的内容输出到屏幕的语句是:

```
ResultSet rs = s.executeQuery("select * from grade");
    while(rs.next()){
    System. out. println(rs.getString("Sname")
        + "\t" + rs.getString("Cname")
            + "\t" + rs.getInt("Score"));
    }
```

其中,executeQuery()返回一个 ResultSet 类的对象 rs,代表执行 SQL 查询语句后所得到的结果集。之后再在 while 循环中使用对象 rs 的 next()方法将返回的结果一条一条地取出,直到 next()为 false。

程序运行结果如下:

李华	数据库	85
刘玉	计算机网络	87
孙磊	数学	65

小结

JDBC 是所有数据库操作中最基本、出现最早、使用最广泛的技术,JDBC 的本质是为所有关系型数据库提供统一的应用程序接口,使得程序开发人员不需要针对不同的关系型数据库,学习特定的数据库操作技术,而是借助于 JDBC 程序设计接口和通用的 SQL 语句,实现所有数据库的应用程序设计。

JDBC 应用程序的基本结构包括 JDBC 基本的编程接口和对应特定数据库的数据库驱动程序。其中,前者是由 Sun 公司提供的公共类库,被封装在类包 java. sql 中,该类库提供了适用于所有关系型数据库的操作接口模型。后者通常需要针对不同数据库产品进行设计,例如,若要设计 Java 连接 SQL Server 应用程序,就需要 SQL Server 数据库的 JDBC 驱动,并将该数据库驱动程序部署到指定的文件路径,然后才可以通过 JDBC 设计针对于 SQL Server 数据库进行操作的算法。

本章主要介绍 JDBC 技术及其相关知识,同时还介绍了 ODBC 数据源的创建步骤,并通过编程实例详细讲解了 Java 与 SQL Server 数据库互联编程技术。

综合练习十一

一、填空题

1. JDBC 是_____的缩写,意思是_____和_____的应用程序接口,此接口是

Java 核心 API 的一部分。

2. JDBC 的基本结构由_____、_____、_____和数据库四部分组成。

3. DriverManager 类是 JDBC 的_____,负责管理 JDBC_____,跟踪可用的驱动程序并在数据库和相应驱动程序之间建立连接。

二、问答题

1. JDBC 的主要任务是什么?

2. 简述四类 JDBC 驱动程序的特点。

3. 在 Java 中进行 JDBC 编程要注意些什么?

4. 请使用在本章中所学的 Java 连接数据库知识,以学生成绩关系 SC(Sno,Cno,Grade)为例,编写程序,实现往 SC 表添加记录("20090108","3",80)的功能。其中,使用的数据库管理软件为 SQL Server,数据库名称为 TestDataBase。

要求:

(1) 写清楚为实现此功能所引用的类库或控件名称;

(2) 说明创建 ODBC 用户数据源的步骤;

(3) 编写实现此功能的程序代码。

第 12 章

数据仓库

计算机技术和信息技术的发展把人们推入了信息社会,信息的增长呈现指数上升的趋势。由于信息量的急剧增长,传统数据库的检索查询机制和统计学分析方法已远远不能满足现实的需要,许多数据来不及分析就过时了,也有许多数据因其数据量极大所以难以分析数据间的关系而不再被使用。于是,一种新的数据处理技术——数据仓库(data warehouse)便应运而生了。本章简要介绍数据仓库的基本概念和特征、数据仓库的体系结构以及建立数据仓库的方法和应用技术。

12.1 数据仓库的概念

数据仓库是 90 年代初提出的概念,到 90 年代中期时已经形成潮流,成为 Internet 技术之后的又一个技术热点。数据仓库是市场激烈竞争的产物,其目标是为用户提供有效的决策技术。传统的决策支持系统(decision-making support system,DSS)是建立在传统数据库体系结构之上的,存在许多难以克服的困难,主要表现在:

(1) 数据缺乏组织性。各种业务数据分散在异构的分布式环境中,各个部门抽取的数据没有统一的时间基准,抽取算法、抽取级别也各不相同。

(2) 业务数据本身大多以原始的形式存储,难以转换为有用的信息。

(3) DSS 分析需要的时间较长,而传统联机事务处理 OLTP(online transaction processing)要求它尽快做出反应。另外,DSS 常常需要通过一段历史时期的数据分析变化趋势并进行决策。由于数据在时间维上展开,数据量将大幅度增加。

因此,为了满足这种决策支持的需要,需要提供这种数据库,因为它能形成一个综合的、面向分析的环境,最终提供给高层进行决策。要提高分析和决策的效率和有效性,分析型处理及其数据必须与事务处理型及其数据相分离,必须把分析型数据从事务处理环境中提取出来,按照 DSS 处理的需要进行重新组织,建立单独的分析处理环境,数据仓库正是为了构建这种新的分析处理环境而出现的一种数据存储和组织技术。

数据仓库概念的形成以 Prism Solution 公司副总裁 W. H. Inmon 出版的 *Building the Data Warehouse* 一书为标志。数据仓库提出的目的是为了解决在信息技术发展中存在的拥有大量数据但有用信息贫乏的问题。W. H. Inmon 在其著作 *Building the Data Warehouse* 一书中对数据仓库给予了如下描述:数据仓库(data warehouse)是一个面向主题的(subject oriented)、集成的(integrate)、相对稳定的(non-volatile)、反映历史变化(time variant)的数据集合,用于支持管理决策。

12.1.1 数据仓库的特征

根据数据仓库概念的含义,数据仓库除具有传统数据库数据的独立性、共享性等特点外,还具有以下5个主要特点:

1. 面向主题的

基于传统关系数据库建立的各个应用系统,是面向应用进行数据组织的;而数据仓库中的数据是面向主题进行组织的。主题是指一个分析领域,是在较高层次上的企业信息系统中的数据综合、归类并进行利用的抽象。所谓较高层次是相对面向应用而言的,其含义是指按照主题进行数据组织的方式具有更高的数据抽象级别。例如保险公司建立数据仓库,所选主题可能是顾客、保险金、索赔等,而按照应用组织的数据库则可能是汽车保险、生命保险、财产保险等。面向主题的数据组织方式,就是在较高层次上对分析对象的数据的一个完整、一致地描述,能完整、统一地刻画各个分析对象所涉及的各项数据以及数据之间的联系。

2. 集成的

面向事务处理的操作型数据库通常与某些特定的应用相关,数据库之间相互独立,并且往往是异构的。而数据仓库中的数据不是简单地将来自外部信息源的信息原封不动地接收,而是在对原有分散的数据库数据进行抽取、清理的基础上经过系统加工、汇总和整理得到的,必须消除源数据中的不一致性,以保证数据仓库内的信息是关于整个企业的一致的全局信息。

在创建数据仓库时,信息集成的工作包括格式转换、根据选择逻辑消除冲突、运算、总结、综合、统计、添加时间属性和设置缺省值等工作。还要将原始数据结构作一个从面向应用到面向主题的转变。

3. 相对稳定的

数据仓库反映的是历史信息的内容,而不是处理联机数据。事实上,任何信息都带有相应的时间标记,但在文件系统或传统的数据库系统中,时间维的表达和处理是没有显示化的或者是很不自然的。在数据仓库中,数据一旦装入其中,基本上不会发生变化。数据仓库中的每一数据项对应于每一特定的时间。当对象的某些属性发生变化就会生成新的数据项。数据仓库一般需要大量的查询操作,而修改和删除操作却很少,通常只需要定期的加载、刷新。因此,数据仓库的信息具有稳定性。

4. 反映历史变化

数据仓库中的数据通常包含历史信息,系统记录了企业从过去某一时刻(如开始应用数据仓库的时刻)到目前的各个阶段的信息。通过这些信息可以对企业的发展历程和未来的趋势做出定量分析和预测。

5. 数据随时间变化

数据的不可更新是指数据仓库用户进行分析处理时不进行数据更新工作,并不是说数据仓库从开始到删除的整个生命周期都是永远不变的。这一特征表现在以下 3 个方面:

(1) 数据仓库的数据随着时间变化而定期被更新,每隔一段固定的时间间隔后,运作数据库系统中产生的数据被抽取、转换以后集成到数据仓库中,而数据的过去版本仍保留在数据仓库中。

(2) 数据仓库的数据也有存储期限,一旦超过了这个期限,过期数据就要被删除,只是数据仓库内的数据时限要远远长于操作型环境中的数据时限。

(3) 数据仓库中包含大量的综合数据,这些综合数据很多跟时间有关,如数据经常按照时间段进行综合,或隔一定的时间片进行抽样等。这些数据要随着时间的变化不断地进行重新综合。

12.1.2 操作数据库系统与数据仓库的区别

下面通过数据仓库与传统操作型数据库的比较,来进一步理解什么是数据仓库。

传统的数据库技术面向以日常事务处理为主的 OLTP 应用,是一种操作型处理,其特点是处理事务量大,但事务内容比较简单且重复率高,人们主要关心的是响应时间、数据安全性和完整性。而数据仓库技术则是面向以决策支持 DSS 为目标的 OLAP 应用,经常需要访问大量的历史性、汇总性和计算性数据,分析内容复杂,主要是管理人员的决策分析。

OLTP 和 OLAP 的主要区别概述如下:

(1) 用户和系统的面向性。OLTP 是面向顾客的,用于办事员、客户和信息技术专业人员的事务处理和查询处理。OLAP 是面向市场的,用于帮助经理、主管和分析人员等进行数据分析。

(2) 数据内容。OLTP 系统管理当前数据。这种数据一般都太琐碎,难以用于决策分析。OLAP 系统管理大量的历史数据,提供汇总和聚集机制,并在不同的粒度级别上存储和管理信息。

(3) 数据库设计。OLTP 系统通常采用实体-联系(E-R)模型和面向应用的数据模式,而 OLAP 系统通常采用星型或雪花模型和面向主题的数据模式。

(4) 视图。OLTP 系统主要关注一个企业或部门内部的当前数据,而不涉及历史数据或不同组织的数据。OLAP 系统则通常跨越数据库模式的多个版本,处理来自不同组织的信息和多个数据存储集成的信息。此外,由于数据量巨大,OLAP 数据一般存放在多个存储介质上。

(5) 访问模式。OLTP 系统的访问主要由短的原子事务组成,这需要并行控制和恢复机制。然而,对 OLAP 系统的访问是只读操作,尽管许多访问情况可能是复杂的查询。

如表 12-1 所示列举了 OLTP 和 OLAP 的主要区别。

表 12-1 OLTP 与 OLAP 的区别

特 性	OLTP	OLAP
特征	操作处理	信息处理
面向	事务	分析
用户	办事员、DBA、数据库专业人员	工人(如经理、主管、分析员)
功能	日常操作	长期的信息需求,决策支持
DB 设计	基于 E-R、面向应用	星型/雪花、面向主题
数据	当前的,确保最新	历史的,跨时间维护
汇总	原始的,高度详细	汇总的、统一的
视图	详细、一般关系	汇总的、多维的
工作单位	短的、简单事务	复杂查询
存取	读/写	大多为只读
数据冗余	非冗余性	时常有冗余
操作	主关键字索引/散列	大量扫描
访问记录数量	数十个	数百万
用户数	数千	数百
DB 规模	100MB 到 GB	100GB 到 TB
优先	高性能,高可用性	查询吞吐量,响应时间

12.1.3　数据仓库的类型

根据数据仓库所管理的数据类型和它们所解决的企业问题的范围,一般可将数据仓库分为企业数据仓库(EDW)、操作型数据库(ODS)和数据集市(Data Marts)等几种类型。

(1)企业数据仓库。它既含有大量详细的数据,也含有大量累积的或聚集的数据,这些数据具有不易改变性和面向历史性。此种数据仓库被用来进行涵盖多种企业领域上的战略或战术上的决策。是一种通用的数据仓库类型。

(2)操作型数据库。它既可以被用来针对工作数据作决策支持,又可用作将数据加载到数据仓库时的过渡区域。相对 EDW 来说,ODS 还具有面向主题和面向综合的、易变的并且仅包含目前的、详细的数据特点,而没有累计的、历史性的数据等特点。

(3)数据集市。它是一种更小的、更集中的数据仓库。简单地说,原始数据从数据仓库流入不同的部门以支持这些部门的定制化使用,这些部门级的数据仓库就是数据集市。不同的部门有不同的主题域,因而也就有不同的数据集市。例如,财务部门有自己的数据集市,市场部门也有自己的数据集市,它们之间可能有关联,但相互不同,且在本质上互为独立。

12.2　数据仓库组织与体系结构

数据仓库从多个信息源中获取原始数据,经整理加工后,存储在数据仓库的内部数据库中,通过向用户提供访问工具,向数据仓库提供统一、协调和集成的信息环境,支持企业全局的决策过程和对企业经营管理的深入综合分析。为了达到这样的目标,同传统数据库相比,数据仓库组织与体系结构需要新的设计。

12.2.1　数据仓库体系结构

一般地,一个典型的企业数据仓库系统通常包含数据源、数据存储与管理、OLAP服务器以及前端工具与应用4个部分,如图12-1所示。

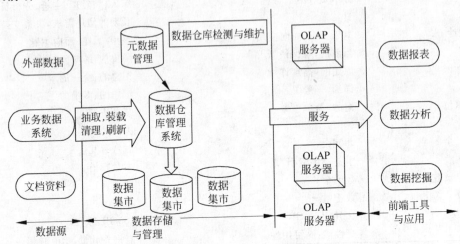

图 12-1　数据仓库的体系结构

(1) 数据源。是数据仓库系统的基础,是整个系统的数据源泉。通常包括企业内部信息和外部信息。内部信息包括存放于企业操作型数据库中(通常存放在RDBMS中)的各种业务数据和办公自动化(OA)系统包含的各类文档数据。外部信息包括各类法律法规、市场信息、竞争对手的信息以及各类外部统计数据及各类文档等。

(2) 数据的存储与管理。是整个数据仓库系统的核心。在现有各业务系统的基础上,对数据进行抽取、清理,并有效集成,按照主题进行重新组织,并最终确定数据仓库的物理存储结构,同时组织存储数据仓库元数据(具体包括数据仓库的数据字典、记录系统定义、数据转换规则、数据加载频率以及业务规则等信息)。按照数据的覆盖范围,数据仓库的存储可以分为企业级数据仓库和部门级数据仓库(通常称为“数据集市”,Data Marts)。数据仓库的管理包括数据的安全、归档、备份、维护、恢复等工作。这些功能与目前的DBMS基本一致。

(3) OLAP服务器。对分析需要的数据按照多维数据模型再次进行重组,以支持用户多角度、多层次的分析,进而发现数据趋势。其具体实现可以分为:ROLAP、MOLAP和HOLAP。ROLAP基本数据和聚合数据均存放在RDBMS之中;MOLAP基本数据和聚合数据均存放于多维数据库中;而HOLAP是ROLAP与MOLAP的综合,基本数据存放于RDBMS之中,聚合数据存放于多维数据库中。

(4) 前端工具与应用。前端工具主要包括各种数据分析工具、报表工具、查询工具、数据挖掘工具以及各种基于数据仓库或数据集市开发的应用。其中数据分析工具主要针对OLAP服务器,报表工具、数据挖掘工具既针对数据仓库,同时也针对OLAP服务器。

12.2.2　数据仓库的数据组织

一个典型的数据仓库数据组织的结构如图12-2所示。数据仓库中的数据分为4个级别：早期细节级、当前细节级、轻度综合级、高度综合级。源数据经过综合后,首先进入当前细节级,并根据具体需要进行进一步的综合,从而进入轻度综合级乃至高度综合级,老化的数据将进入早期细节级。由此可见,数据仓库中存在着不同的综合级别,一般称之为"粒度"。粒度越大,表示细节程度越低,综合程度越高。

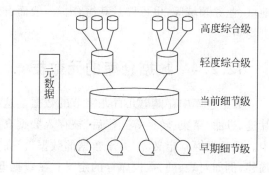

图 12-2　DW 数据组织结构

数据仓库中还有一种重要的数据——元数据(metadata)。元数据是"关于数据的数据",例如在传统数据库中的数据字典就是一种元数据。在数据仓库环境下,主要有两种元数据:第一种是为了从操作性环境向数据仓库转化而建立的元数据,包含了所有源数据项名、属性及其在数据仓库中的转化;第二种元数据在数据仓库中是用来和终端用户的多维商业模型/前端工具之间建立映射,此种元数据称为 DSS 元数据,常用来开发更先进的决策支持工具。

数据仓库中常见的数据组织形式如下:

(1) 简单堆积文件。它将每日从数据库中提取并加工的数据逐天积累并存储起来。

(2) 轮转综合文件。数据存储单位被分为日、周、月、年等几个级别。在一个星期的 7 天中,数据被逐一记录在每日数据集中;7 天的数据被综合并记录在周数据集中;接下去的一个星期,日数据集被重新使用,以记录新数据。同理,周数据集达到 5 个后,数据再一次被综合并记入月数据集。以此类推。轮转综合文件的结构十分简捷,数据量较简单堆积结构大大减少。当然,它是以损失数据细节为代价的,越久远的数据,细节损失得越多。

(3) 简化直接文件。它类似于简单堆积文件,但它是间隔一定时间的数据库快照,比如每隔一星期或一个月记录一次。

(4) 连续文件。通过两个连续的简单直接文件,可以生成另一种连续文件,它是通过比较两个简单直接文件的不同而生成的。当然,连续文件同新的简单直接文件也可生成新的连续文件。

12.2.3　粒度与分割

粒度是数据仓库中的重要概念。粒度可以分为两种形式,第一种粒度是对数据仓库中的数据的综合程度高低的一个度量,它既影响数据仓库中的数据量的多少,也影响数据仓库所能回答查询的种类。在数据仓库中,多维粒度是必不可少的。由于数据仓库的主要作用是 DSS 分析,因而绝大多数查询都是基于一定程度的综合数据之上的,只有极少数查询涉及细节。所以应该将大粒度数据存储于快速设备如磁盘上,小粒度数据存储于低速设备如磁带上。

还有一种粒度形式,即样本数据库。它根据给定的采样率从细节数据库中抽取出一个子集。这样样本数据库中的粒度就不是根据综合程度的不同来划分的,而是根据采样率的高低来划分,采样粒度不同的样本数据库可以具有相同的数据综合程度。

分割是数据仓库中的另一个重要概念,它的目的同样在于提高效率。它是将数据分散到各自的物理单元中去,以便能分别独立处理。有许多数据分割的标准可供参考:如日期、地域、业务领域等,也可以是其组合。一般而言,分割标准应包括日期项,它十分自然而且分割均匀。

12.2.4　数据仓库的元数据

数据仓库中存储着几百兆字节的数据。这些来自不同工作数据库系统的数据,在经过筛选、过滤、聚集、转换等工作后,被存入数据仓库中。元数据的概念被应用于数据仓库技术中。元数据通常定义为"关于数据的数据"。在数据库中,元数据是对数据库中各个对象的描述,例如对表、列、数据库等的定义;在数据仓库中,元数据定义数据仓库的任何对象,例如一个表、一个查询等。数据仓库中的元数据在内容上和重要性上都不同于其他数据处理过程的元数据概念。

元数据使得决策支持系统中的分析过程更加易于管理和使用,并获得数据支持。元数据在数据仓库的设计、运行中有着重要的作用,它表述了数据仓库中的对象,遍及数据仓库的所有方面,是数据仓库中所有管理、操作的数据,是整个数据仓库的核心。元数据是关于数据、操纵数据的进程和应用程序的机构和意义的描述信息,其主要目的是提供数据资源的全面指南。

一般情况下,元数据对数据仓库的以下对象和内容进行描述和定义:

(1) 数据仓库的数据源信息。

(2) 数据模型信息,如仓库的表名、关键字、属性等。

(3) 数据的商业意义和典型用法。

(4) 数据筛选的名称及版本。

(5) 被筛选程序的名称及版本。

(6) 被筛选数据之间的依赖关系。

(7) 数据从各个 OLTP 的数据库中,向数据仓库中加载的频率。

(8) 数据加载数据仓库的日期及时间。

(9) 加载数据仓库的数据记录数目。

(10) 数据仓库中数据的利用率。

(11) 数据转换的算法。

(12) 数据的加密级别。

(13) 商业元数据,包括商业术语和定义、数据所有者定义和收费策略等。

12.3　如何建立数据仓库

开发一个数据仓库应用往往需要技术人员与企业人员的有效合作。企业人员往往不懂如何建立和利用数据仓库,从而发挥其决策支持的作用。而数据仓库公司人员又不懂业务,不知道建立哪些决策主题,从数据源中抽取哪些数据。这需要双方互相沟通,共同协商开发数据仓库,这是一个不断往复前进的过程。

12.3.1　数据仓库的开发流程

开发数据仓库的流程包括以下 8 个步骤：

（1）启动工程。建立开发数据仓库工程的目标及制定工程计划。计划包括数据范围、提供者、技术设备、资源、技能、培训、责任、方式方法、工程跟踪及详细工程调度等。

（2）建立技术环境。选择实现数据仓库的软硬件资源，包括开发平台、DBMS、网络通信、开发工具、终端访问工具及建立服务水平目标(关于可用性、装载、维护及查询性能)等。

（3）确定主题。进行数据建模要根据决策需求确定主题，选择数据源，对数据仓库的数据组织进行逻辑结构设计。

（4）设计数据仓库中的数据库。基于用户的需求，着重某个主题，开发数据仓库中数据的物理存储结构，以及设计多维数据结构的事实表和维表。

（5）数据转换程序的实现。从源系统中抽取数据、清理数据、一致性格式化数据、综合数据、装载数据等过程的设计和编码。

（6）管理元数据。定义元数据，即表示、定义数据的意义以及系统各组成部分之间的关系。元数据包括关键字、属性、数据描述、物理数据结构、映射及转换规则、综合算法、代码、缺省值、安全要求、变化及数据时限等。

（7）开发用户决策的数据分析工具。建立结构化的决策支持查询，实现和使用数据仓库的数据分析工具，包括优化查询工具、统计分析工具、C/S 工具、OLAP 工具及数据挖掘工具等，通过分析工具实现决策支持需求。

（8）管理数据仓库环境。数据仓库必须像其他系统一样进行管理，包括质量检测、管理决策支持工具及应用程序，并定期进行数据更新，使数据仓库正常运行。

数据仓库的实现主要以关系数据库(RDB)技术为基础，因为关系数据库的数据存储和管理技术发展得较为成熟，其成本和复杂性较低，已开发成功的大型事务数据库多为关系数据库，但关系数据库系统并不能满足数据仓库的数据存储要求，需要通过使用一些技术，如动态分区、位图索引、优化查询等，使关系数据库管理系统在数据仓库应用环境中的性能得到大幅度地提高。

数据仓库在构建之初应明确其主题，主题是一个在较高层次将数据归类的标准，每一个主题对应一个宏观的分析领域，针对具体决策需求可细化为多个主题表，具体来说就是确定决策涉及的范围和所要解决的问题。但是主题的确定必须建立在现有联机事务处理(OLTP)系统基础上，否则按此主题设计的数据仓库存储结构将成为一个空壳，缺少可存储的数据。但一味注重 OLTP 数据信息，也将导致迷失数据提取方向，偏离主题。需要在 OLTP 数据和主题之间找到一个"平衡点"，根据主题的需要完整地收集数据，这样构建的数据仓库才能满足决策和分析的需要。

下面简单介绍建立一个数据仓库的几个重要环节：数据仓库设计、数据抽取和数据管理。

12.3.2　数据仓库设计

由于数据仓库较之传统数据库具有不同特点，两者的设计区别较大。数据库设计从用户需求出发，进行概念设计、逻辑设计和物理设计，并编制相应的应用程序；数据仓库设计是采用从已有数据出发的"数据驱动"设计法,是在已有数据基础上组织数据仓库的主题,利用数据模型有效识别原有数据库中的数据和数据仓库中的主题数据的共同性,对数据的抽取、转换、充分统计工作进行构思和描述,是一个动态、反馈、循环的系统设计过程。

1. 事物建模

在需求分析的基础上,设计人员应当充分理解系统信息结构、属性及其相互关系。建立标准事物模型。

(1) 收集现行信息系统文档,与信息系统管理人员及现行系统设计人员积极交流,充分了解现行系统的整体结构。

(2) 了解用户需求。用户需求往往基于以往经验,受到现行系统提供信息的限制,因此与用户交流方式的选择极为重要。在分析过程中,设计人员应充分利用数据库管理员的经验,发现可能疏忽的或非正常的数据,尤其要注意对空值的正确控制,这是高质量查询的前提条件。考虑数据质量及其稳定性,选择操作数据。同时确定等价数据源,以保证视图与操作数据的同步更新。这里通常利用元数据聚集一致性来实现视图的同步更新。确定集成数据,得到数据库范围内的完整视图集。已有大量数据库文献解决不同类视图的集成问题。深刻理解数据环境,使数据阶段过程中的数据交叉处理成为可能。

(3) 建立事物模型。首先,分析当前信息系统文档,选择事实。然后,用适当的建模工具描述事实。若当前信息系统用 E-R 图描述,事实可用实体图或 n 维图表示;若当前信息系统用关系图描述,事实仍选用关系图表示。对于需要频繁更新的事物,最好选用实体图或关系图。

在建模中,还要求实体和关系的定义满足第三范式。这样,可以保证实体和关系的变更只作用于有效范围内,而且信息查询路径清楚明了。最终获得描述整个系统有效源信息的全局 E-R 图。在概念设计、逻辑设计中需要的方法、维度和初始的 OLAP 查询都可以从 E-R 图中分析得到。

2. 概念设计

这里指的概念设计与数据库设计中的概念设计基本相同。它是主观和客观之间的桥梁,是为系统设计和收集信息服务的一个概念性工具。在计算机领域中,概念模型是客观世界到计算机世界的一个中间层次。人们将客观世界抽象为信息世界,再将信息世界抽象为机器世界,这个信息世界就是我们所说的概念模型。概念设计主要任务是:

(1) 界定系统边界。

(2) 确定数据仓库的主题及其内容。

概念模型仍然用最常用的 E-R 方法。即用 E-R 图描述实体与实体之间的关系。

3. 逻辑设计

逻辑设计是指在数据仓库中如何将一个主题描述出来,把实体、属性以及它们之间的关系描述清楚。它是对概念模型设计的细化。一般来说,数据仓库都是在现有的关系数据库基础上发展起来的,所以数据仓库中的数据仍然以数据表格的形式组织的,逻辑模型就是把不同主题和维的信息映射到数据仓库的具体的表中。这一阶段的设计主要包括:

（1）分析主题域和维信息，确定粒度层次划分。

（2）关系模式的定义。

4．物理设计

数据仓库物理设计的任务是在数据仓库中实现逻辑关系模型，设计数据的存放形式和数据的组织方式。目前数据仓库都是建立在关系型数据库的基础上，最终的数据存放是由数据库系统进行管理的，因此物理模型设计主要考虑物理存储方式、数据存储结构、数据存放位置以及存储分配等，特别是 I/O 存储时间、空间利用率和维护代价等。对于大数据量的结构还要考虑数据分割。数据分割的标准应该是自然的、易于实现的。例如，以时间先后来组织数据的物理存储区域、将关系表中的记录按时间段分成若干个互不相交的子集，将同一时间段的数据在物理上存放在一起，这样做一方面实现了数据的条理化管理，另一方面，还可以大幅度减少检索范围、减少 I/O 次数。

12.3.3　数据抽取模块

该模块是根据元数据库中的主题表定义、数据源定义、数据抽取规则定义对异地异构数据源（包括各平台的数据库、文本文件、HTML 文件、知识库等）进行清理、转换，对数据进行重新组织和加工，装载到数据仓库的目标库中。在组织不同来源的数据过程中，先将数据转换成一种中间模式，再把它移至临时工作区。加工数据是保证目标数据库中数据的完整性、一致性。例如，有两个数据源存储与人员有关的信息，在定义数据组成的人员编码类型时，可能一个是字符型，一个是整型；在定义人员性别这一属性的类型时，可能一个是 char(2)，存储的数据值为"男"和"女"，而另一个属性类型为 char(1)，数据值为"F"和"M"。这两个数据源的值都是正确的，但对于目标数据来说，必须加工为一种统一的方法来表示该属性的值，然后交给最终用户进行验证，这样才能保证数据的质量。在数据抽取过程中，必须在最终用户的密切配合下，才能实现数据的真正统一。早期数据抽取是依靠手工编程和程序生成器实现，现在则是通过高效的工具来实现。

12.3.4　数据维护模块

该模块分为目标数据维护和元数据维护两方面。目标数据维护是根据元数据库所定义的更新频率、更新数据项等更新计划任务来刷新数据仓库，以反映数据源的变化，且对时间相关性进行处理。更新操作有两种情况，即在仓库的原有数据表中进行某些数据的更新和产生一个新的时间区间的数据，因为汇总数据与数据仓库中的许多信息元素有关系，必需完整地汇总，这样才能保证全体信息的一致性。

12.4　数据仓库应用

数据仓库的最终目标是尽可能让更多的公司管理者方便、有效和准确地使用数据仓库这一集成的决策支持环境。为实现这一目标，为用户服务的前端工具必须能被有效地集成到新的数据分析环境中去。数据仓库系统（data warehouse system）以数据仓库为基础，通过查询工具和分析工具,完成对信息的提取,以满足用户进行管理和决策的各种需要。用户从数据仓库采掘信息时有多种不同的方法,但大体可以归纳为两种模式,即验证型(verification)和发掘型(discovery)。前者通过反复的、递归地检索查询以验证或否定某种假设,即从数据仓库中发现业已存在的事实。这方面的工具主要是多维分析工具,如 OLAP 技术。后者主要负责从大量数据中发现数据模式(pattern),预测趋势和未来的行为,这方面的工具主要是指数据挖掘(data mining)技术,是一种展望和预测性的新技术,它能挖掘数据的潜在模式,并为企业做出前瞻性的、基于知识的决策。

下面主要介绍 OLAP 技术。

1. OLAP 的特点

E. F. Codd 在他的文章中是这样说明的:"OLAP 是一个赋予动态的、企业分析的名词,这些分析是注释的、熟思的、公式化数据分析模型的生成、操作、激活和信息的合成。这包括能够在变量间分辨新的或不相关的关系,能够区分对处理大量数据必要的参数,从而生成一个不限数量的维(合成途径)和指明跨维的条件表达式。"

OLAP 是使分析人员、管理人员或执行人员能够从多种角度对从原始数据中转化出来的、能够真正为用户所理解的并真实反映企业维特性的信息进行快速、一致、交互地存取,从而获得对数据的更深入分析的一类软件技术,它的核心是"维"的概念。因此,也可以说 OLAP 是多维分析工具的集合。

根据 OLAP 产品的实际应用情况和用户对 OLAP 产品的需求,人们提出了一种对 OLAP 更简单明确的定义,即共享多维信息的快速分析。

(1) 快速性。用户对 OLAP 的快速反应能力有很高的要求。系统应能在 5 秒内对用户的大部分分析要求做出反应。如果中断用户在 30 秒内没有得到系统的响应就会变得不耐烦,因而可能失去分析主线索的耐心,影响分析质量。对于大量的数据分析要达到这个速度并不容易,因此就更需要一些技术上的支持,如专门的数据存储格式、大量的事先运算、特别的硬件设计等。

(2) 可分析性。OLAP 系统应能处理与应用有关的任何逻辑分析和统计分析。尽管系统需要事先编程,但并不意味着系统已定义好了所有的应用。用户无需编程即可以定义新的专门的计算,将其作为分析的一部分,并以用户理想的方式给出报告。用户可以在 OLAP 平台上进行数据分析,也可以连接到其他外部分析工具上,如时间序列分析工具、成本分配工具、意外报警、数据开采等。

(3) 多维性。多维性是 OLAP 的关键属性。系统必须提供对数据分析的多维视图和分析,包括对层次维和多重层次维的完全支持。事实上,多维分析是分析企业数据最有效的方法,是 OLAP 的灵魂。

(4) 信息性。不论数据量有多大,也不管数据存储在何处,OLAP 系统应能及时获得信息,并且管理大容量信息。这里有许多因素需要考虑,如数据的可复制性、可利用的磁盘空间、OLAP 产品的性能及与数据仓库的结合度等。

2. OLAP 的多维结构

数据在多维空间中的分布总是稀疏的、不均匀的。在事件发生的位置,数据集合在一起,其密度很大。因此,OLAP 系统的开发者要解决多维数据空间的稀疏和数据聚合问题。

(1) 超立方结构:超立方结构(hypercube)指用 3 维或更多的维数来描述一个对象,每个维彼此垂直。数据的测量值发生在维的交叉点上,数据空间的各个部分都有相同的维属性,这种结构可应用在多维数据库和面向关系数据库的 OLAP 系统中,其主要特点是简化终端用户的操作。

(2) 多立方结构:在多立方结构(multicube)中,将大的数据结构分成多个多维结构。这些多维结构是大数据维数的子集,面向某一特定应用对维进行分割,即将超立方结构变为子立方结构。它具有很强的灵活性,提高了数据(特别是稀疏数据)的分析效率。一般来说,多立方结构的灵活性较大,但超立方结构更易于理解。

3. OLAP 常用分析方法

OLAP 方法中常用的分析多维数据的方法有:数据切片(slicing)、数据切块(dicing)、数据钻取(drilling down)、数据上翻(rolling-up)、数据旋转(pivoting)。

12.5 数据挖掘

12.5.1 数据挖掘的定义

数据挖掘是数据仓库系统中最重要的部分。数据挖掘,就是从大型数据库的数据中提取人们感兴趣的知识。这些知识是隐含的、事先未知的有用信息,提取的知识可表示为概念(concepts)、规律(regulation)、模式(pattern)等形式。事实上,更广泛一点说,数据挖掘就是在一些事实或者观察数据的集合中寻找模式的决策支持过程。

目前比较公认的定义是 Fayyad 等给出的:KDD(knowledge discovery in database)是从数据集中识别出有效的、新颖的、潜在的、有用的以及最终可理解的模式的高级处理过程。

从数据挖掘的定义可以看出,作为一个学术领域,数据挖掘和数据库的知识发现 KDD 具有很大的重合度,大部分学者认为数据挖掘和知识发现是等价概念。在人工智能(AI)领域习惯称为 KDD,而在数据库领域习惯称为数据挖掘。

12.5.2 数据挖掘技术分类

数据挖掘的核心模块技术经历了数十年的发展,其中包括数理统计、人工智能、机器学习。数据挖掘利用的技术越多,得出的结果的精确性越高。原因很简单,对于某一种技术不适用的问题,其他方法却可能奏效,这主要取决于问题的类型以及数据的类型和规模。数据挖掘的方法有多种,其中比较典型的有关联分析、序列模式分析、分类分析、聚类分析等。

(1) 关联分析。即发现数据间的关联规则。在数据挖掘的研究领域,对于关联分析的研究开展的比较深入,人们提出了多种关联规则的挖掘方法,如 APRIORI、STEM、AIS、DHP 等算法。关联分析的目的是挖掘隐藏在数据间的相互关系,它能发现数据库中类似

"90％的顾客在一次购买活动中购买商品 A 的同时也购买 B"之类的知识。

（2）序列模式分析。序列模式分析和关联分析相似,其目的也是为了挖掘数据之间的联系,但序列模式分析的侧重点在于分析数据间的前后序列关系。它能发现数据库中类型"在某一段时间内,顾客购买商品 B,而后购买商品 C,即序列 A 推出 B 再推出 C 出现的频度较高"之类的知识。序列模式分析描述的问题是:在给定交易序列的数据库中,每个序列是按照交易时间排列的一组交易集,挖掘序列函数作用在这个交易序列数据库上,返回该数据库中出现的高频序列。在进行序列模式分析时,同样也需要由用户输入最小置信度 C 和最小支持度 S。

（3）分类分析。设有一个数据库和一组具有不同特征的类别(标记),该数据库中的每一个记录都赋予一个类别的标记,这样的数据库称为示例数据库或训练集。分类分析就是通过分析示例数据库中的数据,为每个类别做出准确的描述或建立分析模型或挖掘出分类规则,然后用这个分类规则对其他数据库中的记录进行分类。举一个简单的例子,信用卡公司的数据库中保存着各持卡人的记录,公司根据信誉程度,已将持卡人记录分成 3 类:良好、一般、较差,并且类别标记已赋给了各个记录。分类分析就是分析该数据库中的记录数据,对每个信誉等级做出准确描述或挖掘出分类规则,如"信誉度良好的客户是指那些年收入在 5 万元以上,年龄在 40～50 岁之间的人士",然后根据分类规则对其他相同属性的数据库记录进行分类。目前已有多种分类分析模型得到应用,其中几种典型模型是线性回归模型、决策树模型、基本规则模型和神经网络模型。

（4）聚类分析。与分类分析不同,聚类分析输入的是一组未分类记录。聚类分析就是通过分析数据库中的记录数据,根据一定的分类规则,合理地划分记录集合,确定每个记录所在的类别。它所用的分类规则是由聚类分析工具决定的。聚类分析的方法很多,其中包括系统聚类法、分解法、加入法、动态聚类法、模糊聚类法、运筹方法等。采用不同的聚类方法,对于相同的记录集合可能有不同的划分结果。

12.5.3　数据挖掘的基本过程

数据挖掘过程一般由 3 个主要阶段组成:数据准备、挖掘操作、结果表达和解释。规则的挖掘可以描述为这 3 个阶段的反复过程。

（1）数据准备阶段。又可进一步分成 3 个步骤:数据集成、数据选择和数据处理。数据集成将多文件和多数据库运行环境中的数据进行合并处理,解决语义模糊性,处理数据中的遗漏和清洗"脏"数据等。数据选择的目的是辨别出需要分析的数据集合,缩小处理范围,提高数据挖掘的质量。预处理是为了克服目前数据挖掘工具的局限性。

（2）挖掘操作阶段。主要包括决定如何产生假设,选择合适的工具、挖掘规则的操作和证实挖掘的规则。

（3）结果表达和解释阶段。根据最终用户的决策目的对提取的信息进行分析,把最有价值的信息区分出来,并且通过决策支持工具提交给决策者。因此,这一阶段的任务不仅把结果表达出来,还要对信息进行过滤处理。

如果不满意,需要重复上述数据挖掘过程。

小结

数据仓库是一个面向主题的、集成的、相对稳定的、反映历史变化的数据集合,用于支持管理决策。本章简要介绍了数据仓库的基本概念、体系结构、数据组织,在这基础上,简略描述了建立一个数据仓库的过程。数据仓库应用广泛,其中最重要是应用于 OLAP 和数据挖掘方面。OLAP 是使分析人员、管理人员或执行人员能够从多种角度对从原始数据中转化出来的、能够真正为用户所理解的并真实反映企业多维特性的信息进行快速、一致和交互地存取数据;而数据挖掘就是从大型数据库的数据中提取人们感兴趣的知识。

综合练习十二

一、填空题

1. 根据数据仓库所管理的数据类型和它们所解决的企业问题范围,一般可将数据仓库分为_____、_____和_____等几种类型。

2. 一个典型的企业数据仓库系统通常包含 _____、_____、_____ 以及_____ 4 个部分。

3. 数据仓库中常见的数据组织形式有_____、_____、_____和_____。

4. 数据仓库设计包括_____、_____、_____和_____。

5. 用户从数据仓库采掘信息时有多种不同的方法,但大体可以归纳为两种模式,即_____和_____。

二、选择题

1. OLTP 和 OLAP 的主要区别体现在(　　)。

　　A. 数据内容　　　　　　B. 用户和系统的面向性

　　C. 数据库设计　　　　　D. 视图和访问模式

2. 一个典型的企业数据仓库系统的前端工具主要包括各种数据分析、报表、查询工具和(　　)以及各种基于数据仓库或数据集市开发的应用。

　　A. 数据挖掘工具　　　　B. 索引工具

　　C. 决策工具　　　　　　D. 视图工具

三、问答题

1. 为什么需要一个数据仓库而不直接采用传统数据库进行分析决策?

2. 数据仓库有什么主要特点?

3. 简述数据仓库的开发流程。

4. 什么是数据挖掘技术?它的主要过程是什么?

5. 数据挖掘有哪些主要技术?

四、实践题

1. 根据已学知识设计一个数据挖掘系统框架。

2. 探讨数据仓库中如何有效地使用高维数据,其难处是什么?

预备知识：SQL Server 简介

本书所附实验均需在 SQL Server 系统中进行，因此在进行实验之前，先对 SQL Server 进行一些介绍。但限于篇幅，不可能全面且详细地介绍 SQL Server，有兴趣的读者可以参考其他相关资料。

1. SQL Server 概述

SQL Server 是微软公司推出的大型关系型数据库管理系统，能满足大型系统的数据库处理要求，具有强大的关系数据库创建、开发、设计和管理功能。其 SQL Server 安全、快速，架构在独立的高性能服务器上，客户网站通过远程连接对服务器进行存取，和客户自己的网站独立运行，保证 SQL Server 的性能。

SQL Server 2000 使用 Transact-SQL 作为它的数据库查询和编程语言，使用 Transact-SQL 语言，可以访问数据，查询、更新和管理关系数据库系统。同时，SQL Server 2000 提供了以 Web 标准为基础的扩展数据库编程功能，丰富的 XML 和 Internet 标准支持允许使用内置的存储过程以 XML 格式轻松存储和检索数据，还可以使用 XML 更新程序、比较方便地插入、更新和删除数据。SQL Server 2000 可以使用 HTTP 来向数据库发送查询、对数据库中存储的文档执行全文搜索，以及通过 Web 访问和控制多维数据。

SQL Server 2000 也提供了对分布式事务处理的支持，并对开发工具具有良好的支持，为大型商业数据库项目提供了企业级解决方案。

2. SQL Server 的特点

(1) SQL Server 以客户机/服务器作为设计结构

客户机程序负责执行业务逻辑和显示用户界面，它可以运行在一台或多台客户机上，也可以运行在 SQL Server 2000 服务器上。SQL Server 2000 服务器负责管理数据库并在多个用户请求之间分配可用的服务器资源，如内存、网络带宽和磁盘操作等。在系统运行时，由一个进程（客户程序）发出请求，另一个进程（服务程序）去执行。从系统配置上，服务程序通常安装在功能强大的服务器上，而客户程序就放在相对简单的 PC(客户机)上。

数据库系统采用客户机/服务器结构的好处在于：数据集中存储在服务器上，而不是分开存储在各个客户机上，使所有用户都可以访问到相同的数据；业务逻辑和安全规则可以在服务器上定义一次，而后被所有的客户使用；关系数据库仅返回应用程序所需要的数据，这样减少网络流量;节省硬件开销,因为数据都存储在服务器上,不需在客户机上存储数据,所以客户机硬件不需要具备存储和处理大量数据的能力,同样,服务器不需要具备数据表示的功能。因为数据集中存储在服务器上,所以备份和恢复起来很容易。

(2) SQL Server 是单进程、多线程的关系型数据库

SQL Server 是由执行核心来分配多个用户对数据库的存取,以减少多个进程对数据库存取的沟通、协调时间,进而提高执行效率。SQL Server 单进程、多线程结构如图 A-1 所示。

SQL Server 是依赖于同一个应用程序内的多线程工作的,而不是为每一个任务运行不同的可执行程序或应用程序,它的优点是在一定的性能水平上,其硬件要求很低,不像多进程会消耗可观的系统资源。多线程数据库引擎以一种不同的方式处理多用户访问,它不依赖于多任务操作系统来为 CPU 安排应用程序,而是自动担当这个重任。从理论上讲,数据库引擎自动处理的能力将提供更大的可移植性。因此,数据库要管理多个任务的调度执行、内存和硬盘的访问。

多线程系统对于给定的硬件平台而言是更加有效的,一个多线程数据库为每一个用户提供 500KB 到 1MB 的内存,而单进程多线程的 DBMS 却提供了 50KB 到 100KB 的内存。由于是单进程,就不需要进程之间的通信机制,多线程任务由数据库执行体本身进行管理,线程的操作由数据库引擎来制定,并在最终执行时把这些指令发送给操作系统。在这种方式下,数据库时间片为不同的操作系统采用不同的线程,在合适的时候,把这些线程中的用户指令送给操作系统,它不采用操作系统的时间分片应用程序,而是利用 DBMS 时间片线程。

(3) SQL Server 支持在客户端以 ODBC 或 Net-Library 存取服务器端

SQL Server 允许用下列两种方式作客户端和服务器端的连接管道。

① ODBC(Open Database Connection)

ODBC 实际上是一个数据库的访问库,如 SQL Server 群组中的 MS Query,Access,Word,Excel,FoxPro,VB 及 VC 等,都可依据 ODBC 和 SQL Server 连接(如图 A-2 所示),ODBC 可以使应用程序直接操纵数据库中的数据。ODBC 的独特之处在于使应用程序不随数据库的改变而改变。

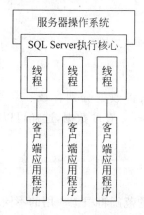

图 A-1　SQL Server 单进程、多线程结构

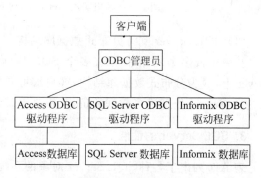

图 A-2　客户端用 ODBC 与 SQL Server 连接

ODBC 通过使用驱动程序来提供数据库的独立性。驱动程序与具体的数据库有关,如操作 Access,就需要使用 Access 的 ODBC 驱动程序。

驱动程序是一个用以支持 ODBC 函数调用的模块(通常是 DLL),应用程序通过调用驱动程序所支持的函数来操纵数据库。若想使应用程序操纵不同类型的数据库,就要动态地连接到不同的驱动程序上。

ODBC 还有一个驱动程序管理器(Driver Manager),驱动程序管理器包含在 ODBC.DLL 中,可连接到所有的应用程序中,它负责管理应用程序中 ODBC 函数与 DLL 中函数的绑定(Binding)。

对于大型 Client/Server 数据库管理系统,其所支持的 ODBC 驱动程序并不直接访问数据库,这些驱动程序实际上是数据库用于远程操作的网络通信协议的一个界面。

② Net-Library

Net-Library 在 Client/Server 的最低层,DB-Library 必须通过网络来发送它的请求,这就要由 Client/Server 来完成这些操作,Net-Library 并不是由语言程序员和开发人员直接使用的。

Net-Library 提供了客户端与服务器端的连接工具。如 ISQL_w,Enterprise Manager,Security Manager,VB 及 VC 等客户端应用程序,都是借助 Net-Library 和 SQL Server 连接的(如图 A-3 所示)。

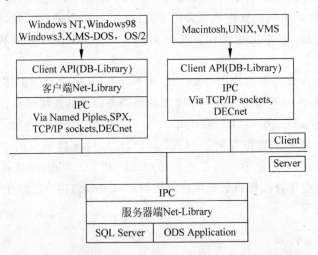

图 A-3　客户端用 Net-Library 和 SQL Server 服务器端连接

(4) SQL Server 支持分布式数据库结构

在一个或多个网络中可有多个 SQL Server,用户可以将数据分别存放在各个 SQL Server 上,成为分布式数据库结构,客户端可向多个 SQL Server 存取数据,这样可以降低单个 SQL Server 处理过多数据的负担,提高系统的执行效率。

3. SQL Server 的性能

表 A-1 列出了各种 SQL Server 对象的系统范围,实际的范围将根据应用的不同而有所变动。

表 A-1　SQL Server 的性能

对　象	范　围
设备	每个 SQL Server 有 256 个设备,每个逻辑服务器的最大容量是 32GB
数据库	32 767 个数据库,最小为 1MB,最大为 1TB
表	每个数据库最多有 200 万个表,每行的最大字节数为 1962(文本和图像列除外)
列	每表最多 240 个列
索引	每表一个簇式索引,249 个非簇式索引,一个复合式索引最多有 16 个索引关键字
触发器	每表最多有三个触发器,分别用于 INSERT,UPDATE 和 DELETE
存储过程	一个存储过程可以有 255 个参数和最多 16 级嵌套
用户连接	32 767 个
锁定及打开的对象	200 万
打开的数据库	12 767

(1) 数据库文件和文件组

SQL Server 2000 用文件来存储数据库,数据库文件有三类:

- 主数据文件(Primary):存放数据。每个数据库都必须有且仅有一个主数据文件。以.mdf 为默认扩展名。包含的系统表格记载数据库中对象及其他文件的位置信息。
- 次要数据文件(Secondary):存放数据。以.ndf 为默认扩展名。可有可无。主要在一个数据库跨多个硬盘驱动器时使用。
- 事务日志文件(Transaction Log):存放事务日志。每个数据库必须有一个或多个日志文件。以.ldf 为默认扩展名。记录数据库中已发生的所有修改和执行每次修改的事务。

注意:每个数据库的主数据库文件数=1;次要数据文件数≥0;事务日志文件数≥1。文件允许多个数据库文件组成一个组,即文件组,是文件的逻辑集合,SQL Server 2000 通过对文件进行分组,以便于管理数据的分配或配置。文件组对组内的所有文件都使用按比例填充策略。

SQL Server 2000 有三种类型的文件组:主文件组(primary);用户定义的文件组;默认的文件组(default)。这里默认的文件组用来存放任何没有指定文件组的对象;主文件组包含主数据文件,存放系统表格等;事务日志文件不能属于文件组;SQL Server 2000 至少包含一个文件组,即主文件组。

(2) 系统数据库

SQL Server 2000 内部创建和提供了一组数据库,有 4 个系统数据库(master、msdb、model、tempdb)和 2 个附带的示例数据库(pubs、northwind)。

- master 数据库:记录了所有系统信息,包括所有的其他数据库、登录账号和系统配置。是最主要的系统数据库。
- msdb 数据库:是 SQL Server Agent 服务使用的数据库,用来执行预定的任务,如数据库备份和数据转换、警报和作业等。
- model 数据库:样板数据库。为用户数据库提供样板。

- tempdb 数据库：也是从 model 复制而来。存储了 SQL Server 实例运行期间 SQL Server 需要的所有临时数据。
- pubs 和 northwind 数据库：是两个用户数据库，系统附带的，可以删除，也可以恢复。
- 示例数据库的恢复：可以使用 SQL Server 安装中 Install 目录下的文件重新进行安装恢复。

(3) 数据库文件的空间分配

在创建数据库前需估算所建数据库的大小及增幅，定义一个恰当的数据库大小。计算依据为：数据库的最小尺寸必须等于或大于 model 数据库的大小。

估算数据库的大小，在 SQL Server 2000 中最基本的数据存储单元是页，每页的大小为 8KB(8192 字节)，每页除去 96 字节的头部(用来存储有关的页信息，如页类型、可用空间、拥有页的对象的对象 ID 等)，剩下的 8096 字节(8192－96＝8096)用来存储数据。

默认情况下事务日志文件的大小是数据库文件大小的 25%。

SQL Server 2000 数据库的数据文件中的八种页类型：

- 数据页：存储数据库数据，包含数据行中除 text、ntext 和 image 数据外的所有数据。
- 索引页：用于存储索引数据。
- 文本/图像页：用于存储 text、ntext 和 image 数据。
- 全局分配页：用于存储扩展盘区分配的信息。
- 页面剩余空间页：用于存储页剩余空间的信息。
- 索引分配页：用于存储页被表或索引使用的扩展盘区信息。
- 大容量更改映射表：有关自上次执行 BACKUP LOG 语句后大容量操作所修改的扩展盘区的信息。
- 差异更改映射表：自上次执行 BACKUP DATABASE 语句后更改的扩展盘区的信息。

数据页包含数据行中除 text、ntext 和 image 数据外的所有数据，text、ntext 和 image 数据存储在单独的页中。在数据页上，数据行紧接着页首按顺序放置。在页尾有一个行偏移表。在行偏移表中，页上的每一行都有一个条目，每个条目记录那一行的第一个字节与页首的距离。行偏移表中的条目序列与页中行的序列相反。

扩展盘区是一种基本单元，可将其中的空间分配给表和索引。一个扩展盘区是 8 个邻接的页(或 64KB)。这意味着 SQL Server 2000 数据库每兆字节有 16 个扩展盘区。

例：假设某个数据库中只有一个表，该表的每行记录是 500 字节，共有 10000 行数据。试估计此数据库的大小。

分析：由于一个数据页最多可存放 8096 字节的数据，按行顺序存放，可知这时，一个数据页上最多只能容纳的行数是：$8096 \div 500 \cong 16$(行)。此表共有 10000 行，那么该表将占用的页数是：$10000 \div 16 = 625$(页)。因此该数据库的大小估计为 $(625 \times 8KB) \div 1024 \approx 5MB$。

4. SQL Server 的安装

SQL Server 的安装包括服务器端和客户端，在安装过程中应根据不同 CPU 品牌选择相应目录下的 SETUP.EXE 文件进行安装。这里我们主要对 SQL Server 2000 进行安装，

SQL Server 2000 包括 6 个不同的版本,这些版本之间存在着功能和特点的差异,而这些差异则是它们分别适用于不同环境的原因。下面重点介绍 3 种。

（1）SQL Server 2000 企业版

SQL Server 2000 企业版作为生产数据库服务器使用,它支持所有 SQL Server 2000 的功能。该版本最常用于大中型产品数据库服务器,并且支持大型网站、大型数据仓库所要求的性能。

（2）SQL Server 2000 标准版

SQL Server 2000 标准版的适用范围是小型的工作组或部门的数据库服务器。它支持大多数 SQL Server 2000 的功能,但是不具有支持大型数据库和网站的功能,而且,也不支持所有的关系数据库引擎的功能。

（3）SQL Server 2000 个人版

SQL Server 2000 个人版主要适用于移动用户,用于在客户机上存储少量数据,因为他们经常从网络上断开,而运行的应用程序却仍然需要 SQL Server 的支持。除了事务处理复制功能以外,SQL Server 2000 个人版能够支持所有 SQL Server 2000 标准版的支持的特性。

SQL Server 2000 的安装程序是非常智能化的。下面以中文 SQL Server 2000 个人版的安装过程为例,说明 SQL Server 的安装过程,其他的标准版和企业版的安装过程类似。

（1）将 SQL Server 2000 Personal 版光盘插入光驱后,系统会自动运行 SQL Server 2000 安装程序,显示如图 A-4 所示。该界面中共有 5 个选项,选择"安装 SQL Server 2000 组件"。

图 A-4　安装 SQL Server 2000 组件界面

（2）此时出现如图 A-5 所示的安装组件对话框。选择"安装数据库服务器",则进入 SQL Server 2000 安装向导。

图 A-5　安装 SQL Server 2000 组件选项对话框

（3）在出现的"欢迎"界面中，直接单击"下一步"按钮继续。

（4）出现如图 A-6 所示"计算机名"对话框中，选择进行安装的目的计算机，选择"本地计算机"，单击下一步。

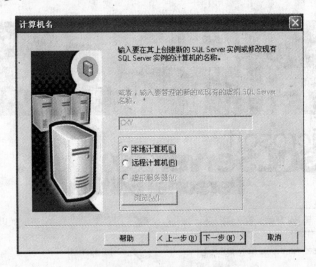

图 A-6　"计算机名"对话框

（5）出现如图 A-7 所示的"安装选择"对话框。对话框中的"实例"指的就是数据库服务器的名称，SQL Server 2000 将以进行安装的计算机名称作为默认的数据库服务器名称。单击选中"创建新的 SQL Server 实例，或安装'客户端工具'"单选按钮，并单击"下一步"按钮。

（6）出现如图 A-8 所示的"用户信息"对话框，输入用户信息，单击"下一步"按钮。

（7）在出现的"软件许可证协议"对话框中单击"是"按钮，表示接受软件许可证协议。

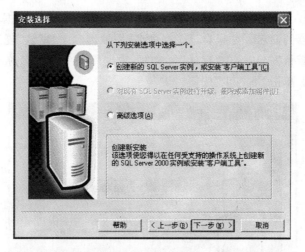

图 A-7 SQL Server 2000 数据库服务器"安装选择"对话框

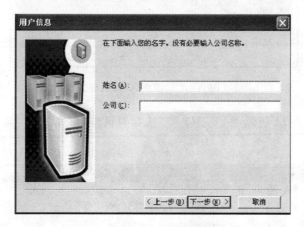

图 A-8 "用户信息"对话框

（8）出现如图 A-9 所示的"安装定义"对话框,有 3 种安装类型,单击选中"服务器和客户端工具",单击"下一步"按钮。

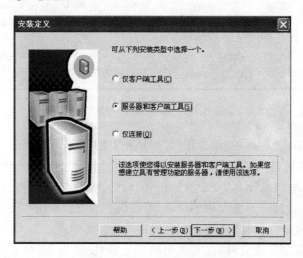

图 A-9 "安装定义"对话框

　　(9) 出现如图 A-10 所示的"实例名"对话框。选择安装的数据库实例名,即 SQL Server 数据库服务器的命名。如果自己选择命名,则取消选中"默认"复选框,并手工输入实例名。也可以选择默认安装,选中"默认"复选框,数据库服务器的名称与 Windows 操作系统服务器名称相同。单击"下一步"按钮。

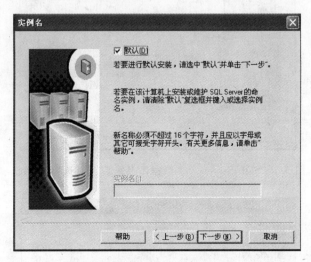

图 A-10　"实例名"对话框

　　(10) 出现如图 A-11 所示的"安装类型"选择对话框,单击选中"典型"单选按钮,单击"下一步"按钮。

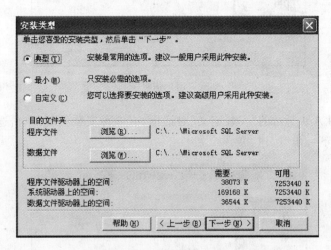

图 A-11　"安装类型"对话框

　　(11) 出现如图 A-12 所示的"服务账户"对话框,选择"对每个服务…"的选项。在服务设置"处,选择使用本地系统账户。
　　(12) 出现如图 A-13 所示的"身份验证模式"对话框,单击选中"混合模式…"单选按钮。"添加 sa 登录密码",在这儿系统仅用于学习,可以设置为空。单击"下一步"按钮。
　　(13) 出现开始复制文件窗口,单击"下一步"按钮。
　　(14) 系统开始复制安装文件,在安装完毕后出现"安装完毕"对话框,单击"完成"按钮

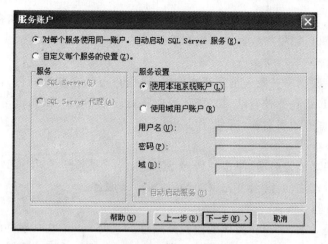

图 A-12 "服务账户"对话框

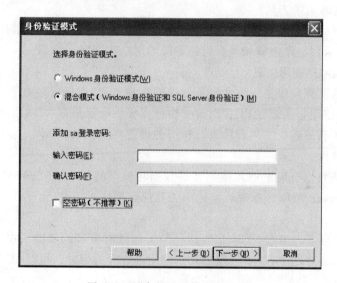

图 A-13 "身份验证模式"对话框

结束安装过程。

(15) 检验安装: 如果安装后"SQL Server 服务管理器"能够正常启动和关闭,则表示数据库服务器安装正常。

5. SQL Server 的管理工具

SQL Server 的管理软件可以在客户端和服务器端同时运行,它提供了多个开发和管理数据库的工具,主要包括企业管理器(Enterprise Manager)、查询分析器(Query Analyzer)、SQL Server 命令方式管理工具、服务管理器(Service Manager)、SQL Server 帮助和 SQL Server 在线手册等。

(1) 企业管理器

企业管理器是用户和系统管理员用来管理网络、计算机、服务和其他系统组件的管理工具,可用它来完成很多操作,其中比较主要的是创建和管理数据库对象(如表、视图、存储过程、索引等)。它几乎可以完成所有的 SQL Server 2000 数据库的开发和管理工作,熟练掌握这个工具的使用,可以提高数据库开发和管理的效率。

(2) 查询分析器

查询分析器是数据库开发人员最喜欢的工具,用户可以在查询分析器中交互式地输入和执行各种 T-SQL 语句并查看结果。既可同时执行多条 SQL 语句,也可执行脚本文件中的部分语句,对数据库的表实施各种操作。

(3) 服务管理器

服务管理器的功能是启动、停止和暂停 SQL Server 服务。在对 SQL Server 中的数据库和表进行任何操作之前,需要首先启动 SQL Server 服务。

(4) 事件探查器

事件探查器是 SQL Server 提供的监视并跟踪 SQL Server 2000 事件的图形界面工具。它能够监视 SQL Server 2000 的事件处理日志,并对日志进行分析和重播。

(5) 客户端网络实用工具

使用客户端网络实用程序设置在客户端链接 SQL Server 时启用或禁用的通信协议、配置服务器别名、显示数据库选项和查看已经安装的网络数据库。

(6) 服务器端网络实用工具

服务器端网络实用程序是安装在服务器端的管理工具,它同安装在客户端的网络实用程序相对应,可以使用它来管理 SQL Server 服务器提供的数据存取接口。客户端网络实用程序必须根据服务器端网络实用程序进行相应的设置。

(7) 导入导出数据

导入导出功能可以有助于把其他类型的数据转换存储到 SQL Server 2000 数据库中,也可以将 SQL Server 2000 数据库转换输出为其他数据格式。

(8) 联机丛书

联机丛书提供了一个在使用 SQL Server 时可以随时参考的辅助说明。它的内容包括了对 SQL Server 2000 功能、各项管理工具的使用等方面的帮助信息。

实验 1　创建数据库与表

一、目的与要求

(1) 掌握 SQL Server 的安装和配置方法;
(2) 了解 SQL Server 数据库的逻辑结构和物理结构;
(3) 熟悉 SQL Server 的基本数据类型;
(4) 掌握在企业管理器中创建数据库和表。

二、实验内容

1. 启动企业管理器

首先打开企业管理器,熟悉一下它的界面。

（1）选择"开始"|"程序"|Microsoft SQL Server|"企业管理器"，打开 SQL Server 的企业管理器界面，这是一个典型的图形化界面窗口，界面如图 A1-1 所示。

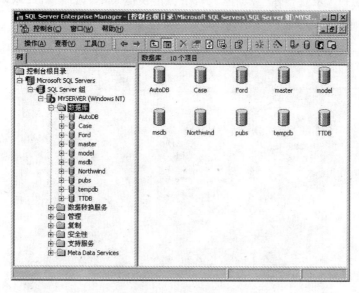

图 A1-1　企业管理器

（2）从图 A1-1 中可以看出企业管理器的管理层次，我们的大多数工作都集中在"数据库"文件夹和"安全性"文件夹。

2. 创建 School 数据库

这里设计一个名称为 School 的样例数据库，设计数据库要考虑的因素主要有：数据库名称；数据文件的文件名、位置、初始大小和增长方式；日志文件的文件名、位置、初始大小和增长方式，具体参数如表 A1-1 所示。

表 A1-1　样例数据库 School 设计参数

对　象	参 数 设 置	
数据库	名称	School
数据文件	文件名	School_Data
	位置	C:\Program Files\Microsoft SQL Server\MSSQL\data\School_Data. MDF
数据文件	初始大小	3MB
	增长方式	文件自动增长；按兆字节：1；文件增长不受限制
事务日志	文件名	School_Log
	位置	C:\Program Files\Microsoft SQL Server\MSSQL\data\School_Log. LDF
	初始大小	1MB
	增长方式	文件自动增长；按兆字节：1M；文件增长不受限制

在表 A1-1 中，日志文件的初始大小通常约为数据文件大小的三分之一，文件增长方式设置为自动增长。

3. 通过企业管理器设计 School 数据库

(1)填写数据库名。选择"数据库",右击弹出快捷菜单,选择"新建数据库"选项,打开"数据库属性"对话框,在"名称"一栏填写"School",界面如图 A1-2 所示。

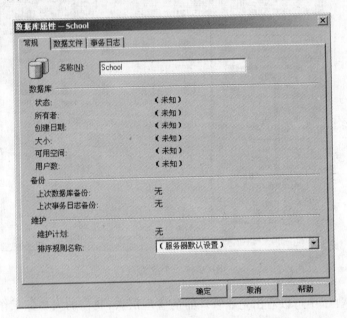

图 A1-2　填写数据库名称

(2)填写数据文件参数。选择"数据文件"选项卡,按照表 A1-1 填写数据文件参数,界面如图 A1-3 所示。

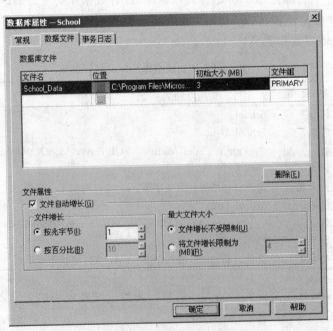

图 A1-3　填写数据文件参数

（3）填写事务日志文件参数。选择"事务日志"选项卡，按照表 A1-1 填写事务日志文件参数，界面如图 A1-4 所示。

图 A1-4　填写事务日志文件参数

4．设计数据库表

School 数据库用来管理学生的基本情况和学习成绩，它包含 3 个表：Student 表、Course 表和 SC 表。

1）设计 Student 表

该表用于存储学生的基本信息。通过企业管理器设计 Student 表。

（1）选择 School 数据库下的"表"项目，右击弹出快捷菜单，选择"新建表"选项，打开数据库表设计器，设计 Student 表结构，如图 A1-5 所示。

（2）单击"保存"按钮，保存 Student 表。

2）设计 Course 表

该表用于存储学校开设的课程信息。通过企业管理器设计 Course 表。

（1）选择 School 数据库下的"表"项目，右击弹出快捷菜单，选择"新建表"选项，打开数据库表设计器，设计 Course 表结构，如图 A1-6 所示。

	列名	数据类型	长度	允许空
🔑	学号	char	6	
	姓名	char	8	
	性别	char	2	
	专业名	char	20	✓
	出生年月	smalldatetir	4	
	总学分	tinyint	1	✓

	列名	数据类型	长度	允许空
🔑	课程号	int	4	
🔑	课程名	char	20	
	学时	tinyint	1	✓
	学分	tinyint	1	✓
	授课教师	char	8	✓

图 A1-5　设计 Student 表　　　　　　　　图 A1-6　设计 Course 表

(2) 单击"保存"按钮,保存 Course 表。

3) 设计 SC 表

该表是 Student 表和 Course 表的关联表,换句话说,它存储着这两个表的关系。通过企业管理器设计 SC 表。

(1) 选择 School 数据库下的"表"项目,右击弹出快捷菜单,选择"新建表"选项,打开数据库表设计器,设计 SC 表结构,如图 A1-7 所示。

	列名	数据类型	长度	允许空
♀	学号	char	6	
♀	课程号	int	4	
	成绩	int	4	✔

图 A1-7　设计 SC 表

(2) 单击"保存"按钮,保存 SC 表。

5. 实现表间关系

数据库表之间通常有一种"一对多"的关系,其中"一"方的表称为主表,"多"方的表称为从表。为确保数据完整性,我们通常在从表上建立外键,这样当修改主表记录时,从表就会级联修改相应的记录。

通过企业管理器创建数据库关系图

(1) 选择 School 数据库下的"关系图"项目,右击弹出快捷菜单,选择"新建数据库关系图"选项,打开"创建数据库关系图向导"对话框,单击"下一步"按钮,选择要添加的表,如图 A1-8 所示。

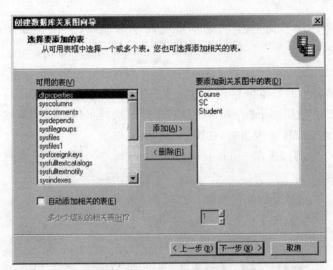

图 A1-8　选择要添加的表

(2) 单击"下一步"按钮,再单击"完成"按钮,打开"关系图"设计界面,如图 A1-9 所示。

(3) 建立 Student 表和 SC 表之间的关系。选中 Student 表的"学号"列,并按住鼠标左键拖动到 SC 表的"学号"列上松开,将打开"创建关系"对话框,界面如图 A1-10 所示。

(4) 选中"级联更新相关的字段"和"级联删除相关的记录"两个复选框,单击"确定"按

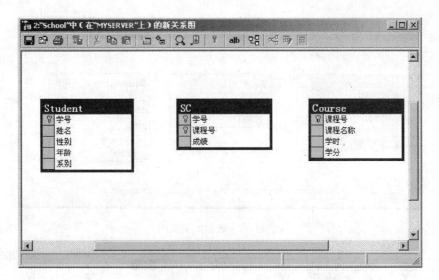

图 A1-9　关系图设计界面

钮,将创建主表 Student 和从表 SC 之间的一个关系,即在 SC 上建立了一个外键,该外键将确保它和 Student 之间的数据完整性。

(5)建立 Course 表和 SC 表之间的关系。选中 Course 表的"课程号"列,按住鼠标左键拖动到 SC 表的"课程号"列上松手,将打开"创建关系"对话框,界面如图 A1-11 所示。

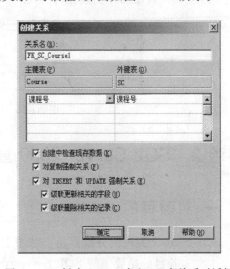

图 A1-10　创建 Student 表和 SC 表关系对话框　　　图 A1-11　创建 Course 表和 SC 表关系对话框

(6)选中"级联更新相关的字段"和"级联删除相关的记录"两个复选框,单击"确定"按钮,将创建主表 Course 和从表 SC 之间的一个关系,即在 SC 上建立了一个外键,该外键将确保它和 Course 之间的数据完整性。关系图创建完成后的界面如图 A1-12 所示。

6. 添加样例数据

(1)为 Student 表添加样例数据,内容如图 A1-13 所示。

(2)为 Course 表添加样例数据,内容如图 A1-14 所示。

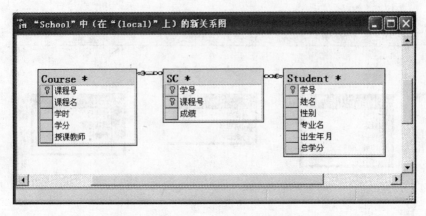

图 A1-12　数据库关系图

学号	姓名	性别	专业名	出生年月	总学分
09001	赵蕾	女	信息管理	1987-2-3	50
09002	钱立维	男	信息管理	1986-5-3	48
09003	孙海龙	男	信息管理	1987-9-5	46
09004	李俊龙	男	信息管理	1986-11-6	50
09005	周博	女	网络	1985-12-10	48
09006	吴雪	女	网络	1987-5-7	45

图 A1-13　Student 表样例数据

学号	课程号	成绩
09001	2	85
09001	3	88
09002	2	95
09002	3	76
09003	1	78
09003	2	82
09003	3	65

图 A1-14　SC 表样例数据

(3) 为 SC 表添加样例数据,内容如图 A1-15 所示。

课程号	课程名	学时	学分	授课教师
1	计算机网络	50	2	张天明
2	高等数学	90	3	罗小雨
3	英语	120	4	王上月
4	数据结构	60	2	孙磊
5	操作系统	60	2	江南红
6	数据库	90	3	赵小刚

图 A1-15　Course 表样例数据

实验 2　SQL Server 2000 查询分析器

一、实验目的

SQL Server 的查询分析器是一种用于交互式执行 SQL 语句和脚本的极好的工具。

本次实验目的是要了解 SQL Server 查询分析器的启动,熟悉如何在 SQL Server 查询分析器中建表、插入记录、查询记录。学会在 SQL Server 的查询分析器中建表、插入记录、查询记录。

二、实验内容

1. 启动数据库服务软件 SQL Server 的查询分析器

(1) 在"程序"菜单中选择 Microsoft SQL Server 命令,如图 A2-1 所示。

(2) 选中"查询分析器"命令,如图 A2-2 所示。

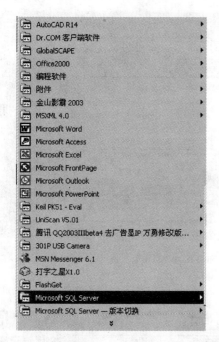

图 A2-1 选择 Microsoft SQL Server 命令　　　图 A2-2 选择"查询分析器"命令

（3）单击"查询分析器"选项后，出现"连接到 SQL Server"对话框，如图 A2-3 所示。

（4）单击 ▬▬ 按钮，出现"选择服务器"对话框，如图 A2-4 所示。

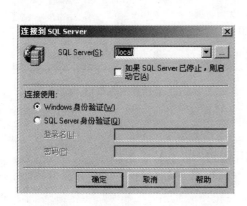

图 A2-3 "连接到 SQL Server"对话框　　　图 A2-4 "选择服务器"对话框

（5）选择"本地服务（Local）"选项，单击"确定"按钮。

（6）再单击"连接到 SQL Server"窗口的"确定"按钮。出现"SQL 查询分析器"主界面，如图 A2-5 所示。

（7）选择"查询"菜单，单击"更改数据库"窗口，如图 A2-6 所示。

（8）出现选择数据库窗口，如图 A2-7 所示。

（9）选择在上次实验中建立的数据库 School，单击"确定"按钮。

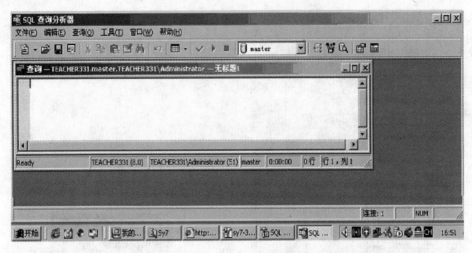

图 A2-5　"SQL 查询分析器"主界面

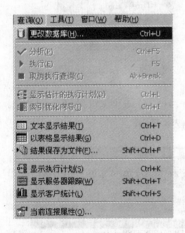

图 A2-6　"更改数据库"窗口

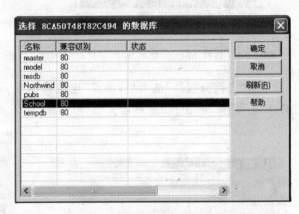

图 A2-7　选择数据库窗口

2. 在查询分析器中建立表

(1) 在查询分析器的查询窗口中输入 SQL 语句,如图 A2-8 所示。

(2) 单击 ▶ 按钮,执行该 SQL 语句,在查询窗口下部出现一个输出窗口,如图 A2-9 所示。

(3) 提示命令成功完成,或者报告出错信息。

3. 在查询分析器中向表添加数据

(1) 在查询分析器的查询窗口中输入 SQL 语句,如图 A2-10 所示。

(2) 单击 ▶ 按钮,执行该 SQL 语句,在查询窗口下部出现一个输出窗口,如图 A2-11 所示。

4. 从表中查询数据

(1) 在查询分析器的查询窗口中输入 SQL 语句,如图 A2-12 所示。

图 A2-8 输入 SQL 语句

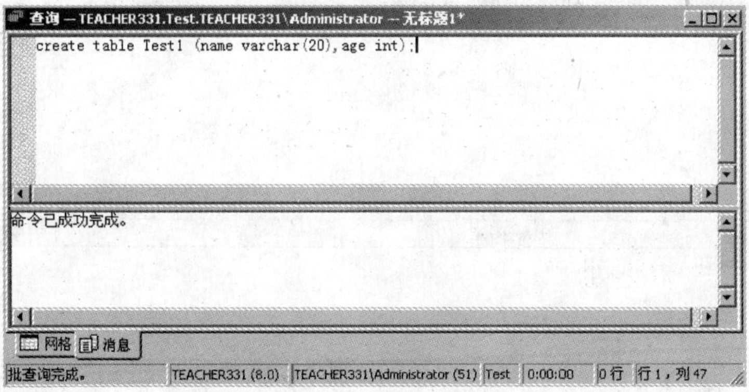

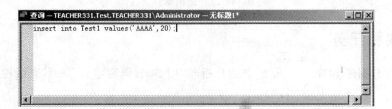

图 A2-9 输出窗口 1

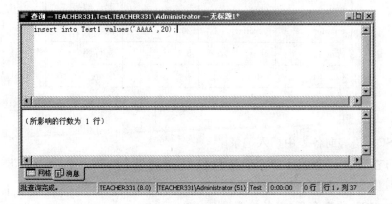

图 A2-10 输入添加数据的语句

图 A2-11 输出窗口 2

图 A2-12 输入 SQL 语句

（2）单击 ▶ 按钮，执行该 SQL 语句，在查询窗口下部出现一个输出窗口，如图 A2-13 所示。

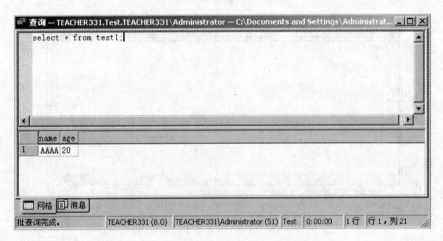

图 A2-13 输出窗口 3

三、实验任务

（1）打开数据库 SQL Server 的查询分析器，用 SQL 语言建表 Test，表结构如图 A2-14 所示。

字段名	类型	长度	含义
cno	char	5	课程编号
cname	varchar	20	课程名
cpno	char	5	先行课
Ccredit	int	4	学分

图 A2-14 Test 表结构图

（2）用 SQL 语言向各表中插入记录。

（3）练习查询语句，查找年龄大于等于 20 岁，计算机系的学生记录。

（4）练习 T-SQL 中的函数。

将以上的 SQL 语言存盘，以备检查。

实验 3 数据查询

一、实验目的

(1) 进一步熟练掌握查询分析器的使用；

(2) 通过验证实验内容中的题目，掌握 T-SQL 语句的各种子句及语法结构。

二、实验内容

在上机实验 1 建立的 School 数据库基础上，在查询分析器里用 SQL 语句完成下列各题：

(1) 列出 Student 表中的所有信息。

(2) 列出 Student 表中所有学生的学号、姓名和总学分。

(3) 改变列标题，列出 Student 表中所有学生的学号、姓名和总学分，要求相应的列标题分别是学生编号、学生姓名和累计学分。

(4) 列出 Student 表中电子商务专业的所有学生的信息。

(5) 列出 Student 表中所有电子商务专业的、性别为"男"的、总学分不低于 45 分的所有学生的信息。

(6) 从 Student 表中查询所有姓"张"的学生信息。

(7) 列出表 Student 中的专业名列表，要求去掉重复值。

(8) 列出 Student 表中的最高总学分、最低总学分。

(9) 学期结束的时候，往往要求我们按照学分的多少来给学生排列名次。而 ORDER BY 子句的作用就是对输入结果进行排序。现按总学分从高到低列出 Student 表中的学生姓名和总学分。

(10) 列出学生成绩数据库中所有学生的学号、姓名、课程号和成绩。

(11) 把上面的内连接表 Student 和表 SC 表改成一个左连接，它将返回所有学生的字段，即使有些学生没有课程和成绩记录。

(12) 求 SC 表每个学生的平均分。

实验 4 数据完整性

一、实验目的

(1) 熟练掌握用 SQL 语言创建数据表的方法；

(2) 掌握在查询分析器里用 SQL 语句定义数据库完整性的方法；

(3) 掌握用企业管理器创建数据库完整性约束的方法。

二、实验内容

使用企业管理器或在查询分析器里用 SQL 语言完成下列各题:

(1) 在查询分析器中,用 SQL 语言在 School 数据库中新建一张教工表 Teacher1(教工号,姓名,电话,所在系),指定教工号为主键约束。

(2) 使用企业管理器,在 School 数据库中新建表 Teacher2,同时为电话列创建唯一性约束。

(3) 使用企业管理器,在 School 数据库中新建一张教工表 Teacher3,要求性别只能输入"男"或"女"。

(4) 修改 School 数据库中的选课表 SC,为成绩列添加约束,保证输入的学生成绩在 0~100 的范围内。

(5) 在 School 数据库中,删除选课表中添加的成绩列的约束。

(6) 在 School 数据库中,修改表 Student,使该表中的性别字段的默认值为"男"。

(7) 用 SQL 语言为表 Student、SC 和 Course 之间建立连接关系,使 SC 表中的学号只能参照 Student 表中的学号,SC 表中的课程号也只能参照 Course 表中的课程号。

实验 5　SQL Server 的安全管理

一、目的与要求

(1) 掌握创建和管理 SQL Server 的两种安全访问模式;

(2) 掌握创建和管理数据库用户的方法;

(3) 掌握角色的概念和使用方法。

二、实验预备知识

1. SQL Server 的安全性机制

在连接到 SQL Server 的时候,系统会在 3 个地方检查系统安全,首先是操作系统,然后是 SQL Server 本身,最后则是每个用户数据库。能够登录 SQL Server 的系统并不表示能够访问数据库。访问数据库需要拥有对数据库的访问权限。

SQL Server 有比较健全的安全机制。它为数据库和应用程序设置了 4 层防线。

(1) 操作系统的安全性:在用户使用客户计算机通过网络实现对 SQL Server 服务器访问时,用户首先要获得客户计算机操作系统的使用权。

(2) SQL Server 的安全性:SQL Server 通过设置服务器登录账号和密码来创建附加安全层。它采用了 Windows 登录和混合登录两种用户登录方式。用户只有登录成功才能与 SQL Server 建立连接。

(3) SQL Server 数据库的安全性:当登录 SQL Server 系统后,还不能访问用户数据库,只有成为数据库的用户后,才能在自己的权限范围内访问该数据库。如果在设置登录账号时没有指定默认的数据库,则该登录的权限将局限在 master 数据库内。

(4)数据库对象的安全性:控制登录权限的最后一级,在创建数据库对象时,SQL Server 将自动把该数据库对象的完全控制权限赋予创建者。当一个非数据库用户拥有数据库里的对象时,必须由系统管理员 Sa 或数据库的拥有者为该对象定义角色并且为角色分配权力。

2. SQL Server 的身份验证

用户如果没有一个合法的登录账号,就无法连接到 SQL Server 的实例,而 SQL Server 的实例在每次连接请求时都要验证该登录是否已被授权访问该实例。登录的验证就称为身份验证。

(1)Windows 身份验证模式。

Windows 身份验证模式是默认的验证模式,又称它为"信任连接"。它表示如果用户已经在 Windows 域上被验证是一个合法的 Windows 用户,就可以直接访问 SQL Server 系统,而不另提供 SQL Server 的登录账号和口令。当然,SQL Server 系统管理员必须将 Windows 账号或组映射成 SQL Server 的登录账号。

(2)混合验证模式。

在混合验证模式下,用户既可以使用 Windows 身份验证,也可以使用 SQL Server 身份验证连接到一个 SQL Server 实例。所谓 SQL Server 身份验证,就是一个数据库管理员创建的 SQL Server 登录账号和密码。这些账号完全独立于 Windows 用户账户和组。当用户使用这种方式连接 SQL Server 时,由 SQL Server 系统确认用户的登录账户和密码,即它不能从 Windows 域认证机构中得到或传递出来。它是 SQL Server 系统的内部账户和密码。

在混合验证模式下,SQL Server 系统会优先采用 Windows 认证来确认用户,即如果将要连接服务器的用户通过信任连接协议登录系统的,那么系统就会自动采用 Windows 认证进程确认用户。只有对于那些通过非信任连接协议登录系统的用户,系统才采用 SQL Server 认证确认用户的身份。也就是说,对于那些通过非信任连接协议访问系统的用户,必须提供 SQL Server 自己的登录账户和密码。

三、实验内容

(1)设置身份验证模式。至于采用哪一种身份验证模式,在系统安装时可以选择,当然也可以在使用时重新设置。

(2)将 Windows 账号或组映射成 SQL Server 的登录账号。请在 Windows 账号中增加一个用户 winjiao,然后在企业管理器中将其映射成 SQL Server 的登录账号。

(3)创建新的 SQL Server 登录账号。在企业管理器中为本地数据库服务器新建登录,登录名为 sqljiao,密码为 pass。

(4)添加和删除数据库用户。在企业管理器中为学生管理数据库添加用户 sqljiao,其对应的登录为 sqljiao。

(5)创建固定服务器角色。将登录 sqljiao 加入到 sysadmin 固定服务器角色中。

(6)创建固定数据库角色。将学生成绩管理数据库用户 sqljiao 加入到 db_owner 角色中,使其全权负责该数据库。

（7）创建用户定义数据库角色。为学生成绩数据库新建用户角色 jiaodb。

（8）在企业管理器中，为角色 jiaodb 授予创建表和创建视图的权限，禁止 guest 用户创建表。

（9）在企业管理器中，授予用户 sqljiao 对 student 表有 select 与 delete 和 update 的权限。

（10）用 SQL 语言授予用户 sqljiao 对 student 表中的 Sname 字段有查询的权限。

实验6　数据库备份和恢复

一、目的与要求

掌握数据库的备份和恢复方法。

二、备份前的准备

为了将系统安全完备地备份，应该在具体执行备份之前，根据具体的环境和条件，制订一个完善可行的备份计划，确保数据库的安全。

1. 备份的策略

（1）完全数据库备份策略，主要用于数据库比较小或数据库数据很少修改或只读等情况。

（2）完全数据库备份和日志备份策略，主要应用于数据至关重要，且任何数据丢失都是难以接受的情况或数据库更新非常频繁等情况。

（3）差异备份策略，主要应用差异备份操作速度，减少备份时间，一般来说，为了减少数据损失，在进行差异备份之间的时间间隔内执行日志备份。

2. 确定备份的频率

备份频率是指每隔多少时间备份一次。它由许多因素决定，如数据库的大小、数据库内的数据更改是否频繁、何时为关键数据库的生产周期、何时因大量使用数据库而导致频繁的插入和更新操作、系统活动的事务量等。

在一般情况下，对于一个大的公司，可采用每星期一次完全备份，中间可进行多次差异备份，每两个差异备份之间进行多次日志备份。

3. 确定备份的内容

备份的内容包括系统数据库和用户数据库。如果系统数据库 master 以某种方式被损坏时，则可能会造成无法启动 SQL Server 实例。另外，master 数据库存储着系统参数、用户登录标识及系统存储过程等重要信息，所以对于数据库备份，除了要考虑备份用户数据库外，还要考虑定期备份 master 数据库。

4. 确定备份使用的设备

备份使用的设备指备份内容的载体。在 SQL Server 系统中,支持 3 种类型的备份设备,即磁盘、磁带和命名管道。一般选用硬盘,硬盘文件既可以是本地文件,也可以是网络文件。命名管道并不是一种实实在在的介质。在 SQL Server 系统中,提供了把备份放在命名管道上的能力,这样就允许利用第三方软件包进行备份和恢复功能。

5. 确定使用静态备份还是动态备份

动态备份在备份过程中允许用户继续使用数据库。不过系统对某些操作进行了限制。当然,用户的操作会影响数据库备份的速度,静态备份就是在备份时,不允许用户使用数据库。

6. 确定备份存储的地方及备份存储的期限

备份是非常重要的内容,所以一定要保存在安全的地方,在保存备份时应该实行异地存放。对于非常重要的数据可能需要一个比较长的存储期限,但期限越长,需要的备份设备就越多,当然成本也就越大,应该根据实际情况确定备份存储的期限。

三、实验内容

(1) 在企业管理器中创建两个备份设备,逻辑设备名分别为 school_bak 和 schoollog_bak,物理设备名的路径为: D:\school。

(2) 在企业管理器中,为学生管理数据库建立完全数据库备份。

(3) 首先对学生管理数据库进行操作,如修改课程表 Course,将其增加一条记录,使学生管理数据库有所变化。然后对学生管理数据库进行差异备份,即备份自完全数据库备份后所发生的所有变化(设备 school_bak)。

(4) 再次修改数据库,然后在查询分析器中为该数据库进行第二次差异数据库备份(设备 school_bak)。

(5) 同样使数据库有些变化,然后分别在企业管理器和查询分析器中为该数据库先后进行两次日志备份(设备 schoollog_bak)。

(6) 最后把学生管理数据库删除,然后再恢复。

实验7 视图、存储过程和触发器的使用

一、目的与要求

SQL Server 中的数据库除了存储一般的表格之外,还存储了许多其他的数据库对象,如视图、用户等。这些数据库对象分为两种:一种是定义在数据库中的对象,如表、视图、存储过程及用户定义函数等;另一种是定义在表中的对象,如约束、索引和触发器等。本实验主要要掌握视图、存储过程和触发器等数据库对象的使用。

二、实验内容

在实验 1 创建的 School 数据库中完成如下操作：

（1）在 School 数据库中新建一个名为 Student_view 的视图。该视图可以让我们看到每个学生的姓名、专业名、选修的课程名和成绩。

（2）修改视图 Student_view，在该视图上增加列别名，修改后的列别名为（学生姓名，所在专业，选修课程，成绩）。

（3）编写一个存储过程 proc_1，根据学生管理数据库中的表 Student 和 SC，列出没有选修任何课程的学生学号、姓名、所在专业。

（4）编写一个存储过程 proc_2，用来查询指定学号的学生信息。

（5）在企业管理器中创建存储过程 proc_3，用来返回所有选修课程超过 3 门的学生人数。

（6）在学生成绩数据库的选课表 SC 表上创建一个名为 trigger_r 的插入触发器，当向 SC 表中插入一条记录时，判断该新记录的学号在 Student 表中是否存在，同时还要判断课程号在 Course 中是否存在，如果能找到，则插入成功；否则，插入失败。

实验 8　Java 连接数据库实验

一、实验目的

（1）掌握嵌入式 SQL 语句的使用；
（2）掌握使用 ODBC 技术连接到 SQL Server 的方法。

二、实验内容

根据课本第 11 章的内容，编写程序完成下列各题，并上机调试运行。
（1）创建 ODBC 数据源。
（2）用 Java 语言编写程序创建一个教工表 Teacher，结构和内容如表 A8-1 所示。

表 A8-1　教工表 Teacher

教工号	姓名	性别	职称	工资
0001	张明	男	讲师	1 800
0008	李力	男	教授	3 200
0006	罗晓宇	男	副教授	2 700
0004	沈倩	女	讲师	2 000
0003	刘丽	女	教授	3 000

（3）编写程序将所建的 Teacher 表从数据库中读出并显示在屏幕上，再将每个人的工资加 100 元后存入原表中。

（4）编写程序读修改后的 Teacher 表，在该表插入一条新记录，并显示插入后的表的内容。

（5）编写程序读插入新记录后的 Teacher 表，从表中删除 0008 号教工的记录，并输出删除记录后的表。

附录B

课程设计
——网上购物系统数据库设计

网上购物是目前电子商务十分热门的话题。在网络应用愈来愈便捷的今天,通过网络的连接,让身在远处的人们,也能看到公司的产品,自然就容易刺激购买行为了。对公司来说,通过网络营销,可以大大减少广告费用,增加利润。

设计题目:网上购物系统数据库设计

设计目的:本设计是为了帮助学生掌握和巩固所学数据库的基本知识、设计方法和编程技能等内容,培养其应用数据库技术的能力。

设计要求:以 Dreamweaver 等网站制作软件作为开发工具,用 ASP. NET 采用 ADO 数据访问技术实现对 SQL Server 2005 数据库的访问。具体要求有:SQL Server 2005 数据库的设计与实现;ASP. NET 中 SQL Server 2005 数据库的连接和数据访问;C♯的程序编制。

学习要点:

(1) 进行系统的需求分析,并依据需求分析进行系统功能模块的设计与划分,写出系统的需求分析报告。

(2) 数据库的设计(包括数据库概念设计、E-R 图设计、逻辑设计和数据库行为设计),要有完整的数据库设计过程中所产生的各类技术文档,如反映本系统的 E-R 图、E-R 图到关系模式的转换,并找出各关系模式的关键字等。

(3) 数据库的实现(创建数据库、创建数据表、创建存储过程、创建视图等)。

(4) 运用 Dreamweaver 等网站制作软件制作主页及其相关链接的页面。主页要求清纯简洁、主题鲜明、内容编排得当合理、美观、实用,相关链接正常,能体现网站首页的基本功能。后台管理必须要有产品发布、修改、删除等功能。

(5) 数据访问机制(ADO 对象结构、ADO 模型编程)的实现。

(6) 网站建立后要完成测试工作。

(7) 系统设计完成后书写课程设计报告,设计报告要围绕数据库应用系统开发设计的步骤来考虑书写,力求清晰流畅。

设计思路:

1. 需求调研

通过浏览或使用目前常用的购物网站(如"当当网"、"淘宝网"),了解网上购物系统所需要的功能和信息。

网上购物系统通常包括一下功能。

用户注册和登录：为用户提供注册、登录、找回丢失密码、修改个人信息等功能。

- 商品信息查询及管理：对信息进行灵活分类、存储。
- 购物车管理：用于存储用户选择好的图书，完成购物后自动生成订单以供管理者进行处理。
- 订单管理：为用户提供订单管理功能，同时为管理者提供订单查询和处理功能。
- 后台管理：为管理者提供用户信息查询和销售情况查询等功能。

该系统的整体功能模块划分如下图 B-1 所示。

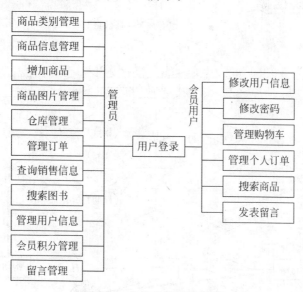

图 B-1　整体功能模块划分

2. 概念设计

（1）概念设计任务

识别网上购物系统中的实体，识别实体的属性，识别实体的关键字，识别实体间的联系，并建立实体关系图（E-R 图）来描述网上购物系统中的相关实体、属性及关系，从而达到为建立良好的网上购物系统的数据模型的目的。

（2）相关的实体集

根据对前面的需求分析进行分析，可以得出以下实体集：

（1）商品信息实体集：商品编号、商品名称、商品简介、成本价格、销售价格、折扣、推荐度。

（2）图片实体集：图片编号、图片名称、图片大小、URL。

（3）商品类别实体集：商品类别编号、商品类别名称、简介。

（4）会员信息实体集：会员名、用户名、密码、会员性别、送货地址、手机号。

（5）积分信息：总分。

（6）留言实体集：留言编号、留言内容，日期。

（7）购物车实体集：购物编号、购买数量、选购日期

（8）订单实体集：订单编号、订单状态（0 表示配货，1 表示发货，2 表示已收到）。

（9）管理员实体集：管理员编号、用户名、密码。

（10）仓库实体集：仓库编号、仓库名称、仓库地址。

3. E-R 图设计

E-R 图如图 B-2 所示。

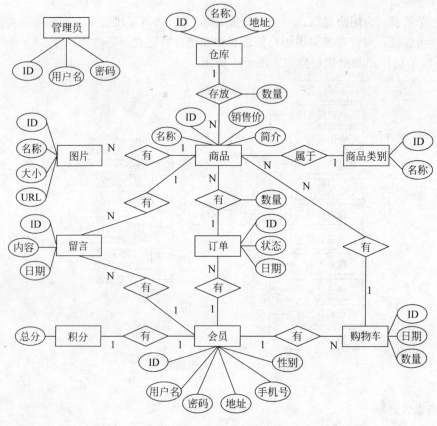

图 B-2 E-R 图

4. 逻辑设计

逻辑结构设计是根据 E-R 图向关系模型转换的一般规则,将概念结构转换为某个 DBMS 所支持的数据模型,并根据规范化理论对其进行优化的过程。本系统依托 MS SQL Server 2005 来进行,所以在此过程中需要将上一步骤中得到的 E-R 图转换为 MS SQL Server 2005 所支持的关系模型,并对其进行一定程度的优化。

1) 管理员表——Admin

管理员表主要存储网站管理信息,字段说明如表 B-1 所示。

表 B-1 管理员表

字 段	类 型	长 度	允许空	键 值	备 注
AdminId	int	4	否	是	管理员 ID
AdminName	nvarchar	50	是	否	管理员名称
Password	nvarchar	50	是	否	管理员密码

2) 商品类别表——Product Category

商品类别表主要存储网站的商品类别信息,字段说明如表 B-2 所示。

表 B-2　商品类别表

字　　段	类　　型	长　　度	允　许　空	键　　值	备　　注
PCId	int	4	否	是	商品类别 ID
PCName	nvarchar	50	是	否	类别名称

3) 商品信息表——Goods

商品信息表主要存储网站商品信息,该表引用 Product Category 表的 PCId 作为外键,其具体字段说明如表 B-3 所示。

表 B-3　商品信息表

字　　段	类　　型	长　　度	允　许　空	键　　值	备　　注
GoodsId	int	4	否	是	商品 ID
PCId	int	4	否	是	商品类别 ID
GoodsName	nvarchar	50	是	否	商品名称
Price	nvarchar	50	是	否	销售价格
Introduction	nvarchar	200	是	否	商品简介

4) 仓库表——Warehouse

仓库表主要存储仓库物理信息,其具体字段说明如表 B-4 所示。

表 B-4　仓库表

字　　段	类　　型	长　　度	允　许　空	键　　值	备　　注
WarehouseId	int	4	否	是	仓库 ID
WarehouseName	nvarchar	50	是	否	仓库名称
Address	nvarchar	50	是	否	仓库地址

5) 仓库信息表——Warehouse Message

仓库信息表主要存储仓库的商品信息,该表引用 Warehouse 表的 WarehouseId 作为外键,引用 Goods 表的 GoodsId 作为外键,其具体字段说明如表 B-5 所示。

表 B-5　仓库信息表

字　　段	类　　型	长　　度	允　许　空	键　　值	备　　注
WarehouseId	int	4	否	是	仓库 ID
GoodsId	int	4	否	是	商品 ID
Quantity	nvarchar	50	是	否	商品数量

由于篇幅所限,其他表的信息由读者自己完成。

5. 项目实现

为实现以上功能,本系统分为 4 层,他们分别为表示层(由 ASP. NET Web 窗体组成,主要用于显示信息和用户交互）、商务逻辑层（用于抽象表示层功能，为表示层提供服务）、数据访问层（为商务逻辑提供访问数据库系统的接口）和系统数据库如图 B-3 所示。

	用户交互层
表示层	ASP.NPT Web窗体
商务逻辑层	C#组件
数据访问层	数据库访问层
数据库	SQL Server 2005

图 B-3　系统层次结构

1）静态网页的制作

在项目开发阶段的第一步，可以先把系统所有需要用到的网页制作出来。这里我们推荐使用的网页制作软件是 Dreamweaver 8。为了调试方便，创建网页项目时我们可以选择 HTML 格式如图 B-4 所示。

图 B-4　创建 HTML 项目

（对于静态网页制作的知识，请读者自己查阅 HTML 和 CSS 相关资料。）

2）创建 SQL Server 2005 数据库

下面创建一个 SQL Server 2005 数据库，步骤如下：

（1）选择"开始"|"程序"| Microsoft SQL Server 2005 | SQL Server Management Studio，启动 Microsoft SQL Server 2005，如图 B-5 所示。

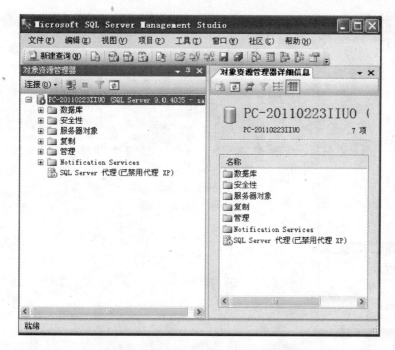

图 B-5　SQL Server Management Studio

（2）在 SQL Server Management Studio 窗体中，在"数据库"文件夹上右击，在弹出的快捷菜单中选择"新建数据库"命令，如图 B-6 所示。

图 B-6　新建数据库

（3）在对话框中输入数据库的名称，如"commerce"，如图 B-7 所示。

（4）接下来在新建数据库中建立表，在 commerce 数据库的"表"项右击，在弹出的快捷菜单中选择"新建表"命令，如图 B-8 所示。

（5）在"列名"字段中输入字段的名称，在"数据类型"字段的下拉列表框中选择这个字

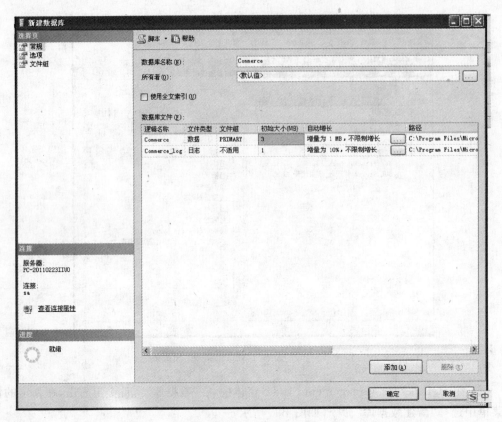

图 B-7 输入数据库名称

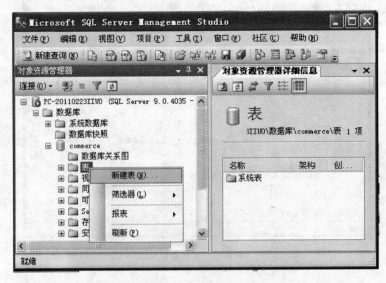

图 B-8 新建表

段的数据类型,在"允许空"字段中勾选是否允许空。在选择 AdminId 后,单击工具栏上的"设置主键"按钮,将 AdminId 设为主键,如图 B-9 所示。

（6）在 Admin 表中我们需要把 AdminId 设为自动增长。在选择 AdminId 后，在"列属性"对话框中把"标识规范"设为"是"，把"标识增量"设为"1"，把"标识种子"设为"1"，如图 B-9 所示。

（7）单击工具栏上的"保存"按钮，在"选择姓名"对话框中输入表的名称，然后单击"确定"按钮，如图 B-10 所示。

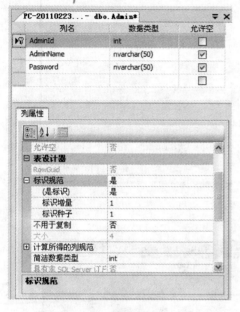

图 B-9　添加字段

图 B-10　选择名称

3）编写 ASP. NET 程序

编写网上购物系统 ASP. NET 程序，步骤如下：

（1）选择"开始"|"程序"|Microsoft Visual Studio 2008，启动 Microsoft Visual Studio 2008。启动后选择"文件"|"新建"|"项目"。出现"新建项目"对话框，在"项目类型"面板中选择 Visual C♯|Web。在"模板"面板中选择"ASP. NET Web 应用程序"，然后输入名称 ECommerce，如图 B-11 所示。

（2）在"解决方案资源管理器"中找到 Web. config，如图 B-12 所示。双击打开 Web. config 文件，把＜appSettings/＞标签改为

```
< appSettings >
  < add key = "connectstring"
        value = "Data Source = 192.168.0.1;        <!—电脑 IP 地址/>
             User Id = sa;                          <!—数据库登录用户名/>
             Password = adm;                        <!—数据库登录密码/>
             Initial Catalog = commerce;"/>         <!—数据库名称/>
</appSettings >
```

改完后单击"保存"按钮。这样修改完后，这个项目就跟 commerce 数据库建立了参照关联。

（3）添加网站的首页。在项目名称处右击，在出现的快捷菜单中选择"添加"|"新选项"

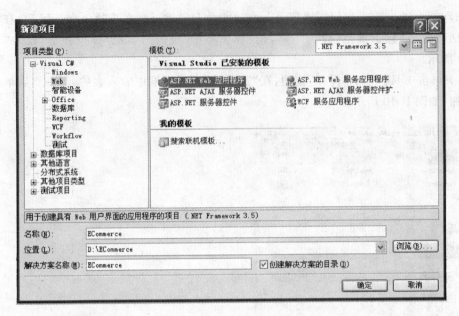

图 B-11　新建 ASP.NET 项目

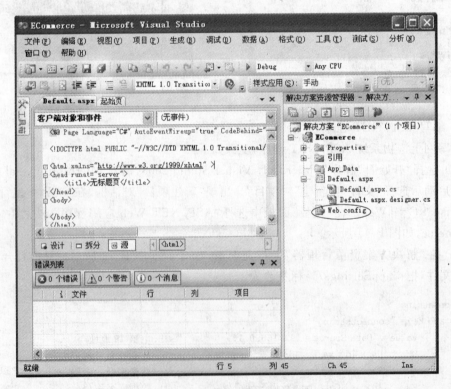

图 B-12　修改 Web.config 文件

会弹出"添加新项"对话框,如图 B-13 所示。在"类别"中选择 Visual C♯|Web,在"模板"中选择"Web 窗体",然后输入首页名称 index.aspx。在"解决方案资源管理器"中选择 index.aspx,右击,在弹出的对话框中选择"设为起始页"。这样 index.aspx 就被设为整个网站的

入口了。default.aspx为创建项目时自动产生的默认首页,产生index.aspx后我们可以把它删除。

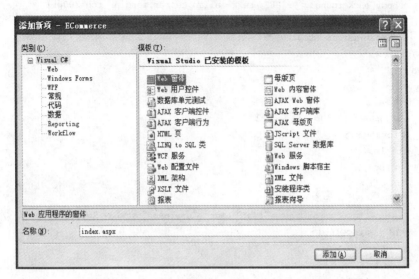

图 B-13　添加网站首页

(4)添加"购物系统管理员注册"页面。在项目开始的时候我们已经把系统所有的HTML网页编写好了,现在要做的工作是把静态的HTML网页,变成动态的ASP页面。添加后的"购物系统管理员注册"页面,如图B-14所示。

图 B-14　购物系统管理员注册页面

"购物系统管理员注册"页面,具体HTML代码如下:

```
<! DOCTYPE html PUBLIC " -//W3C//DTD XHTML 1.0 Transitional//EN" "http://www.w3.org/TR/
xhtml1/DTD/xhtml1-transitional.dtd">
<html xmlns = "http://www.w3.org/1999/xhtml">
<head>
<meta http-equiv = "Content-Type" content = "text/html; charset = gb2312" />
```

```
<title>购物系统管理员注册</title>
    <style type = "text/css">
        body{background: #99FFFF; text - align:center;margin - top:200px}
        fieldset{width:350px;margin - top:200px}
        #main{margin - top:200px}
    </style>
</head>
<body>
<fieldset>
    <h2>购物系统管理员注册</h2>
    <form action = "" method = "post">
    <table>
        <tbody>
        <tr>
            <td>用户名: </td>
            <td><input type = "text" name = "username" style = "width:120px"/></td>
            <td></td>
        </tr>
        <tr>
            <td>密　码: </td>
            <td><input type = "password" name = "password" style = "width:120px"/><br/></td>
            <td></td>
        </tr>
        <tr>
            <td>确认密码: </td>
            <td><input type = "password" name = "repassword" style = "width:120px"/></td>
            <td></td>
        </tr>
        <tr>
            <td></td>
            <td><input name = "重置" type = "reset" value = "重置"/>
            <input type = "submit" value = "提交"/>
            <td><a href = "login.aspx">>>登录>></a></td>
        </tr>
        </tbody>
    </table>
    </form>
</fieldset>
</body>
</html>
```

　　按照上一步添加页面的方法，我们添加一个名为 register. aspx 的网页。把 register.
html 页面中<body>标签内的内容复制到 register. aspx 相应的<body>标签内里面。把
register. html 页面中的 CSS 代码复制到 register. aspx 页面的相应位置。最后把 HTML 表
单标签换成 ASP 表单标签。改完后 register. aspx 页面的代码为：

```
<% @ Page Language = "C # " AutoEventWireup = "true" CodeBehind = "register.aspx.cs" Inherits
= "ECommerce. register" %>
<!DOCTYPE html PUBLIC " - //W3C//DTD XHTML 1. 0 Transitional//EN" " http://www. w3. org/TR/
xhtml1/DTD/xhtml1 - transitional.dtd">
```

```
< html xmlns = "http://www.w3.org/1999/xhtml" >
< head runat = "server">
    < title >购物系统管理员注册</title >
    < style type = "text/css">
        body{background:♯99FFFF; text-align:center;margin-top:200px}
        fieldset{width:350px;margin-top:200px}
        ♯main{margin-top:200px}
    </style >
</head >
< body >
< fieldset >
        < h2 >购物系统管理员注册</h2 >
        < form id = "form2" runat = "server">
        < table >
        < tbody >
          < tr >
            < td >用户名：</td >
            < td >< asp:TextBox ID = "username" runat = "server"  style = "width:120px"></asp:
TextBox ></td >
            < td ></td >
          </tr >
          < tr >
            < td >密  码：</td >
            < td >< asp:TextBox ID = "password" runat = "server"  style = "width:120px"
                    TextMode = "Password"></asp:TextBox >< br/></td >
            < td ></td >
          </tr >
          < tr >
            < td >确认密码：</td >
            < td >< asp:TextBox ID = "repassword" runat = "server"  style = "width:120px"
                    TextMode = "Password"></asp:TextBox ></td >
          </tr >
          < tr >
            < td ></td >
            < td >< input name = "重置" type = "reset" value = "重置"/>
            < asp:Button ID = "Button1" runat = "server" Text = "注册" onclick = "Button1_
Click" /></td >
            < td >< a href = "login.aspx">>>登录>></a ></td >
            </td >
          </tr >
        </tbody >
      </table >
        < asp:Label ID = "Label1" runat = "server" Text = ""> </asp:Label >
        < br />
    </form >
  </fieldset >
  </body >
</html >
```

(5) 实行购物系统管理员注册的商务逻辑层和数据访问层。打开 register.aspx 的设计视图，如图 B-15 所示。双击"注册"按钮便可进入 register.aspx.cs 代码编写视图，如图 B-16 所示。

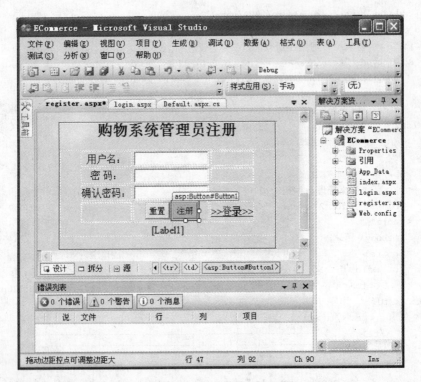

图 B-15 register.aspx 的设计视图

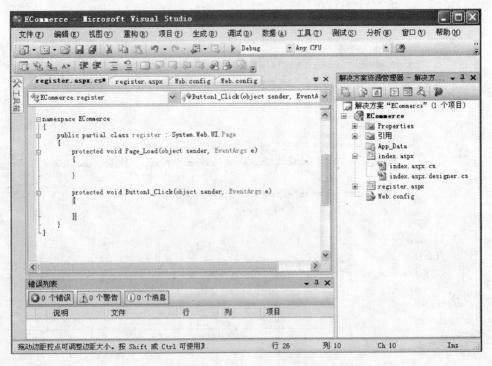

图 B-16 register.aspx.cs 代码编写视图

进入 register. aspx. cs 代码编写视图后鼠标自动定位在 protected void Button1_Click 方法的方法体内。此方法初始是空的。我们要在里面输入控制表单验证和插入数据的代码。

```csharp
protected void Button1_Click(object sender, EventArgs e)
{
    string username = this.username.Text;
    string password = this.password.Text;
    string repassword = this.repassword.Text;
    if (username.Length <= 5 || password.Length <= 5)//表单长度验证
    {
        this.Label1.Text = "用户名或密码长度不够!";
        return;
    }
    if ( password != repassword)                    //验证两次密码输入是否一致
    {
        this.Label1.Text = "两次密码输入不一致!";
        return;
    }
    else
    {
        try
        {
            this.Label1.Text = "";
            string strCmd = "INSERT INTO Admin (AdminName, password) VALUES ('" + username +
"', '" + password + "')";                          //添加参数
            SqlConnection conn  =  new  SqlConnection ( ConfigurationSettings. AppSettings
["connectstring"]);
            //定义 SqlConnection 对象
            conn.Open();                            //打开数据连接
            SqlCommand cmd = new SqlCommand(strCmd, conn);
            cmd.ExecuteNonQuery();                  //执行数据插入
            conn.Close();                           //关闭数据连接
            this.Label1.Text = "注册成功!";
        }
        catch
        {
            this.Label1.Text = "用户名已被使用!";
        }
    }
}
```

（6）调试程序。编写完以上代码后，为了调试管理员注册的程序中是否能正常插入数据，我们先把 register. aspx 设为起始页。设计完毕单击 Microsoft Visual Studio 2008 工具栏上的"启动调试"按钮。这是 IE 浏览器自动启动的，在页面上正确填写用户名和密码，然后单击"注册"按钮。会出现如图 B-17 的页面。说明程序是正确的。

由于篇幅所限这里只介绍管理员注册功能的实行，其他功能由读者自己完成。

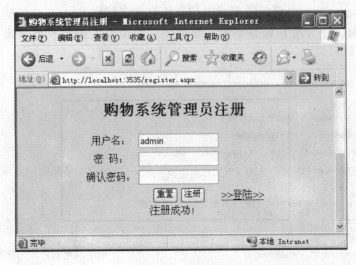

图 B-17　调试程序

6. 项目的发布

项目发布的步骤如下：

1) 安装 Internet 信息服务（IIS）

下载 IIS 后，单击"开始"|"控制面板"|"添加删除程序"|"添加删除 Windows 组件"，选择"安装 IIS"选项。确定安装后单击"浏览"按钮，然后选择 IIS 文件所在路径就可以安装了！

2) 启动 Internet 信息服务（IIS）

Internet 信息服务简称为 IIS，单击 Windows"开始"|"所有程序"|"管理工具"|"Internet 信息服务（IIS）管理器"，即可启动"Internet 信息服务"管理工具。启动后出现如图 B-18 所示的界面。

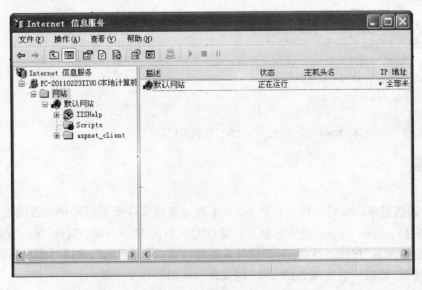

图 B-18　启动 Internet 信息服务

3）创建虚拟目录

按照如图 B-19～图 B-24 所示的提示创建虚拟目录。

图 B-19　创建虚拟目录

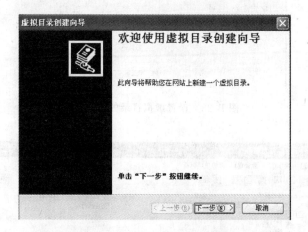

图 B-20　使用虚拟目录创建向导

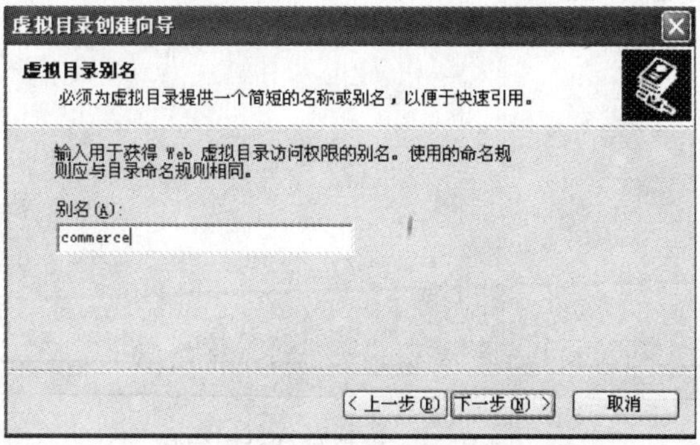

图 B-21　输入虚拟目录名称

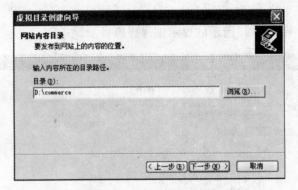

图 B-22 选择虚拟目录路径

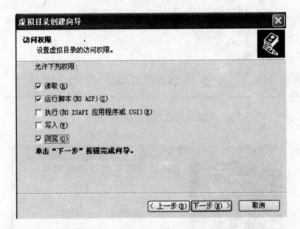

图 B-23 设置虚拟目录的访问权限

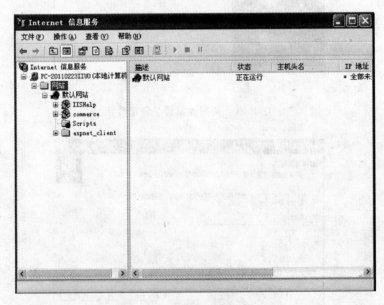

图 B-24 虚拟目录设置完成

4）发布项目

在"解决方案资源管理器"中选择"项目名称"选项，右击，在弹出的快捷菜单中选择"发布"选项，如图 B-25 所示。

图 B-25　发布项目

在"发布 Web"对话框中选择项目发布的位置。把项目发布到上一步"设置虚拟"所设置的虚拟路径及磁盘位置，如图 B-26 所示。

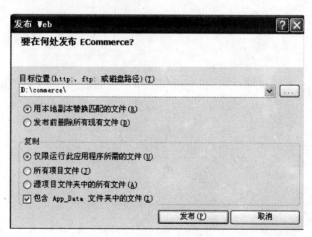

图 B-26　选择目标路径

在浏览器中输入 http://localhost/commerce/register.aspx。单击回车键。出现如图 B-27 所示的界面。说明项目发布成功。

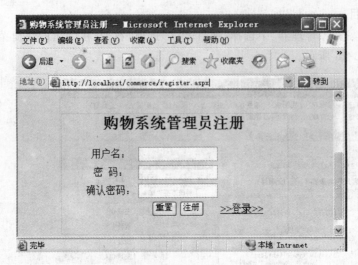

图 B-27 项目发布成功

参考答案

第 1 章

一、填空题

1. 人工管理阶段,文件系统阶段,数据库阶段

2. 模型,数据

3. 应用程序,数据库的数据结构

4. 数据库管理系统,数据库应用程序,数据库

5. 外模式,概念模式,内模式

二、选择题

1. B　2. C　3. A　4. B　5. C　6. A、C、D　7. A、C　8. D、E

三、问答题

1. 信息是人们进行各种活动所需要的知识,是现实世界各种状态的反映;数据是描述信息的符号,是数据库系统研究和处理的对象。数据是信息的具体表现形式,信息是数据有意义的表现。数据处理是与数据管理相联系的,数据管理技术的优劣将直接影响数据处理的效率。

2. 数据库(database,DB)是指长期保存在计算机的存储设备上、并按照某种模型组织起来的、可以被各种用户或应用共享的数据的集合。数据库应该具有如下性质:

(1) 用综合的方法组织数据,具有较小的数据冗余。

(2) 可供多个用户共享,具有较高的数据独立性。

(3) 具有安全控制机制,能够保证数据的安全、可靠。

(4) 允许并发地使用数据库。

(5) 能有效、及时地处理数据。

(6) 保证数据的一致性和完整性。

(7) 具有较强的易扩展性。

四、实践题

1. 各个单位内部使用的数据库各不相同,有些是商业标准的,有些则是内部专用的。一个数据库存储了整个单位的所有数字化信息,是一个单位的必不可少的一部分。例如,一个学校的数据库,存储了学校的基本信息(包括学院信息、专业分布、学生人数等)、教师职工的相关信息(包括学历、职称、工资等)、学生的历年信息(包括学号、分数等)这些信息一旦丢失,要重建是非常困难的。特别是一些历史数据,丢失后根本无法寻回。因此,一个数据库不但要懂得如何使用和维护,更重要的是如何备份和恢复。

2. 国内交易额排在前列的 B2C 电子商务网站有京东商城、当当网、凡客诚品、新蛋网、梦芭莎等。在电子商务应用中,数据库是最重要的系统组成部分。通常 B2C 商务网站的数据库会包括商品、用户、订单等数据。

3. 小强是个很节俭的学生,他参与了勤工俭学,希望能够帮补家庭。同时,小强也是一个也精明的学生,他喜欢计算自己的收入支出。但是,让他头痛的是,每个月的收入和支出的大量统计浪费了他不少时间。他每年总要统计总支出和总收入,并且和往年对比,并且把这些数据存储在文本文件中。这种情况下,数据库技术对小强可以起到作用了,因为目前的DBMS 支持各种统计操作,并支持报表显示和历史分析,这样就省去了小强大量的重复劳动力。现在,小强还把这个功能进行推广成系统,他建立了一个网上个人理财的系统,让班级上有需要的同学都可以登录到此进行理财了。

第 2 章

一、填空题

1. 数据结构,数据操作,数据约束条件
2. 结构数据模型
3. 层次模型,网状模型,关系模型
4. 实体
5. 网络结构

二、选择题

1. D　　2. B、C　　3. A　　4. A、B、D　　5. A、B、D　　6. A、B、C　　7. A、C

三、问答题

1. 数据库领域采用的数据模型有层次模型、网状模型和关系模型。特点分别为层次模型将数据组织成有向有序的树结构;网状模型中结点数据间没有明确的从属关系,一个结点可与其他多个结点建立联系;关系模型是根据数学概念建立的,它把数据的逻辑结构归结为满足一定条件的二维表形式。

2. 关系数据模型是应用最广泛的一种数据模型,它具有以下优点:

(1) 能够以简单、灵活的方式表达现实世界中各种实体及其相互间关系,使用与维护也很方便。关系模型通过规范化的关系为用户提供一种简单的用户逻辑结构。所谓规范化,实质上就是使概念单一化,一个关系只描述一个概念,如果多于一个概念,就要将其分开。

(2) 关系模型具有严密的数学基础和操作代数基础——如关系代数、关系演算等,可将关系分开,或将两个关系合并,使数据的操纵具有高度的灵活性。

(3) 在关系数据模型中,数据间的关系具有对称性,因此,关系之间的寻找在正反两个方向上难度是一样的,而在其他模型如层次模型中从根结点出发寻找叶子的过程容易解决,相反的过程则很困难。

3. 数据模型是用来描述数据的一组概念和定义,包括概念数据模型、逻辑数据模型、物理数据模型 3 个级别。实例有层次数据模型、网状数据模型、关系数据模型、E-R 数据模型、面向对象数据模型等。

　　数据模式是指对某一类数据的结构、联系和约束的描述,即型的描述。数据描述是描述数据的手段,而数据模式是用给定数据模型对具体数据的描述。它们的关系正像程序设计语言和用程序设计语言所写的一段程序。

四、实践题

　　考虑到各系有班级、学生、教研组、教师、课程、选课等数据对象,概念模型与关系模型分别为:

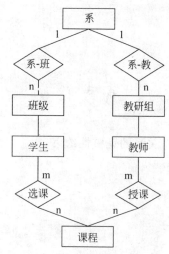

　　系(<u>系号</u>,系名,系主任)
　　教研组(<u>教研组号</u>,教研组名,教研组长,所属系)
　　班级(<u>班级号</u>,班长,所属系)
　　学生(<u>学号</u>,姓名,年龄,班级)
　　教师(<u>教师编号</u>,姓名,性别,职称,所属教研组)
　　课程(<u>课程号</u>,课程名,开课时间,学时,学分)
　　学生选课(<u>学号,课程号</u>,成绩)
　　教师授课(<u>课程号,教师编号</u>,授课地点)

或:

系　表(Department)

系号	系名	系主任

学生表(Student)

学号	姓名	班级号

班级表(Class)

班级号	系号	班级名

课程表(Course)

课程号	课程名

教师表(Teacher)

教师号	教师名	教研组号

教研组表(Team)

教研组号	教研组名	组长	系号

选课表(Study)

课程号	学号	成绩

授课表(Teaching)

教师号	课程号

第 3 章

一、填空题

1. 数据结构,关系操作集合,关系的完整性约束

2. 关系

3. 关系代数,关系演算

4. 实体完整性,参照完整性

5. 规范化

6. 关系模型

7. 关系数据库

二、选择题

1. A　　2. C　　3. D　　4. A　　5. A、B　　6. A、B、C　　7. B、D　　8. C、D

9. A、B、D　　10. B

三、问答题

1. 关系模型是建立在集合代数的基础上的,是由(数据结构)、(关系操作集合)、(关系的完整性约束)3 部分构成的一个整体:

(1) 数据结构:数据库中全部数据及其相互联系都被组织成"关系"(二维表格)的形式。关系模型基本的数据结构是关系。

(2) 关系操作集合:关系模型提供一组完备的高级关系运算,以支持对数据库的各种操作。关系运算分成关系代数和关系演算两类。

(3) 数据完整性规则:数据库中数据必须满足实体完整性、参照完整性和用户定义的完整性 3 类完整性规则。

2. (1) 元组分量原子性:关系中的每一个属性值都是不可分解的,不允许出现组合数据,更不允许表中有表。

(2) 元组个数有限性:关系中元组的个数总是有限的。

(3) 元组的无序性:关系中不考虑元组之间的顺序,元组在关系中应是无序的,即没有行序。因为关系是元组的集合,按集合的定义,集合中的元素无序。

(4) 元组唯一性:关系中不允许出现完全相同的元组。

(5) 属性名唯一性:关系中属性名不能够相同。

（6）分量值域同一性：关系中属性列中分量具有与该属性相同的值域。

（7）属性的无序性：关系中属性也是无序的（但是这只是理论上的无序，在使用时按习惯考虑列的顺序）。

3. 在数据库中需要区别"型"和"值"。在关系数据库中，关系模型可以认为是属性的有限集合，因而是型，关系是值。关系模式就是对关系的描述，也只能通过对关系的描述中来理解。关系模式是从以下3个方面进行描述从而显现关系的本质特征：

（1）关系是元组的集合，关系模式需要描述元组的结构，即元组由哪些属性构成，这些属性来自那些域，属性与域有怎样的映射关系。

（2）同样由于关系是元组的集合，所以关系的确定取决于关系模式赋予元组的语义。

（3）关系是会随着时间流逝而变化的，但现实世界中许多已有事实实际上限定了关系可能的变化范围，这就是所谓的完整性约束条件。关系模式应当刻画出这些条件。

4. （1）限定主键中不允许出现空值。

关系中主键不能为空值，主要是因为关系元组的标识，如果主码空值则失去了其标识的作用。

（2）定义有关空值的运算。

在算术运算中如出现空值则结果也为空值，在比较运算中如出现空值则其结果为 F（假）；此外在作统计时，如 SUM、AVG、MAX、MIN 中有空值输入是结果也为空值，而在作 COUNT 时如有空值则其值为 0。

5. （1）关系代数使用关系运算来表达查询要求；关系演算是用谓词来表示查询要求。

（2）关系代数、元组关系演算和域关系演算的理论基础是相同的，3 类关系运算可以相互转换，它们对数据操作的表达能力也是等价的。

6. 关系模式是从以下 3 个方面进行描述从而显现关系的本质特征：

（1）关系是元组的集合，关系模式需要描述元组的结构，即元组由哪些属性构成，这些属性来自哪些域，属性与域有怎样的映射关系。

（2）同样由于关系是元组的集合，所以关系的确定取决于关系模式赋予元组的语义。

（3）关系是会随着时间流逝而变化的，但现实世界中许多已有事实实际上限定了关系可能的变化范围，这就是所谓的完整性约束条件。关系模式应当刻画出这些条件。

7. 在一个给定的应用领域中，所有实体及实体之间的联系的关系的集合构成一个关系数据库。

说明：

（1）在关系数据库中，实体以及实体间的联系都是用关系来表示的。

（2）关系数据库也有型和值之分。关系数据库的型也称为关系数据库模式，是对关系数据库的描述，是关系模式的集合。关系数据库的值也称为关系数据库，是关系的集合。关系数据库模式与关系数据库通常统称为关系数据库。

（3）这种数据库中存放的只有表结构。

8. 关系代数、元组关系演算和域关系演算实质上都是抽象的关系操作语言，简称为关系数据语言，主要分成 3 类，如下表：

关系数据语言	关系代数语言		如：ISBL
	关系演算语言	元组关系演算语言	如：ALPHA
		域关系演算语言	如：QBE
	具有关系代数与关系演算双重特点的语言		如：SQL

9. 实体完整性是要保证关系中的每个元组都是可识别和唯一的。其规则为：若属性 A 是基本关系 R 的主属性，则属性 A 不能取空值。实体完整性是关系模型必须满足的完整性约束条件，也称作是关系的不变性，关系数据库管理系统可以用主关键字实现实体完整性，这是由关系系统自动支持的。

10. （略）

四、实践题

1. （1）$\Pi_{C,D}(R) \cup S$

$\Pi_{C,D}(R)$

C	D
C_1	d_1
C_2	d_2
C_3	d_3

$\Pi_{C,D}(R) \cup S$

C	D
c_1	d_1
c_2	d_2
c_3	d_3

（2）$\Pi_{C,D}(R) - S$

A	B
c_3	d_3

（3）$\sigma_{R.A=a_2}(R)$

A	B	C	D
a_2	b_2	c_1	d_1
a_2	b_2	c_2	d_2

（4）$R \underset{R.C=S.C \wedge R.D=S.D}{\bowtie} R$

$R \times S$

		R		S	
A	B	R.C	R.D	S.C	S.D
a_1	b_1	c_1	d_1	c_1	d_1
a_1	b_1	c_2	d_2	c_1	d_1
a_1	b_1	c_3	d_3	c_1	d_1
a_2	b_2	c_1	d_1	c_1	d_1
a_2	b_2	c_2	d_2	c_1	d_1
a_3	b_3	c_1	d_1	c_1	d_1
a_1	b_1	c_1	d_1	c_2	d_2
a_1	b_1	c_2	d_2	c_2	d_2
a_1	b_1	c_3	d_3	c_2	d_2
a_2	b_2	c_1	d_1	c_2	d_2
a_2	b_2	c_2	d_2	c_2	d_2
a_3	b_3	c_1	d_1	c_2	d_2

$R \underset{R.C=S.C \wedge R.D=S.D}{\bowtie} R$

A	B	R.C	R.D	S.C	S.D
a_1	b_1	c_1	d_1	c_1	d_1
a_1	b_1	c_2	d_2	c_2	d_2
a_2	b_2	c_1	d_1	c_1	d_1
a_2	b_2	c_2	d_2	c_2	d_2
a_3	b_3	c_1	d_1	c_1	d_1

(5) $R \div \sigma_{C=c_1}(S)$

A	B
a_1	b_1
a_2	b_2
a_3	b_3

(6) $(\Pi_{A,B}(R) \times S) - R$

$\Pi_{A,B}(R) \times S$

$\Pi_{A,B}(R)$　S

a_1	b_1	c_1	d_1
a_2	b_2	c_1	d_1
a_3	b_3	c_1	d_1
a_1	b_1	c_2	d_2
a_2	b_2	c_2	d_2
a_3	b_3	c_2	d_2

$(\Pi_{A,B}(R) \times S) - R$

A	B	C	D
a_3	b_3	c_2	d_2

2. 候选键：A,BC,BD 它们的值能唯一地标识一个元组,而其任何真子集无此性质为候选键。

超键：AB 因为 AB 含有主键 A 能唯一标识一个元组,且 AB 的组合可以唯一确定元组。

第 4 章

一、填空题

1. 代数优化,物理优化,代价估算优化

2. 磁盘

3. 用户手动处理,机器自动处理

二、选择题

1. A　　2. C　　3. D　　4. B

三、问答题

1. 查询优化一般可以分为代数优化、物理优化和代价估算优化。代数优化是指对关系代数表达式的优化；物理优化则是指存取路径和底层操作算法的优化；代价估算优化是对多个查询策略的优化选择。

2. 用关系代数查询表达式,通过等价变换的规则可以获得众多的等价表达式,那么,人们应当按照怎样的规则从中选取查询效率高的表达式从而完成查询的优化呢？这就需要讨论在众多等价的关系代数表达式中进行选取的一般规则。建立规则的基本出发点是如何合理地安排操作的顺序,以达到减少空间和时间开销的目的。

当前,一般系统都是选用基于规则的"启发式"查询优化方法,即代数优化方法。这种方法与具体关系系统的存储技术无关,其基本原理是研究如何对查询代数表达式进行适当的等价变换,即如何安排所涉及操作的先后执行顺序；其基本原则是尽量减少查询过程中的中间结果,从而以较少的时间和空间执行开销取得所需的查询结果。

在关系代数表达式当中,笛卡儿乘积运算及其特例连接运算作为二元运算,其自身操作的开销较大,同时很有可能产生大量的中间结果;而选择、投影作为一元运算,本身操作代价较少,同时可以从水平和垂直两个方向减少关系的大小。因此有必要在进行关系代数表达式的等价变换时,先做选择和投影运算,再做连接等二元运算;即便是在进行连接运算时,也应当先做"小"关系之间的连接,再做"大"关系之间的连接等。基于上述这些考虑,人们提出了如下几条基本操作规则,也称为启发式规则,用于对关系表达式进行转换,从而减少中间关系的大小:

(1) 选择优先操作规则:及早进行选择操作,减少中间关系。

(2) 投影优先操作规则:及早进行投影操作,避免重复扫描关系。

(3) 笛卡儿积"合并"规则:尽量避免单纯进行笛卡儿积操作。

四、实践题

1. 规则优化——一般步骤

(1) 把所有选择操作的合取条件分割成选择操作级联。

(2) Select 操作与其他操作交换,尽早执行选择操作。

(3) 用连接、笛卡儿积的交换律和结合律,按照小关系先做的原则,重新安排连接(笛卡儿积)的次序。

(4) 如果笛卡儿积后还需按连接条件进行选择操作,可以将两者组合成连接操作。

(5) 用关于级联投影以及其他运算的规则,分割并移动投影列表,尽量把投影向下推,并在必要时增加新的投影操作,以消除对查询无用的属性。

2. 查询优化树如下:

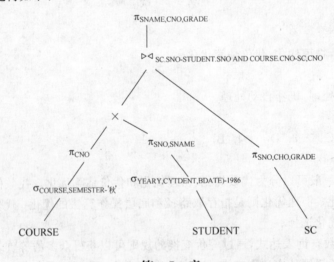

第 5 章

一、填空题

1. 关系代数,元组演算

2. 数据定义,数据操纵

3. 记录,集合

4. 物理空间

5. CREATE TABLE

6. ALTER TABLE

7. GROUP　BY

二、选择题

1. A　　2. B　　3. C　　4. D　　5. A　　6. A、B、C、D　　7. A、B　　8. A、B、C

9. C、E　　10. A、C、E

三、问答题

1. SQL 的核心主要有 4 个部分：

(1) 数据定义语言，即 SQL DDL，用于定义 SQL 模式、基本表、视图、索引等结构。

(2) 数据操纵语言，即 SQL DML。数据操纵分成数据查询和数据更新两类。其中数据更新又分成插入、删除和修改 3 种操作。

(3) 数据控制语言，即 SQL DCL，这一部分包括对基本表和视图的授权、完整性规则的描述、事务控制等内容。

(4) 嵌入式 SQL 语言的使用规定。这一部分内容涉及 SQL 语句嵌入在宿主语言程序中的规则。

2. 非关系数据模型的数据操纵语言是面向过程的语言，用其完成某项请求，必须指定存取路径(如：早期的 FoxPro)。而 SQL 语言是一种高度非过程化的语言，它没有必要一步步地告诉计算机"如何"去做，而只需要描述清楚用户要"做什么"，SQL 语言就可以将要求交给系统，自动完成全部工作。因此一条 SQL 语句可以完成过程语言多条语句的功能，这不但大大减轻了用户负担，而且有利于提高数据独立性。

3. SQL 语言支持关系数据库的三级模式结构，其中，视图对应于外模式，基本表对应于概念模式，存储文件对应于内模式。关系数据库系统支持三级模式结构，模式、外模式、内模式对应的基本对象分别是表、视图、索引。

4. 在关系数据库中，表(table)是用来存储数据的二维数组，它有行(rows)和列(columns)。列也称为表属性或字段，表中的每一列拥有唯一的名字，每一列包含具体的数据类型，这个数据类型由列中的数据类型定义。

字段在关系型数据库中也叫列，是表的一部分，它被赋予特定的数据类型，用来表示表中不同的项目。一个字段应根据将要输入到此列中的数据的类型来命名。各列可以确定为 NULL 或 NOT NULL，意思是如果某列是 NOT NULL，就必须要输入一些信息。如果某列被确定为 NULL，可以不输入任何信息。

每个数据库的表都必须包含至少一列，列是表中保存各类型数据的元素。例如在客户表中有效的列可以是客户的姓名。

行就是数据库表中的一个记录。例如，职工表中的一行数据可能包括特定职工的基本信息，如身份证号、姓名、所在部门、职业等。一行由表中包含数据的一条记录中的字段组成。一张表至少包含一行数据，甚至包含成千上万的数据行，也就是记录。

5. SQL 语言是面向集合的描述性语言，具有功能强、效率高、使用灵活、易于掌握等特点。但 SQL 语言是非过程性语言，本身没有过程性结构，大多数语句都是独立执行，与上下文无关，而绝大多数完整的应用都是过程性的，需要根据不同的条件来执行不同的任务，因此，单纯用 SQL 语言很难实现这样的应用。

为了解决这一问题，SQL 语言提供了两种不同的使用方式。一种是在终端交互式方式下使用,前面介绍的就是作为独立语言由用户在交互环境下使用的 SQL 语言,称为交互式 SQL(interactive SQL,ISQL)。另一种是嵌入在用高级语言(C,C++,PASCAL 等)编写的程序中使用,称为嵌入式 SQL(embedded SQL,ESQL),而接受 SQL 嵌入的高级语言则称为宿主语言。

6. 在嵌入式 SQL 中,SQL 语句须在编写应用程序时明确指明,这在有些场合不够方便。例如,在一个分析、统计学生情况的应用程序中,须嵌入查询有关学生记录的 SQL 语句。这种语句常常不能事先确定,而需由用户根据分析、统计的要求在程序运行时指定。因此,在嵌入式 SQL 中,提供动态构造 SQL 语句的功能,是有实际需要的。

一般而言,在预编译时如果出现下列信息不能确定的情况,就应该考虑使用动态 SQL 技术:

(1) SQL 语句正文难以确定。

(2) 主变量个数难以确定。

(3) 主变量数据类型难以确定。

(4) SQL 引用的数据库对象(如属性列、索引、基本表和视图等)难以确定。

目前,SQL 标准和大部分关系 DBMS 中都增加了动态 SQL 功能,并分为直接执行、带动态参数和查询类 3 种类型。

7. 有 3 类特殊用户管理和控制 SQL Server,它们分别是:系统管理员(SA)、数据库拥有者(DBO)和数据对象拥有者(DBOO)。

系统管理员是独立于任何特殊应用的管理和操作函数的响应者,而且它对 SQL Server 和其他所有应用具有全局观察能力。

数据库拥有者是创建数据库的用户,每个数据库只有一个拥有者,其在数据库内具有全部特权,且决定提供给其他用户的访问和功能。

数据库对象拥有者是创建数据库对象(表、索引、视图、默认值、触发器、规则和过程)的用户,每个数据库对象只有一个拥有者,数据库对象自动地获得该数据库对象的所有权限。数据库对象的拥有者可以向其他使用该对象的用户分配权限。

8. 存储过程是存放在服务器上的预先编译好的 SQL 语句。存储过程在第一次执行时进行语法检查和编译。编译好的版本存储在过程高速缓存中用于后续调用,这样使得执行更迅速、更高效。存储过程由应用程序激活,而不是由 SQL Server 自动执行。存储过程可用于安全机制,用户可以被授权执行存储过程。在执行重复任务时存储过程可以提高性能和一致性,若要改变业务规则或策略,只需改变存储过程即可。存储过程可以带有和返回用户提供的参数。

四、实践题

1. create table 学生

```
(学号   char(10),
  姓名   char(8),
 出生年月   datetime,
 性别   char(2),
 籍贯 varchar(20),
 身高 decimal(5,2),
班级号   char(7),
```

```
primary key(学号),
foreign key(班级号) references 班级(班级号));
```

为教务员创建视图：

```
create view 成绩单
as select 学号,姓名,课程名,成绩,班级名
from 学生,选课,课程,班级
    where 学生.学号 = 选课.学号
        and  课程.课程号 = 选课.课程号
        and  学生.班级号 = 班级.班级号
```

2. 假定关系模式为学生：Student(SNO,SNAME)，课程：COURSE(CNO,CNAME, CREDIT)，选课：SC(SNO,CNO,GRADE)。其中 SNO 为学号，SNAME 为学生姓名，CNO 为课程号，CREDIT 为课程学分，GRADE 为修读成绩。则：

(1) select cno, count(*), max(grade), min(grade), avg(grade)

```
from sc
group by cno;
```

(2) select sname,sno from student

```
where sno in (select sno from sc group
by sno having min(grade)> = 80)
and sno not in (select sno from
sc where grade is null)
order by sno
```

(3) select sname, sc. cno, ccredit

```
from student, course, sc
where student. sno = sc. sno
    and course. cno = sc. cno
    and grade is null;
```

第 6 章

一、填空题

1. 数据冗余

2. 1NF

3. 第一范式

4. 模式分解

二、选择题

1. B　　2. A　　3. B　　4. B　　5. A　　6. B　　7. C　　8. D　　9. A

10. A、B、C　　11. C、D、E　　12. A、B、C、D　　13. A、E　　14. A、B、C

三、问答题

1. 一个关系可以有一个或者多个候选键,其中一个可以选为主键。主键的值唯一确定其他属性的值,它是各个元组型和区别的标识,也是一个元组存在的标识。这些候选键的值

不能重复出现,也不能全部或者部分设为空值。本来这些候选键都可以作为独立的关系存在,在实际上却是不得不依附其他关系而存在。这就是关系结构带来的限制,它不能正确反映现实世界的真实情况。如果在构造关系模式的时候,不从语义上研究和考虑到属性间的这种关联,简单地将有关系和无关系的、关系密切的和关系松散的、具有此种关联的和有彼种关联的属性随意编排在一起,就必然发生某种冲突,引起某些"排他"现象出现,即冗余度水平较高,更新产生异常。

2. 如果一个关系模式 R 不属于 2NF,就会产生以下问题:

(1) 插入异常。

假如要插入一个学生 Sno='111841064'、Sdept='cs'、Sloc='181-326',该元组不能插入。因为该学生无 Cno,而插入元组时必须给定候选键值。

(2) 删除异常。

假如某个学生只选一门课,如: 11841064 学生只选了一门 6 号课,现在他不选了,希望改选其他课程。而 Cno 是主属性,删除了 5 号课,整个元组都必须删除,从而造成删除异常,即不应该删除的信息也删除了。

(3) 修改复杂。

如某个学生从计算机系(cs)转到数学系(ma),这本来只需修改此学生元组中的 Sdept 分量。但由于关系模式 SLC 中还含有系的住处 Sloc 属性,学生转系将同时改变住处,因而还必须修改元组中的 Sloc 分量。另外,如果这个学生选修了 n 门课,Sdept、Sloc 重复存储了 n 次,不仅存储冗余度大,而且必须无遗漏地修改 n 个元组中全部 Sdept、Sloc 信息,造成修改的复杂化。

3. 一个关系仅满足第一范式还是不够的,为了降低冗余度和减少异常性操作,它还应当满足第二范式。其基本方法是将一个不满足第二范式的关系模式进行分解,使得分解后的关系模式满足第二范式。

采用投影分解法将一个 1NF 的关系分解为多个 2NF 的关系,可以在一定程度上减轻原 1NF 关系中存在的插入异常、删除异常、数据冗余度大、修改复杂等问题。

4. (1) 所有非主属性对于每一个键都是完全函数依赖的;这是因为如果某个非主属性 Y 函数依赖于一个键的真子集,则该真子集就不是超键。由此可知,任一非主属性不会部分函数依赖。由于决定因素都是超键,当 XY 且 YZ 时 X 和 Y 都应当是超键,所以等价,自然不会有 Y 不函数依赖于 X 成立,所以任意属性(包括非主属性)都不可能出现传递依赖。

(2) 所有主属性对于每一个不含有它的键也是完全函数依赖的,理由同上。

(3) 任何属性都不会完全依赖于非键的任何一组属性。

5. 规范化的基本思想就是逐步消除数据依赖中不合适的部分,使模式中的各关系模式达到某种程序的"分离",即"一事一地"的模式设计原则。让一个关系描述一个概念、一个实体或者实体间的一种联系。若多于一个概念就把它"分离"出去。因此所谓规范化实质上是概念的单一化。

四、实践题

1.

方法一：(1) X→YZ （给定）

(2) X→Y，X→Z （分解规则）

(3) Z→CW （给定）

(4) X→CW （2,3,A3 传递律）

(5) X→CWYZ （4,2,合并规则）

方法二：

(1) Z→CW （给定）

(2) YZZ→CWYZ （1,A2 扩展律）

(3) YZ→CWYZ （2）

(4) X→YZ （给定）

(5) X→CWYZ （2,4,A3 传递律）

2. (1) 2NF。因为关系的候选码是材料号，候选码为单属性，该关系一定是 2NF。又因材料号→材料名，材料名→材料号，材料名→生产厂，所以存在非主属性"生产厂"对候选码：材料号的传递依赖，因此 R 为 3NF。

(2) 存在。当删除材料号时会删除不该删除的"生产厂"信息

(3)

R1

材料号	材料名
M1	线材
M2	型材
M3	板材
M4	型材

R2

材料名	生产厂
线材	武汉
型材	武汉
板材	广东

第 7 章

一、填空题

1. 数据库的滥用,恶意滥用,无意滥用

2. 数据库保护

3. 计算机外部环境保护,计算机内部环境保护

4. 正确性,有效性,相容性

5. 实体完整性规则,参照完整性规则,用户定义完整性规则

二、选择题

1. A　2. B　3. A、B、C、D　4. A、B、C、D

三、问答题

1. 安全性是指保护数据库,防止不合法的用户非法使用数据库所造成的数据泄露,或恶意的更改和破坏,以及非法存取。

完整性是指防止合法用户的误操作、考虑不周全造成的数据库中的数据不合语义、错误

数据的输入输出所造成的无效操作和错误结果。

　　数据库安全性是保护数据库以防止非法用户恶意造成的破坏,数据库完整性则是保护数据库以防止合法用户无意中造成的破坏。也就是说,安全性是确保用户被限制在其想做的事情范围之内,完整性则是确保用户所做的事情是正确的;安全性措施的防范对象是非法用户的进入和合法用户的非法操作,完整性措施的防范对象是不合语义的数据进入数据库。

　　2.

　　(1) 用户身份标识与鉴别。其方法是每个用户在系统中必须有一个标志自己身份的标识符,用以和其他用户相区别。当用户进入系统时,由系统将用户提供的身份标识与系统内部记录的合法用户标识进行核对,通过鉴别后方提供数据库的使用权。

　　(2) 存取控制。在数据库系统中,为了保证用户只能存取有权存取的数据,系统要求对每个用户定义存取权限。存取权限包括两个方面的内容:一方面是要存取的数据对象;另一方面是对此数据对象进行哪些类型的操作。在数据库系统中对存取权限的定义称为"授权",这些授权定义经过编译后存放在数据库中。对于获得使用权又进一步发出存取数据库操作用户,系统就根据事先定义好的存取权限进行合法权检查,若用户的操作超过了定义的权限,系统拒绝执行此操作,这就是存取控制。

　　(3) 审计。审计追踪使用的是一个专用文件,系统自动将用户对数据库的所有操作记录在上面,对审计追踪的信息做出分析供参考,就能重现导致数据库现有状况的一系列活动,以找出非法存取数据者,同时在一旦发生非法访问后即能提供初始记录供进一步处理。

　　(4) 数据加密。它的基本思想是:根据一定的算法将原始数据变换为不可直接识别的格式,不知道解密算法的人无法获知数据的内容。

　　3. 在数据库安全性问题中,一般用户使用数据库时,需要对其使用范围设定必要限制,即每个用户只能访问数据库中的一部分数据。这种必须的限制可以通过使用视图实现。具体来说,就是根据不同的用户定义不同的视图,通过视图机制将具体用户需要访问的数据加以确定,而将要保密的数据对无权存取这些数据的用户隐藏起来,使得用户只能在视图定义的范围内访问数据,不能随意访问视图定义外的数据,从而自动地对数据提供相应的安全保护。

　　4. SQL 提供 6 种操作权限:

　　(1) SELECT 权:即查询权。

　　(2) INSERT 权:即插入权。

　　(3) DELETE 权:即删除权。

　　(4) UPDATE 权:即修改权。

　　(5) REFERENCE 权:即定义新表时允许使用其他表的属性集作为其外键。

　　(6) USAGE 权:即允许用户使用已定义的属性。

　　5. 完整性约束条件涉及 3 类作用对象,即属性级、元组级和关系级,这 3 类对象的状态可以是静态的,也可以是动态的。结合这两种状态,一般将这些约束条件分为下面 6 种类型:

　　(1) 静态属性级约束,即对属性值域的说明,即对数据类型、数据格式和取值范围的约束。

(2) 静态元组级约束,即对元组中各个属性值之间关系的约束。

(3) 静态关系级约束,即一个关系中各个元组之间或者若干个关系之间常常存在的各种联系的约束。

(4) 动态属性级约束,即修改定义或属性值时应满足的约束条件。

(5) 动态元组级约束,即修改某个元组的值时要参照该元组的原有值,并且新值和原有值之间应当满足某种约束条件。

(6) 动态关系级约束,即加在关系变化前后状态上的限制条件。

6. DBMS 的完整性保护机制有下述 3 种功能:

(1) 定义功能。提供定义完整性约束条件的机制,确定违反了什么样的条件就需要使用规则进行检查。

(2) 检查功能。检查用户发出的操作请求是否违背了完整性约束条件,即怎样检查出现的错误。

(3) 处理功能。如果发现用户的操作请求与完整性约束条件不符合,则采取一定的动作来保证数据的完整性,即应当如何处理检查出来的问题。

四、实践题

1. 学生: 查看成绩、选择课程、录入基本信息

老师: 批准选课、录入成绩

教务员: 修改课程学分、修改学生信息

2. 可以采用统计方法进行攻击。例如想知道某个人的工资,但数据库每次只能返回 N 个人以上的统计信息,那么可以先获得 N+1 个人(包含攻击目标)的工资统计信息,然后再获得 N 个人(包括攻击目标)的统计信息,这样就可以通过减法获得攻击目标的工资信息。

要防止这种攻击,我们可以采用对统计信息加入随机化的方法进行抵御。

第 8 章

一、填空题

1. 事务开始,事务读写,事务提交,事务回滚

2. 并发执行

3. 丢失修改,读"脏"数据,不可重复读

4. 排他锁,共享锁

5. 静态转储,动态转储,海量转储,增量转储

二、选择题

1. B   2. D   3. A、D

三、问答题

1. 事务是用户定义的一个操作序列,这些操作要么全做要么全不做,是一个不可分割的工作单位,是数据库环境中的逻辑工作单位。

事务具有 ACID 4 个特性:

(1) 原子性。事务是数据库的逻辑工作单位,事务中包括的诸操作要么都做,要么都不做。事务的原子性质是对事务最基本的要求。

(2) 一致性。事务执行的结果必须是使数据库从一个一致性状态变到另一个一致性

状态。

(3) 隔离性。一个事务的执行不能被其他事务干扰。即一个事务内部的操作及使用的数据对其他并发事务是隔离的,并发执行的各个事务之间不能互相干扰。事务的隔离性是事务并发控制技术的基础。

(4) 持续性。持续性也称永久性,指一个事务一旦提交,它对数据库中数据的改变就应该是永久性的。

2. 在事务执行过程中,如果 DBMS 同时接纳多个事务,使得事务在时间上可以重叠执行,这种执行方式称为事务的并发操作或者并发访问。

并发操作又可分为两种类型:

(1) 在单 CPU 系统中,同一时间只能有一个事务占用 CPU,实际情形是各个并发执行的事务交叉使用 CPU,这种并发方式称为交叉或分时并发。

(2) 在多 CPU 系统中,多个并发执行的事务可以同时占用系统中的 CPU,这种方式称为同时并发。

3. 活锁是指在封锁过程中,系统可能使某个事务永远处于等待状态,得不到封锁机会。

死锁是指若干个事务都处于等待状态,相互等待对方解除封锁,结果造成这些事务都无法进行,系统进入对锁的循环等待。

(1) 活锁的解除。

解决活锁问题的最有效办法是采用"先来先执行"、"先到先服务"的控制策略,也就是采取简单的排队方式。当多个事务请求封锁同一数据对象时,封锁子系统按照先后次序对这些事务请求排队;该数据对象上的锁一旦释放,首先批准申请队列中的第一个事务获得锁。

(2) 死锁的解除。

解决死锁的办法目前有多种,常用的有预防法和死锁解除法。

① 预防法:即预先采用一定的操作模式以避免死锁的出现,主要有以下两种途径。

顺序申请法:即将封锁的对象按顺序编号,事务在申请封锁时按顺序编号(从小到大或者反之)申请,这样就可避免死锁发生。

一次申请法:事务在执行开始时将它需要的所有锁一次申请完成,并在操作完成后一次性归还所有的锁。

② 死锁解除法:死锁解除方法允许产生死锁,在死锁产生后通过一定手段予以解除。此时有两种方法可供选用。

定时法:对每个锁设置一个时限,当事务等待此锁超过时限后即认为已经产生死锁,此时调用解锁程序,以解除死锁。

死锁检测法:在系统内设置一个死锁检测程序,该程序定时启动检查系统中是否产生死锁,一旦发现死锁,即刻调用程序以解除死锁。

4. 数据库故障有:

(1) 事务级故障。

事务级故障也称为小型故障,其基本特征是故障产生的影响范围在一个事务之内。

事务故障为事务内部执行所产生的逻辑错误与系统错误,它由诸如数据输入错误、数据溢出、资源不足(以上属逻辑错误)以及死锁、事务执行失败(以上属系统错误)等引起,使得事务尚未运行到终点即告夭折。事务故障影响范围在事务之内,属于小型故障。

（2）系统故障。

系统故障是指造成系统停止运转的任何事件，使得系统要重新启动，通常称为软故障。

（3）介质故障。

也称为硬故障，指的是外存故障。

（4）计算机病毒。

计算机病毒是具有破坏性、可以自我复制的计算机程序。计算机病毒已成为计算机系统的主要威胁，自然也是数据库系统的主要威胁。因此数据库一旦被破坏仍要用恢复技术把数据库加以恢复。

（5）黑客入侵。

黑客入侵可以造成主机、内存及磁盘数据的严重破坏。

5. 数据库恢复就是将数据库从被破坏、不正确和不一致的故障状态，恢复到最近一个正确的和一致的状态。数据库恢复的基本原理是建立"冗余"数据，对数据进行某种意义之下的重复存储。换句话说，确定数据库是否可以恢复的依据就是其包含的每一条信息是否都可以利用冗余的、存储在其他地方的信息进行重构。其基本方法有：

（1）实行数据转储：定时对数据库进行备份，其作用是为恢复提供数据基础。

（2）建立日志文件：记录事务对数据库的更新操作，其作用是将数据库尽量恢复到最近状态。

四、实践题

1. 串行调度：如果事务是按顺序执行，一个事务完全结束后，另一个事务接着才开始，则称这种调度方式为串行调度。

可串行化调度：如果一个调度与一个串行调度等价，则称此调度是可串行化调度。

例如，调度等价——两个调度 S1 和 S2，在数据库的任何初始状态下，所有读出的数据都是一样的，留给数据库的最终状态也是一样的。

对事务集(T_1,T_2,T_3)的一个调度

$$S = R_2(x)W_3(x)R_1(y)W_2(y)$$
$$S \rightarrow R_2(x)R_1(y)W_3(x)W_2(y)$$
$$R_1(y)R_2(x)W_2(y)W_3(x) = S'$$

S'是串行调度，S 是可串行化调度。

区别：可串行化调度交叉执行各事务的操作，但在效果上相当于事务的串行执行；而串行调度完全是串行执行各事务，失去并发的意义，不能充分利用系统的资源。

2. （1）一般的两段封锁：T1 对 R1 加锁，T2 对 R2 加锁。此时 T1 再申请对 R2 加锁时将进入等待状态，T2 又再申请对 R1 加锁，也同样进入等待状态。最后，系统进入死锁状态。

T1	T2
⋮	⋮
x-lock(R1)	⋮
⋮	x-lock(R2)
申请 x-lock(R2)	⋮
wait	申请 x-lock(R1)
wait	wait

（2）具有 wait-die 策略的两段封锁：

T1 对 R1 加锁，T2 对 R2 加锁。此时 T1 再申请对 R2 加锁，较年轻的 T2 占有 R2，则根据 wait-die 策略，年老的 T1 等待。然后年轻的 T2 申请 R1 锁，年老的 T1 占有 R1，则又根据 wait-die 策略，年轻的 T2 卷回，释放 R2，并重新启动。T1 得到 R1 和 R2，顺利执行，最后释放 R1 和 R2 供 T2 执行。

T1	T2
⋮	⋮
x-lock(R1)	⋮
⋮	x-lock(R2)
申请 x-lock(R2)	⋮
wait	申请 x-lock(R1)
wait	rollb ack
wait	unlock(R2)
x-lock(R2)	restart
⋮	⋮
⋮	申请 x-lock(R2)
⋮	rollb ack
⋮	restart
⋮	⋮
unlock(R1)	⋮
unlock(R2)	⋮
⋮	x-lock(R2)
⋮	x-lock(R1)
⋮	⋮
⋮	unlock(R1)
⋮	unlock(R2)
⋮	⋮

（3）T1 对 R1 加锁，T2 对 R2 加锁。此时年老的 T1 再申请对 R2 加锁，较年轻的 T2 持有 R2 锁，则根据 wound-wait 策略，T1 抢占 T2 的资源 R2，使 T2 卷回，释放资源 R2，并重新启动。年老的 T1 获得资源 R2，对 R2 加锁，继续执行，直至事务结束，并释放资源 R1 和 R2。在 T1 执行期间，年轻的 T2 申请 R2 锁，年老的 T1 拥有 R2，则又根据 wound-wait 策略，T2 等待，直到 T1 执行完释放资源 R1 和 R2 后，T2 才能申请到 R2 和 R1 而顺利执行。

T1	T2
⋮	⋮
x-lock(R1)	⋮
⋮	x-lock(R2)
申请 x-lock(R2)	⋮
⋮	rollb ack
⋮	unlock(R2)

续表

T1	T2
x-lock(R2)	restart
⋮	⋮
⋮	申请 x-lock(R2)
⋮	wait
unlock(R1)	wait
unlock(R2)	wait
⋮	x-lock(R2)
⋮	x-lock(R1)
⋮	⋮
⋮	unlock(R1)
⋮	unlock(R2)

(4) (a) T1(R1)→T2(R2)→T1(R1)→T2(R1)   死锁

   (b) T1(R1)→T1(R2)→T2(R2)→T2(R1)

   (c) T1(R1)→T1(R2)→T2(R2)→T2(R1)

第 9 章

一、填空题

1. 需求分析,概念设计,逻辑设计,物理设计

2. 数据,处理

3. 数据元素,数据类

二、选择题

1. A   2. B   3. C   4. A   5. A   6. A、B、D、E   7. C、D、E

8. A、C、D、E

三、问答题

1. 数据库设计的基本任务是根据用户的信息需求、处理需求和数据库的支持环境(包括硬件、操作系统、系统软件与 DBMS)设计出相应的数据模式。

(1) 信息需求:主要是指用户对象的数据及其结构,它反映数据库的静态要求。

(2) 处理需求:主要是指用户对象的数据处理过程和方式,它反映数据库的动态要求。

(3) 数据模式:是以上述两者为基础,在一定平台(支持环境)制约之下进行设计得到的最终产物。

2. 数据库设计的内容包括数据库的结构设计和数据库的行为设计。

(1) 数据库的结构设计是根据给定的应用环境,进行数据库的模式或子模式的设计。由于数据库模式是各应用程序共享的结构,因此数据库结构设计一般是不变化的,所以结构设计也称静态模型设计。数据库结构设计主要包括:概念设计、逻辑设计和物理设计。

(2) 数据库的行为设计用于确定数据库用户的行为和动作,即用户对数据库的操作。数据库的行为设计就是应用程序设计。

3. 人们把数据库应用系统从开始规划、设计、实现、维护到最后被新的系统取代而停止使用的整个过程,称为数据库系统的生命周期(life cycle),它的要点是将数据库应用系统的开发分解成若干目标独立的阶段:

(1) 需求分析阶段。需求分析阶段主要是通过收集和分析,得到用数据字典描述的数据需求和用数据流图描述的处理需求。其目的是准确了解与分析用户需求(包括数据与处理),是整个设计过程的基础,是最困难、最耗费时间的一步。

(2) 概念设计阶段。概念设计阶段主要是对需求进行综合、归纳与抽象,形成一个独立于具体 DBMS 的概念模型(用 E-R 图表示)。概念设计是整个数据库设计的关键。

(3) 逻辑设计阶段。逻辑设计阶段主要是将概念结构转换为某个 DBMS 所支持的数据模型(例如关系模型),并对其进行优化。

(4) 物理设计阶段。物理设计阶段主要是为逻辑数据模型选取一个最适合应用环境的物理结构(包括存储结构和存取方法)。

(5) 数据库实施阶段(编码、测试阶段)。数据库实施阶段主要是运用 DBMS 提供的数据语言(例如 SQL)及其宿主语言(例如 C),根据逻辑设计和物理设计的结果建立数据库,编制与调试应用程序,组织数据入库,并进行测试。

(6) 运行维护阶段。数据库应用系统经过测试成功后即可投入正式运行。在数据库系统运行过程中必须不断地对其进行评价、调整与修改。

4. 数据需求分析说明书大致包括以下内容:

(1) 需求调查原始资料。

(2) 数据边界、环境及数据内部关系。

(3) 数据数量分析。

(4) 数据字典。

(5) 数据性能分析。

四、实践题

1. 需求分析

◆ 系统概述

• 系统背景

◇ 21 世纪是网络的世纪,随着教学网络化的进步,不少学生已经可以通过网上课堂进行学习。为了配合网上教学,需要功能完善的在线考试系统。

• 系统描述

◇ 系统全名:在线考试系统。

◇ 系统意义:通过此平台,在平常的教学体验中使用在线考试系统,实现试题出题的自动化,改卷自动化等,也能有效地节约教学资源,减少教师的工作量。

◇ 范围:面向全国,系统具有良好的扩展性,对于各省市不同的考试方式,能提供有效的解决方案。

◇ 支持对象:各中小学,高校的师生。

◆ 初始需求

• 用户注册

- ◇ 用户包括学生,教师和管理员。
- ◇ 用户类型支持扩展。
  - 学生信息管理
    - ◇ 增删学生用户
    - ◇ 修改学生用户基本信息
    - ◇ 查询学生用户
  - 教师信息管理
    - ◇ 增删教师用户
    - ◇ 修改教师用户基本信息
    - ◇ 查询教师用户
  - 试题信息管理
    - ◇ 查询试题
    - ◇ 修改试题状态
  - 科目信息维护
    - ◇ 增删科目信息
  - 考试结果管理
    - ◇ 查询考试结果
    - ◇ 删除考试结果
  - 管理员信息维护
    - ◇ 修改密码
  - 考试功能
    - ◇ 考试并提交试卷
    - ◇ 自动评卷
    - ◇ 考试答案
- ◆ 对象分析
  - 用户
    - ◇ 学生
    - ◇ 教师
    - ◇ 管理员
  - 试题
  - 成绩
  - 科目
- ◆ 需求细化与补充
  - 用户注册前显示相关条款
  - 学生和教师都有共同的基本信息
    - ◇ 用户名、真实姓名
  - 学生,教师和管理员需要不同信息和处理,并支持扩展
    - ◇ 学生只能参加考试和修改自己的个人信息
    - ◇ 教师可以管理考试,科目和修改自己的个人信息

◇ 管理员可以管理学生,教师,考试,考试结果,科目试题等信息
- ◆ 对象细化
  - 用户
    - ◇ 学生:用户名,密码,真实姓名,性别,状态,科目分数
    - ◇ 教师:用户名,密码,考试科目,真实姓名,性别
    - ◇ 管理员:用户名,密码
  - 试题:试题 ID,内容,答案 1,答案 2,答案 3,答案 4,正确答案,所属科目 ID,分数
  - 成绩:成绩 ID,所属学生 ID,所属学生 ID,分数,状态
  - 科目:科目 ID,科目名称,是否考试
- ◆ 性能需求
  - 压力要求
    - ◇ 在标准服务器中能支持普通用户 100 线程并发访问以上
  - 响应要求
    - ◇ 在普通可接受的时间内响应
  - 安全性要求
    - ◇ 所有信息录入前先进行约束检查
    - ◇ 能够追踪到所有信息的发布者,包括管理员在内
    - ◇ 能够跟踪到信息的审批者
    - ◇ 防止越权操作
    - ◇ 增删可信度需要每天只能一次系统建模
- ◆ 用例分析

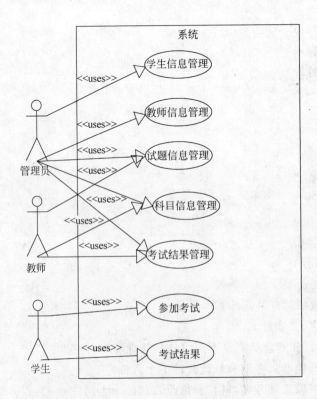

◆ 时序图

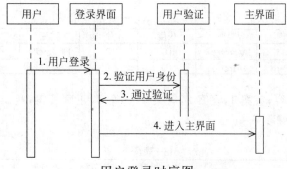

用户登录时序图

数据库分析与设计

◆ E-R 模型

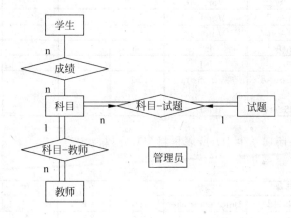

◆ 数据库初步设计

学生(用户名,密码,真实姓名,性别,状态,当前科目)

student 表设计

字段	类型	长度	主/外键	约束	说明
stuId	Varchar	15	P	NOT NULL	用户名
stuPwd	Varchar	10		NOT NULL	密码
stuName	Varchar	10		NOT NULL	真实姓名
stuSex	Int	4			性别
stuStutas	Int	4			状态
stuCurrentCourse	Char	20			当前科目

教师(用户名,密码,真实姓名,负责科目)

teacher 表设计

字段	类型	长度	主/外键	约束	说明
teacherId	Varchar	15	P	NOT NULL	用户名
teacherPwd	Varchar	10		NOT NULL	密码
teacherName	Varchar	10			真实姓名
courseID	Varchar	20	F		负责科目

管理员(用户名,密码)

administrator表设计

字段	类型	长度	主/外键	约束	说明
adminId	Varchar	10	P	NOT NULL	用户名
adminPwd	Varchar	10		NOT NULL	密码

试题(试题 ID,内容,答案 1,答案 2,答案 3,答案 4,正确答案,所属科目 ID,是否发布,分数)

test 表设计

字段	类型	长度	主/外键	约束	说明
testId	Uniqueidentifier	16	P	NOT NULL	试题 ID
testContent	nvarchar	100			内容
testAns1	Varchar	50			答案 1
testAns2	Varchar	50			答案 2
testAns3	Varchar	50			答案 3
testAns4	Varchar	50			答案 4
rightAns	Int	4			正确答案
Pub	Int	4			是否发布
testCourse	Varchar	20	F		所属科目 ID
testScore	Int	4			分数

成绩(成绩 ID,所属学生 ID,所属科目 ID,分数,状态)

score 表设计

字段	类型	长度	主/外键	约束	说明
scoreId	Uniqueidentifier	16	P	NOT NULL	成绩 ID
stuId	Varchar	15	F		所属学生 ID
courseID	Varchar	20	F		所属科目 ID
score	Int	4			分数
courseStatus	Int	4			状态

科目(科目 ID,科目名称,是否考试)

course 表设计

字段	类型	长度	主/外键	约束	说明
courseId	Varchar	20	P	NOT NULL	科目 ID
courseName	Varchar	20			科目名称
isTest	Bit	1			是否考试

◆ 数据库涉及的操作概述
　　◇ 对管理员,学生,教师,科目,成绩,试题进行插入,更新,删除
　　◇ 通过各种条件查找管理员,学生,教师,科目,成绩,试题的各种信息
◆ 数据库进阶设计
　　考虑到性能需求,删去某些冗余列,并加入外键约束,得到以下图:

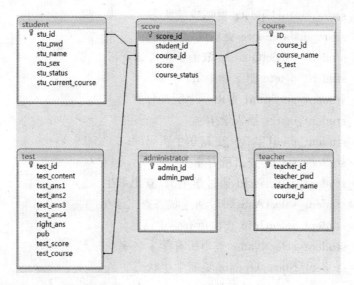

- 特别约束
  - ◇ 学号只能够用数字组成
  - ◇ 考试成绩 100 分制
  - ◇ score 里的 courseStutas 字段为成绩是否通过考试获得的成绩
- 统一约束
  - ◇ ID 限制于 15 字符之内
- 特别约定
  - ◇ 是否考试：值 1 表示考试，值 0 表示不考试
- 存储过程

  使用存储过程能提高数据库访问效率，加快运行速度，大大增加安全性。
  - ◇ sp_admin_insert 插入管理员
  - ◇ sp_admin_update 更新管理员
  - ◇ sp_administrator_select 找出管理员
  - ◇ sp_course_delete 删除科目
  - ◇ sp_course_ifExist 找出科目状态
  - ◇ sp_course_insert 插入科目
  - ◇ sp_course_isTest_select 找出科目是否考试
  - ◇ sp_course_selectCourseId AsCourseName 通过科目名称查出科目 ID
  - ◇ sp_course_selectCourse NameAsCourseId 通过科目 ID 查出科目名称
  - ◇ sp_course_selectCourses 通过组合条件查出科目
  - ◇ sp_course_update 更新科目信息
  - ◇ sp_score_courseStatus_insert 插入科目状态
  - ◇ sp_score_courseStatus_select 通过组合条件查出科目状态
  - ◇ sp_score_delete 通过组合条件查出
  - ◇ sp_score_select 删除成绩
  - ◇ sp_score_selectASstuIdAndCourseId 通过学生 ID 和科目 ID 查出成绩

◇ sp_score_statusUpdate 更新成绩状态

◇ sp_score_updateScore 更新成绩

◇ sp_student_cancelQualify 取消学生考试资格

◇ sp_student_delete 删除学生 ID

◇ sp_student_getCount 查出学生所有分数

◇ sp_student_insert 插入学生

◇ sp_student_pwdUpdate 更新学生密码

◇ sp_student_select 查出所有学生

◇ sp_student_selectAsId 通过学生 ID 查出学生

◇ sp_student_selectAsStatus 通过状态查出学生

◇ sp_student_selectInfo 查出所有学生信息

◇ sp_student_selectName 查出所有学生名字

◇ sp_student_StatusUpdate 更新学生状态

◇ sp_student_update 更新学生

◇ sp_student_updateQualify 更新学生考试资格

◇ sp_teacher_delete 删除教师

◇ sp_teacher_insert 插入教师

◇ sp_teacher_select 查出所有教师

◇ sp_teacher_selectAllInfo 查出所有信息

◇ sp_teacher_selectAsCourseId 通过科目 ID 查出所有教师

◇ sp_teacher_selectCourseId 查出教师信息

◇ sp_teacher_selcctInfo 查出教师名字

◇ sp_teacher_update 更新教师

◇ sp_teacher_updateInfo 更新教师信息

◇ sp_test_create 创建试题

◇ sp_test_delete 删除试题

◇ sp_test_insert 插入试题

◇ sp_test_rightAnsselectAsId 通过试题 ID 查出正确答案

◇ sp_test_select 查出所有试题

◇ sp_test_select_questionAndAns 通过答案和问题查出试题

◇ sp_test_selectAsCourse 通过分数查出试题

◇ sp_test_selectAsId 通过 ID 查出试题

◇ sp_test_update 更新试题

◆ 站点地图

◇ login.aspx：登录页面

◇ about.html：关于本系统页面

◇ admin.aspx：管理员个人信息管理页面

◇ adminInfo.aspx：管理员管理页面

◇ courseView.aspx：科目信息管理页面

　　◇ createTest.aspx：考试页面
　　◇ result.aspx：考试结果页面
　　◇ scoreanalyze.aspx：成绩分析页面
　　◇ scoreanalyze.htm：成绩分析页面
　　◇ seeResult.aspx：考试答案页面
　　◇ showTest.aspx：试题信息维护页面
　　◇ studentAdd.aspx：添加学生记录页面
　　◇ studentDel.aspx：删除学生记录页面
　　◇ studentUpdate.aspx：修改学生记录页面
　　◇ stuInfoView.asp：学生信息管理页面
　　◇ teacher.aspx：修改教师个人信息页面
　　◇ teacherDel.aspx：删除教师信息页面
　　◇ teacherInfo.aspx：教师管理页面
　　◇ teacherInfoDetail.aspx：教师信息页面
　　◇ teacherInfoView.aspx：教师信息管理页面
　　◇ teacherManage.aspx：试题信息管理页面
　　◇ testAdd.aspx：管理员添加试题页面
　　◇ testAddByTeacher.aspx：教师添加试题页面
　　◇ testResult.aspx：考试结果管理页面
　　◇ testUpdate.aspx：管理员更改试题页面
　　◇ testUpdateByTeacher.aspx：教师更改试题页面
　　◇ userInfo.aspx：学生考试管理页面

2. 对于上题的数据库,维护可以考虑的是：

(1) 定期删除过时的学生信息；

(2) 更新学生和老师信息；

(3) 更新试题。

重构可以考虑：

(1) 对于不适应的数据类型进行转换；

(2) 把数据移入另一个系统中；

(3) 规范化或逆规范化数据模式。

第 10 章

答案　略。

第 11 章

一、填空题

1. Java Data Base Connectivity, Java 程序连接,存取数据库

2. Java 程序,JDBC 管理器,驱动程序

3. 管理器,驱动程序

二、问答题

1. 简单地说,JDBC 的主要任务包括:

(1) 同一个数据库建立连接。

(2) 向数据库发送 SQL 语句。

(3) 处理数据库返回的结果。

2. JDBC 驱动程序可细分为四种类型,不同类型的 JDBC 驱动程序有着不一样的特性和使用方法。

(1) 类型 1:JDBC-ODBC Bridge。这类驱动程序的特色是必须在我们的计算机上事先安装好 ODBC 驱动程序,然后通过 JDBC-ODBC Bridge 的转换,把 Java 程序中使用的 JDBC API 转换成 ODBC API,进而通过 ODBC 来存取数据库。

(2) 类型 2:JDBC-Native API Bridge。如同类型 1,这类驱动程序也必须在我们的计算机上先安装好特定的驱动程序(类似 ODBC),然后通过 JDBC-Native API Bridge 的转换,把 Java 程序中使用的 JDBC API 转换成 Native API,进而存取数据库。

(3) 类型 3:JDBC-Middleware。使用这类驱动程序时不需要在我们的计算机上安装任何附加软件,但是必须在安装数据库管理系统的服务器端加装中介软件(Middleware),这个中介软件会负责所有存取数据库时必要的转换。

(4) 类型 4:Pure JDBC Driver。使用这类驱动程序时无需安装任何附加的软件(无论是我们的计算机或是数据库服务器端),所有存取数据库的操作都直接由 JDBC 驱动程序来完成。

3. 在 Java 中使用数据库进行 JDBC 编程时,Java 程序中通常应该包含下述几部分内容:

(1) 在程序的首部用 import 语句将 java.sql 包引入程序。

```
import java.sql. * ;
```

(2) 使用 Class.forName()方法加载相应数据库的 JDBC 驱动程序。若以加载 jdbc-odbc 桥为例,则相应的语句格式为:

```
Class.forName("sun.jdbc.odbc.JdbcOdbcDriver");
```

(3) 定义 JDBC 的 URL 对象。例如:

```
String conURL = "jdbc:odbc:TestDB";
```

其中 TestDB 是我们设置要创建的数据源。

(4) 连接数据库。

```
Connection s = DriverManager.getConnection(conURL);
```

(5) 使用 SQL 语句对数据库进行操作。

(6) 使用 close()方法解除 Java 与数据库的连接并关闭数据库。例如:

```
s.close();
```

4.

(1) 在程序的首部用 import 语句将 java.sql 包引入程序。

（2）创建 ODBC 用户数据源的步骤见 11.6 节。

（3）实现此功能的程序代码如下：

```java
import java.sql.*;
public class c15_2
{
  public static void main(String[] args)
  {
    String JDriver = "sun.jdbc.odbc.JdbcOdbcDriver";
    String conURL = "jdbc:odbc:TestDB"; // TestDB 为创建的数据源名称
  try
  {
    Class.forName(JDriver);
  }
  catch(java.lang.ClassNotFoundException e)
  {
    System.out.println("ForName:" + e.getMessage());
  }
try{
  Connection con = DriverManager.getConnection(conURL);
  Statement s = con.createStatement();
  String r1 = "insert into SC values(" + "'20090108','3',80)";
  s.executeUpdate(r1);
  s.close();
  con.close();
} catch(SQLException e)
  {
    System.out.println("SQLException: " + e.getMessage());
  }
}
}
```

第 12 章

一、填空题

1. 企业数据仓库（EDW），操作型数据库（ODS），数据集市（data marts）
2. 数据源，数据存储与管理，OLAP 服务器，前端工具与应用
3. 简单堆积文件，轮转综合文件，简化直接文件，连续文件
4. 事物建模，概念设计，逻辑设计，物理设计
5. 验证型，发掘型

二、选择题

1. A、B、C、D 2. A

三、问答题

1. 传统的决策支持系统（decision-making support system，简称 DSS）是建立在传统数据库体系结构之上的，存在许多难以克服的困难，主要表现在：

（1）数据缺乏组织性。各种业务数据分散在异构的分布式环境中，各个部门抽取的数据没有统一的时间基准，抽取算法、抽取级别也各不相同。

（2）业务数据本身大多以原始的形式存储，难以转换为有用的信息。

（3）DSS 分析需要时间较长，而传统联机事务处理 OLTP（online transaction processing）则要求尽快做出反映。另外，DSS 常常需要通过一段历史时期的数据来分析变化趋势进行决策。由于数据在时间维上展开，数据量将大幅度增加。

因此，为了满足这种决策支持的需要，需要提供这种数据库，它能形成一个综合的、面向分析的环境，最终提供给高层进行决策。要提高分析和决策的效率和有效性，分析型处理及其数据必须与事务处理型及其数据相分离，必须把分析型数据从事务处理环境中提取出来，按照 DSS 处理的需要进行重新组织，建立单独的分析处理环境，数据仓库正是为了构建这种新的分析处理环境出现的一种数据存储和组织技术。

2. 数据仓库除具有传统数据库数据的独立性、共享性等特点外，还具有以下 5 个主要特点：

（1）面向主题的。

主题是指一个分析领域，是指在较高层次上企业信息系统中的数据综合、归类并进行利用的抽象。所谓较高层次是相对面向应用而言的，其含义是指按照主题进行数据组织的方式具有更高的数据抽象级别。面向主题的数据组织方式，就是在较高层次上对分析对象的数据一个完整、一致的描述，能完整、统一地刻画各个分析对象所涉及的各项数据以及数据之间的联系。

（2）集成的。

数据仓库中的数据不是简单地将来自外部信息源的信息原封不动地接收，而是在对原有分散的数据库数据抽取、清理的基础上经过系统加工、汇总和整理得到的，必须消除源数据中的不一致性，以保证数据仓库内的信息是关于整个企业的一致的全局信息。

在创建数据仓库时，信息集成的工作包括格式转换、根据选择逻辑消除冲突、运算、总结、综合、统计、加时间属性和设置缺省值等工作。还要将原始数据结构作一个从面向应用到面向主题的转变。

（3）相对稳定的。

数据仓库反映的是历史信息的内容，而不是处理联机数据。在数据仓库中，数据一旦装入其中，基本不会发生变化。数据仓库中的每一数据项对应于每一特定时间。当对象某些属性发生变化就会生成新的数据项。数据仓库一般需要大量的查询操作，而修改和删除操作却很少，通常只需要定期的加载、刷新。因此，数据仓库的信息具有稳定性。

（4）反映历史变化。

数据仓库中的数据通常包含历史信息，系统记录了企业从过去某一时刻（如开始应用数据仓库的时刻）到目前的各个阶段的信息。通过这些信息可以对企业的发展历程和未来趋势做出定量分析和预测。

（5）数据随时间变化。

数据仓库的数据随着时间变化而定期被更新。数据仓库的数据是有存储期限的，一旦超过了这个期限，过期数据就要被删除。而且数据仓库中的数据要随着时间的变化不断地进行重新综合。

3. 开发数据仓库的流程包括以下 8 个步骤：

（1）启动工程。建立开发数据仓库工程的目标及制定工程计划。计划包括数据范围、提供者、技术设备、资源、技能、培训、责任、方式方法、工程跟踪及详细工程调度等。

（2）建立技术环境。选择实现数据仓库的软硬件资源，包括开发平台、DBMS、网络通信、开发工具、终端访问工具及建立服务水平目标（关于可用性、装载、维护及查询性能）等。

（3）确定主题。进行数据建模要根据决策需求确定主题，选择数据源，对数据仓库的数据组织进行逻辑结构设计。

（4）设计数据仓库中的数据库。基于用户需求，着重某个主题，开发数据仓库中数据的物理存储结构，及设计多维数据结构的事实表和维表。

（5）数据转换程序实现。从源系统中抽取数据、清理数据、一致性格式化数据、综合数据、装载数据等过程的设计和编码。

（6）管理元数据。定义元数据，即表示、定义数据的意义以及系统各组成部分之间的关系。元数据包括关键字、属性、数据描述、物理数据结构、映射及转换规则、综合算法、代码、缺省值、安全要求、变化及数据时限等。

（7）开发用户决策的数据分析工具。建立结构化的决策支持查询，实现和使用数据仓库的数据分析工具，包括优化查询工具、统计分析工具、C/S工具、OLAP工具及数据挖掘工具等，通过分析工具实现决策支持需求。

（8）管理数据仓库环境。数据仓库必须像其他系统一样进行管理，包括质量检测、管理决策支持工具及应用程序，并定期进行数据更新，使数据仓库正常运行。

4. 数据挖掘就是在一些事实或者观察数据的集合中寻找模式的决策支持过程。

数据挖掘过程一般由3个主要阶段组成：数据准备，挖掘操作，结果表达和解释。规则的挖掘可以描述为这3个阶段的反复过程。

（1）数据准备阶段：这一阶段可进一步分成数据集成、数据选择和数据处理3个步骤。数据集成将多文件和多数据库运行环境中的数据进行合并处理，解决语义模糊性，处理数据中的遗漏和清洗"脏"数据等。数据选择的目的是辨别出需要分析的数据集合，缩小处理范围，提高数据挖掘的质量。预处理是为了克服目前数据挖掘工具的局限性。

（2）挖掘操作阶段：主要包括决定如何产生假设、选择合适的工具、挖掘规则的操作和证实挖掘的规则。

（3）结果表达和解释阶段：根据最终用户的决策目的对提取的信息进行分析，把最有价值的信息区分出来，并且通过决策支持工具提交给决策者。因此，这一阶段的任务不仅把结果表达出来，还要对信息进行过滤处理。

如果不满意，需要重复上述数据挖掘过程。

5. 数据挖掘方法有多种，其中比较典型的有关联分析、序列模式分析、分类分析、聚类分析等。

（1）关联分析：即利用关联规则进行数据挖掘。关联分析的目的是挖掘隐藏在数据间的相互关系。

（2）序列模式分析：序列模式分析和关联分析相似，其目的也是为了挖掘数据之间的联系，但序列模式分析的侧重点在于分析数据间的前后序列关系。

（3）分类分析：设有一个数据库和一组具有不同特征的类别（标记），该数据库中的每一个记录都赋予一个类别的标记，这样的数据库称为示例数据库或训练集。分类分析就是通过分析示例数据库中的数据，为每个类别做出准确的描述或建立分析模型或挖掘出分类规则,然后用这个分类规则对其他数据库中的记录进行分类。目前已有多种分类分析模型得到应用,其中几种典型模型是线性回归模型、决策树模型、基本规则模型和神经网络模型。

(4) 聚类分析:与分类分析不同,聚类分析输入的是一组未分类记录。聚类分析就是通过分析数据库中的记录数据,根据一定的分类规则,合理地划分记录集合,确定每个记录所在类别。它所用的分类规则是由聚类分析工具决定的。聚类分析的方法很多,其中包括系统聚类法、分解法、加入法、动态聚类法、模糊聚类法、运筹方法等。采用不同的聚类方法,对于相同的记录集合可能有不同的划分结果。

四、实践题

1.

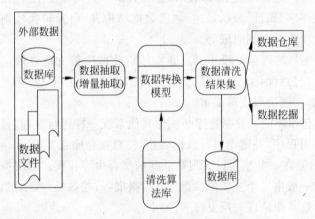

2. 对于高维数据的处理,一种有效的方法是在保持数据关系的基础上进行维归约,从而利用传统的聚类算法在较低维的数据空间中完成聚类操作,如主成分分析(PCA)、多维缩放(MDS)、自组织映射网络(SOM)、小波分析等,都是普遍应用的降维方法。在信息获取领域,类似 PCA 的潜在语义分析(LSI)也是经常使用的降维技术。由于降维后,噪音数据与正常数据之间的差别缩小,由此得到的聚类结果质量较差。另外,降维技术的使用虽然缩小了数据维度空间,但其可解释性、可理解性较差,可能会丢失重要的聚类信息,其结果的表达和理解也存在着一定的难度。

参 考 文 献

[1] Date C J. An Introduction to Database System(Ed. 7). Addison-Wesley,2000.

[2] Jeffrey. D. Ullman,Jennifer Widom. A First Course in Database Systems. Dept Of Computer Science Stanford University,Pearson Education,2001.

[3] 张维明等.数据仓库原理与应用.北京:电子工业出版社,2002.

[4] 杨国强,路萍,张志军等编著.ERwin 数据建模.北京:电子工业出版社,2004.

[5] DAVID M. KROENKE 著.数据库原理(第 2 版).郭平译.北京:清华大学出版社,2005.

[6] 王珊,陈红.数据库系统原理教程.北京:清华大学出版社,2005.

[7] 赵致格编著.数据库系统与应用(SQL Server).北京:清华大学出版社,2006.

[8] ABRAHAM SILBERSCHATZ,HENRY F. KORTH,S. SUDARSHAN.数据库系统概念(第五版英文影印版).北京:高等教育出版社,2006.

[9] W. H. Inmon 著.数据仓库(原书第 4 版).王志海等译.北京:机械工业出版社,2006.

[10] MICHAEL KIFER,ARTHUR BERNSTEIN,PHILIP M. LEWIS 著.数据库系统面向应用的方法(第 2 版).陈立军,赵加奎,邱海艳,帅猛译.北京:人民邮电出版社.2006.

[11] 王光明.数据库应用——电子商务.北京:科学出版社,2007.

[12] 本社.电子商务数据库技术(第二版).北京:高等教育出版社,2007.

[13] 孟令凤,饶莉莉.数据库设计工具的选择——ERwin,Power Designer,Rational Rose[J].福建电脑,2007(6):72~73.

[14] Ramez Elmasri,Shamkant B. Navathe 著.数据库系统基础(第 5 版).高级篇.邵佩英,徐俊刚,王文杰译.北京:人民邮电出版社,2008.

[15] 徐孝凯,贺桂英.数据库基础与 SQL Server 应用开发.北京:清华大学出版社,2008.

[16] 郭建校.陈翔主编.21 世纪电子商务与信息管理系列实用规划教材——数据库技术及应用教程(SQL Server 版).北京:北京大学出版社,2008.

[17] (美)Jeffery D. Ullman,Jennifer Widon 著.数据库系统基础教程.岳丽华,金培权,万寿红等译.北京:机械工业出版社,2009.

[18] 黄德才.数据库原理及其应用教程(第二版).北京:科学出版社,2009.

[19] 吴春胤,曹咏,张建桃.SQL Server 实用教程(第 2 版).北京:电子工业出版社,2009.

[20] Robin Dewson 著.SQL Server 2008 基础教程.董明译.北京:人民邮电出版社,2009.

[21] 刘云生.数据库系统分析与实现.北京:清华大学出版社,2009.

[22] 王珊,李盛恩,张坤龙.数据库技术基础.北京:高等教育出版社,2009.

[23] 施伯乐,丁宝康,汪卫.数据库系统教程(第 3 版).北京:高等教育出版社,2009.

[24] 李进华.电子商务网络数据库基础与应用.北京:首都经济贸易大学出版社,2010.

[25] 王珊.数据库系统概论(第 4 版)学习指导与习题解析.北京:高等教育出版社,2010.

[26] 何玉洁,李宝安.数据库系统教程.北京:人民邮电出版社,2010.

[27] 萨师煊,王珊.数据库系统概论(第 4 版).北京:高等教育出版社,2010.

[28] 何玉洁.数据库原理与应用教程(第 3 版).北京:机械工业出版社,2010.

[29] 王颖.新编数据库技术及应用.北京:清华大学出版社,2010.

[30] 潘永惠.数据库系统设计与项目实践——基于 SQL Server 2008.北京:科学出版社,2011.

[31] Abraham Silberschatz Henry Korth S. Sudarshan 著.数据库系统概念(第五版.英文影印版).北京:高等教育出版社,2011.

[32] 张巨俭.数据库基础案例教程与实验指导.北京:机械工业出版社,2011.

[33] 高凯.数据库原理与应用.北京:电子工业出版社,2011.